NF文庫
ノンフィクション

新装版

地獄のX島で米軍と戦い、あくまで持久する方法

兵頭二十八

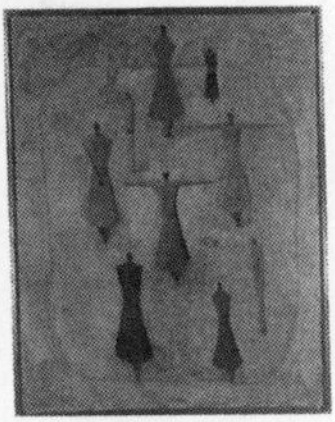

潮書房光人新社

初版まえがき

本書は、これからおそらく15年くらいは苦境にあえがなくてはならぬはずの日本人に、「第二次大戦末期の昭和一九年の南洋の孤島で、優勢な米軍を迎え撃って戦争して勝たなければならぬとしたら、キミはどうするか?」という思考訓練を厭というほどしていただき、以て、これからの苛烈な国際競争を乗り切るのに必要な「最悪事態の想像力」を養ってもらうことを、主たる眼目にしている。

その過程においては、当時の日本陸軍、および各国陸軍の装備、編制、戦術、士気、サバイバル・テクニックなどについて、ほとんどウンザリするくらいディープな知識を覚えることにもなるであろう。

そして、読了の暁には、かつての帝国軍人の復員兵たちが、焼け跡と化した内地を見ても少しも意気消沈などせず、わずか15年で経済復興を為し遂げてしまった、あの意志の力が、自己の血肉にも移植されていることに気付かれるであろう。敵を知り、己れを知り、更に最悪を知ることこそ、真の強者の資格だ。

なぜ、日本はこれから15年も、経済的・政治的パフォーマンスが芳しくないのか?

理由は明快だ。我が国の労働力人口がやがて減っていくのは確実なのに、その穴埋めの「日本国の闘争力」が準備されていない。どころか、国の闘争力は、よってたかって低下させられているからだ。

人口が減れば土地は安くなる。土地が安くなれば株は上がらぬ。今の50歳代の日本人には国際的な闘争力はほとんどないので、早期に隠棲してもらうか、窓際のまま円満に定年退職してもらうしかない。

さりとていまの40歳代以下の労働力も、せいぜいが偏差値教育のエリートにすぎず、50歳代世代を肩タタキして、旧に倍する国際闘争力を引き受けるなど、およそ期待はできぬ。

ラスト・ホープとなるのは、現在小学校に通っている少年少女たちが、教育改革の著効あって、就労年齢に達したとき、スーパー闘争力を身に着けていてくれるという可能性であろうが、これとても、幻影に終わる確率は大。

というわけで、最善のケースを考えたって、まず15年はひどい時代が続くに違いないのだ。

しかしあるいは、この本が読まれることにより、「最悪の、最悪の、そのまた最悪をあくまで考えずにやまぬ」、そういう指導者適材が日本にごく僅かながら増加し、その結果、15年かかるべき復興を、もう少し短期に、達成し得るかもしれない。そういう可能性だって、万分の一くらいあるだろう。

ともかく、日本人が絶望を乗り切るヒントに、本書がなってくれることだけを、切に祈る。

あと15年したら、日本のミリタリー出版はどんな面々が執筆することになるのだろうかと、ぼんやり思いつつ……。

平成十三年十月吉日

地獄のX島で米軍と戦い、あくまで持久する方法——目次

地獄のX島で米軍と戦い、あくまで持久する方法

序章

「対米作戦遂行上、最良と思われる陸軍軍備の方式に関して論述せよ」

一九四四年の南方ジャングルでアメリカ軍と戦う羽目に陥ったあなたの部隊の火力構成は？

現在、昭和一九年。所は、南方某港。

貴官はこれからX島の守備に向かわなければならない。

X島は、フィリピン群島のほぼ南端にあって、比島防衛には枢要な位置だ。

情況。

有力なる敵軍は、おおむね3週間以内に、主力をもってY島、一部をもってX島に、上陸を企図しあるが如し。

支隊は主力をY島海岸に展開し、これを撃滅せんとす。

貴隊は、〇日までに大発機動によりX島を占領、敵来たらば遊撃持久し、あくまで敵の同島利用を妨ぐべし。

支隊長は軍旗とともにY島に在り。

これが命令の要点だ。「死守」命令ではないことに注意せよ。

ところで、貴隊は将校も兵隊も、全員が応召の予備・後備、それから補充兵ばかりだ。つまり他の現役兵部隊のようなスーパーマン的活躍を期待することはできない。年齢相応に体力が落ちてきておるゆえ無理は利かんが、ノモンハンの火力戦の経験を有することがアドバンテージになるかもしれんな。

ここは、幸い貨物廠である。

倉庫にあるものは、何でも持っていっていい。

昭和一七年からは内地では鉄もなくなり、戦地で回収した赤イワシのゴボウ剣を研ぎ直して洋食屋のナイフのように薄くなったのを使っているような有様だが、ここには歩兵部隊が使う武器・装備品ならばなんでも揃っている。たとえば九九式小銃に九九式軽機の弾倉をつけられるようにした、挺進隊用の試作銃なんてものまであるのだ。

鹵獲兵器もある。米軍のもの、チャーチル給与、蔣介石から大量に分捕ったもの。

軍曹以下の下士官・兵が軍刀を吊ることは日本軍では許されていないが、分捕りの青竜刀や、モロ族愛用型の蛮刀ならいいだろう。

ただし、当然ながら、一九四四年時点で世界中のどこにも存在し得なかったものは、置いてない。だから、暗視スコープとか、対戦車ミサイルを持っていきたい……などと夢想しても、ダメだ。

また、「チビ」弾など、ハーグ条約に露骨に違反する化学兵器も持って行くことも認められんぞ。対人地雷はむろんＯＫだがな。

ともあれ、この倉庫の中から、最も合理的な装備を選びとることができれば、米軍とて同じ人間。必ず勝利、そして宇品凱旋の望みはある。

が、ここで間違った物を選んだがさいご、まず全員が、アッツ島に続く他はあるまい。

なお、いったんX島へ渡ったら、二度と補給は受け得ざるものと覚悟すべし。弾薬も、燃料も、糧秣もだ。そのときになって後悔しても遅いから、せいぜいここで智恵を絞っておくことだ。敵はあと3週間でやって来るから、永久要塞工事などもしてはおられんぞ。

日本軍歩兵の主力武器は「小銃」で良かったか？

「あの～、兵頭さん。この本の企画って「旧軍の兵器について埋もれた戦訓を集めて、これから１５年から３０年はぬかるみを歩むことになりそうな私たち日本人が、対外的な闘争力を取り戻せるような思考訓練を実施する」――ですよね、たしか？

冒頭は導入部だ。雰囲気を出すためにシチュエーションを設定してみたのだ。ときにK君。キミは連休になると、日本兵の格好をして東北某都市の郊外の山の中でサバイバル・ゲームなんぞをしとるそうだな？

いや～、あれって、やってみると、匍匐とか、本当にし難い軍装だと理解できますよ。あっちこっちがひっかかる。特に軍刀を着けると最悪に動きにくいです。そこまで凝ってるのは自分だけですが、戦中・戦後の各国軍の格好をした野郎共が、時には３００人も集まります。遠くは青森からもきますほどで……。

それで地域のマスコミがシレ～っとして何とも言わんところが、東北がじつは西日本より社会が開けている証拠だろうし、何より日本は豊かになったなあ。

それはそうと、私が日頃から懸念していることは、キミたちのような頼もしい若いジェネレーションにも、なおまだひとつ足りていないものがある。

ええっ、何でしょうか、それは？

「最悪事態想像力」の鍛錬だ。大きなところで言えば、核武装の前にＴＭＤ／ＢＭＤなどにうつつを抜かし、北海道の田舎で空から２０㎜弾が数発降ってきたというだけで大騒ぎするのに相も変わらず大都市部の公共退避壕の整備には金を使う気がサラサラない、わが日本政府などは典型だ。

しかしとりあえずキミたちは、「いったい、第二次大戦で、日本陸軍は、どんな携帯兵器を準備していたら、あの南方のジャングルで、圧倒的優勢な米軍に勝てたのか？」……まずこういうところから、頭の訓練をしていって欲しいと思うのだ。「ｉｆ戦記」以前の思考訓練だね。問題をまず単純化しよう。日本兵はどんな携行武器で戦うべきだったのか？

なるほど分かりました。まあこれから当分、日本経済は「構造改革」で四苦八苦しなくちゃならないわけで、「最悪のジャングルを生き残れ！　それも最強の米軍を相手に」——というテーマが妙に身近に感じられるような気がします。でも私らの場合、すごいマニアックな話になっちゃうんですけど、よろしいんですか？

カマン！

何でもいいと言われると、かえって、迷っちゃいます。

一緒に考えていけばいい。

つまり、理想的な歩兵小隊の火力構成といっても、当時の日本の国防方針、資源、工業力、科学技術水準、交通輸送手段、労働力、動員できる兵力、兵隊の体格と栄養といった制約条件を、きれいさっぱり抜け出すことなど、できやしない。

けれども、そういう時代の制約はどの国にも、いつの時代にもあったことでね。今のアメリカ、日本にもあるし昔のソ連・中国にもあった。そんな与えられた「時代の制約」をふまえた上で、なお敵国軍に劣らず合理的にまとめてみせられるかどうかで、民族の運命は決まっていくのだ。つまりこれは、最高の政治指導者としての訓練だ。私はキミたちに、そこまで期待しておるのだよ。

じゃあ、たとえばですが、普通の二等兵に、九九式小銃ではなく、M1ライフルのような自動小銃を持たせてもいいんですか？

ガーランド半自動銃は、ガダルカナル戦以前の日本人は見たこともないわけだが、昭和一九年ならばもう知っていた。鹵獲品もあったから、許されよう。もちろん、三八式歩兵銃の4梃分の生産工程が必要で、米国でも一九四二年の後期まで部隊支給が間に合わなかったぐらいに面倒な兵器だったから、旧日本陸軍の師団以上の装備にすることなど到底考え得ない。しかし本想定は、独立守備隊への支給だから、この枷もはずして良いのだ。

その独立守備隊って、人数はどのくらいなのですか？

オット、そいつはハッキリさせておかないといけなかったね。

支那事変の始まった昭和一二年の日本陸軍の歩兵部隊は、おおむね、

分隊　　　　　　１０人
小隊　　　　　　４０人
中隊　１２０〜２００人
大隊　５００〜６００人

だったそうだ。もちろんこれはところによって差があり、しかも昭和二〇年までどんどん変貌を遂げて行くのだ。たとえば１２人とか１５人の分隊だったところもある。

さらにちなみに、第二次大戦型の基本が固まった昭和一五年頃の第四師団の場合をみれば、日本陸軍のエリートたちが、対ソ戦には最善と考えていたプランが分かる。すなわち、

師団内に、２６５２人からなる連隊×３、九四式または九七式軽装甲車（７・７㎜機関銃他搭載）３９両等からなる騎兵連隊×１

連隊内に、７８４人からなる大隊×３と、１３５人からなる連隊砲（四一式７５㎜山砲）中隊×１、７２人からなる通信小隊×１

大隊内に、１７２人からなる小銃中隊×３、１４２人からなる機関銃（九二式７・７㎜

重機関銃）中隊×1、49人からなる歩兵砲（九二式70㎜歩兵砲＝大隊砲、または九四式37㎜速射砲＝対戦車砲）小隊×1、本部77人がいたという。で、この本では1個歩兵大隊を中心とするコンバインド・アーミー（諸兵科混合）で考えていこう。その総員は800名から1300名の間だ。

この1300という数字にはどんな意味があるかというと、現代の日本において、全く無名の新人が、後援会組織一切なしで参議院の全国区（比例区）に討って出て、本人自身、小さな選挙カーで全国を17日間めいっぱい遊説して回った結果、獲得できる票数なのだ。ここから考えて、1人の指揮官が隊員とのパーソナル且つ強固な信頼関係を短期間に構築できる限度は、1300人以下だろうと私は勝手に思っている。

そうですか。しかし有力な独立守備隊が立て籠っていると偵知すれば、米軍は必ず1コ～数コ師団を投入してくるものと思います。当時の米軍の「師団」の火力は、日本軍とは段違いの密度だったと思いますが……？

支那事変勃発時でも、米国陸軍の1コ師団は小銃が1万4000梃あったという。それが第二次大戦参戦後に、ただちに自動小銃化されているのだから確かに凄いよ。これに対して昭和一二年当時の日本陸軍の歩兵師団は小銃が4500梃に過ぎないのだからね。もちろん、ついに自動小銃化されることはなかった。

この違いの意味するところは何か？　要は師団のバックにさらに大きな後方兵站組織があるのが米軍だった。日本軍は師団単位で補給が完結していたんだ。

明治時代にメッケルという少佐が来て、日本は師団をコンバインドの独立単位とした方がよいと提案し、その通りになった。外国では師団は砲兵をほとんど持たず、師団を2、3コ集合した一つ上の単位の司令部で抱えるのだが、日本では師団が持つ。輜重についても同じ。だから日本の師団は中国で3コ以上集中できなかったのだろう。輜重の規模が弱小なのだ。それから、米軍のみが、小銃弾を最前線部隊まで推進する「小行李」を早々と自動車化できていた。

それは1／2トン積みの「ジープ」のことですか？

時期的には確かにウィリスジープは一九四一年にできたから、M1ガーランドの出現とも一致するかもしれないが、あれはスカウトカーとして設計されたので、山地や細道には向いても、キャパシティが足りない。あくまで「ウェポンキャリア」、つまり3／4トン積みの小型4×4トラックがアメリカ陸軍においては馬匹の代わりだったのだ。これが、厖大な数の歩兵銃を、ウェーク島の陥落からガダルカナル上陸までの短期間に一斉に半自動化できた秘密だろう。

米国以外の国は、ドイツもソ連も、完全に馬輸送を捨て切れていなかった。ドイツなんか重砲まで馬でひっぱってポーランドに侵攻したものだ。英軍も米国からジープを供給されながら、遂に自動小銃化はできていない。総力戦下で、所帯も大きいと、そんな切り換えはとても無理なのだね。アメリカだけができた。チェコやスウェーデンが戦前から小銃を自動化していたのは、まさに小国ゆえ陸軍の所帯が小さく、弾薬補給量も大したことがないからこそ可能な芸当なのだよ。

そうしてみますと、わが「独立守備隊」用の1000梃ものM1ガーランドはやはり当時の日本には無理だったかもしれませんね。それなら、ソ連兵が一九四二年以降に持っていたPPShサブマシンガンならば、問題は解決でしょうか？　ステンガンにしてもMP－40にしても、町工場で急造できて、コストは小銃の半分以下のはずだから。

構わないよ。

ただし押さえておきたいことは、サブマシンガンは外見が近代的な雰囲気をただよわせるものなので、ソ連軍でも英連邦軍でも、多分に宣伝写真上のイメージが普及しているのだ。総ての時期、総ての戦線でたくさんあったわけじゃない。ソ連軍だって、第二線部隊までトータルすれば、朝鮮戦争後もしばらくは、日露戦争タイプの、銃槍が螺止めされた旧式ライフルが大層を占めていたはずだ。まあしかし、早々と下士官や下級将校にマシンピストルを持たせていたドイツの例もあったし、それを見習ってわが国でも「一〇〇式機関短銃」というものまで造れたのだから、PPShを選んでも不都合なかろうよ。

また逆に、そんなのは弾の無駄だ、当時の日本軍には日本刀かゴボウ剣で十分なんだ、という考えもあるだろう。

しかし竹槍だけは推奨しない。あれは、先端を斜めにカットして焼いたぐらいのものでは壮兵でも相当熟練しないと人体に突き刺すことなどできんと、旧軍が昭和二〇年二月に作ったマニュアル『簡易投擲器（弓及弩弓）説明書』に明記してある。明智光秀を仕留めたのはやはり土民の鉄砲なのだ――という話は脇に逸れすぎだからやめておく。

なるほど、弾薬補給は受けられないのでしたね。それじゃあ、バラ撒き型のSMG［サブマシンガン］ではなく、スコープサイト付きの狙撃銃が、いちばん弾が節約できて、良かったのかな……。

重さも大事だぞ。あの三八式歩兵銃大嫌いの司馬遼太郎さんも、三八式騎兵銃の方は軽くて良かった、と言っているぐらいだ。銃が軽いと行軍が楽になる。余分に弾や食糧を持って歩ける。映画の『プレデター』みたいに、小銃口径のガトリング砲のようなものをジャングルに持ち込んだが最後、その弾の運搬だけで疲労死してしまう。みんなも、100発、200発の実包の重さがどんなものになるか、それが想像できないといけないぜ。

う～む、そうか……。では、宜しければ私の答案を申し上げましょう。

これはもう、銃剣が装着できてそれなりの気安めになる一〇〇式機関短銃と、中国国内で大量に鹵獲できた7・92㎜の「チェコ軽機」の組み合わせしかないでしょう。擲弾筒は中隊に4門で変えません。大隊砲は81㎜迫撃砲。

火力の中心は徹底して軽機です。残りの兵隊は、軽機用の弾運びが3／4、軽機の護衛役が1／4と分け、弾運びの方には拳銃しか持たせない。これは名目武装ですから機関短銃との弾薬互換は特に考えません。そして、軽機護衛役の兵隊と分隊長が、一〇〇式機関短銃です。小隊長、中隊長、大隊幕僚は、名目的武装として三八式騎兵銃か、やはり中国で鹵獲できた着脱弾倉でフルオートにも切り換えられるモーゼル大型拳銃で、軍刀は無し。大隊長一人だけを「帯刀本分者」としてしまい、私物拳銃の他に軍刀を吊らせる。この私物拳銃は、自決用だから、弾薬統一に顧慮する必要はないので、当時のアメリカで売られていた、7〜9連発の蓮根弾倉を螺子回しを使って外すやつ。しかもハンマーレスでダブルアクション専門の.22口径リヴォルバーが、資材統制でステンレス拳銃の造れない時代としては部品が錆び難くて良いのではないでしょうか。ごくコンパクトなやつで、2インチ銃身ですので、かさばりもしません。衛生兵にもこれを持たせたい。こんなところでどうでしょうか？

よく考えるよね。各地の講演で冒頭の質問を投げかけると、サバゲー野郎たちだけでなく、『有坂銃』などを読んでくれた人たちが、じつに細密な答案を出してくるのに感心するよ。

つまり、キミの考えでは、第一次大戦の「突撃隊」のような、軽機を先頭に立てる攻撃的分隊を核に、軽機用の弾薬手を手厚くして、近接ファイアパワーでは米軍に撃ち負けないようにするわけだ。二義的意味しかない拳銃の細目にこだわってはいかんと自制をしているところなど、そんじょそこらの武器オタクとは深さが違うことがよく分かるぞ。

米軍のブラウニングM1917軽機と、M1ライフルと、BARからなる.30-06弾の「暴風」に対抗するには、無故障性と弾丸威力と軽量性の3拍子揃ったチェコ軽機を少しでも多く揃えるしかないだろうと思いまして……。

鋭い……。米陸軍の唯一といえる装備面での弱点が、可搬性の高性能軽機が無かったことなのだ。M1917なんて、ありゃ重機だからね。だからMG34やMG42を核としたドイツ軍歩兵と遭遇したら、米軍斥候隊はサッサと退避したのだ。

一〇〇式機関短銃は、あくまでとっさの遭遇戦や「斬り込み」時の備えで、主力のチェコ軽機をガードさせるものです。ですから、その弾薬はそうたくさん携行する必要がありません。

一〇〇式機関短銃は4kgもあって重いんだよね。嵩張らないのが取柄だけど、軽さだけで選ぶなら三八式騎銃の方がやや軽い。SMGの理想としては、オーストラリアで製作した、弾倉が上向きなので伏せ撃ち可能な、しかも列強の制式拳銃弾の中では樹木貫通力の最も高かった9㎜パラベラム弾を発射する「オーウェン」ガンというのがあったんだが、登場時期が一九四四年と遅すぎて、鹵獲記録もないからな。

9㎜パラベラムの次に貫通力のあるのは、PPShの弾薬でもあり、陸戦隊や落下傘部隊が採用したベルクマン・マシンピストルの弾薬でもある7・63㎜マウザーだろう。マンストッピングパワーなら、もちろんトミーガンやグリスガンの.45ACPが一番となる。

しかし機関短銃の弾丸の威力なんかは野戦では二義的な意味しかない。こだわりの順序として、軽機を第一に考えるのはキミ、大正解だよ。

守備隊だから軽機中心で良いのだ、というのは、沖縄でちゃんと得られた戦訓なのだね。だから戦後まっさきに自衛隊で国産開発したのが分隊軽機の六二式機関銃であったのだし、その次に開発された六四式小銃も、沖縄で最も粘り強く活躍してくれた九九式軽機の再現を狙い、あのようなスタイルと機能にすんなりと決定されている。二脚の部分なんか、そっくりだからね。サイトはSIGが参考で、他はM・14のパクリだとしても。

どうでしょうか。これ以上の解答はないのでは……？

ウム。惜しい線まで行ったが、これでは49点しかやれんな。

えっ、それは……なぜなんでしょうか。

キミの案だと、真の不期遭遇戦においてのみ、米軍を追い払えるだけだからだ。こちらの居場所が分かってしまった後は、もう敵に攻撃される一方となり、しかもその攻撃を凌ぐことができない。

なぜだか分からないかね？　有力な小火器を持った日本軍と遭遇した米軍は、もう新手の歩兵部隊なんか前へ送り出しては来ない。逆に、会敵した分隊はすぐに安全な陣地まで引き退がらせてしまう。そして、代わりに無線で砲兵と飛行機を呼び寄せるだろうよ。さしわたしが数十㎞の小さい島なら、軽巡以上からの艦砲射撃もありだ。

フランス戦線でドイツ軍を負かしたのも「サンダース軍曹」たちの分隊なんかじゃないぜ。米軍は、ドイツ軍との歩兵部隊同士の小銃戦闘などにはできるだけ巻き込まれないように慎重に間合いを取った。戦車隊は「動く円形陣地」となって、敵と接触した歩兵をすぐに後方100〜300mに収容できるようにしていた。そして、あくまでドイツ兵の相手は、圧倒的な野砲に務めさせるようにしたんだよ。ドイツの戦車に対しては、対地攻撃機さ。

敵とできるだけ「次元」をずらして、最も安全・安価・有利な「対抗不能性」作戦を組み立てられる立場にあるのに、わざわざ同じ土俵にのぼって四つ相撲を取るなんて、下策ではないか。

しかし……それじゃ歩兵装備をいくら考えても無駄じゃないですか？

それがいかん。

だったら、原水爆を持っている相手にはとにかく降伏する他に手はないのかい？　それじゃ人間の独立はどうなる？

人を根絶やしにするか、土地を占領して人を奴隷にできなければ、戦争の決着はつかない。そこに抵抗の可能性があって、人間の自由への道が開かれているのだ。

それじゃあお聞きしますが、では兵頭さんの編成する独立大隊だとしたら、さしあたって歩兵には何を持たせるんですか？

大円匙《だいえんぴ》と十字鍬《じゅうじぐわ》に決まっているだろう！　そして、対戦車肉薄攻撃にも使えるが塹壕掘りの発破にも使える、細長い爆破筒だ。これこそ最も大量に渡されるべき、日本軍守備隊のメインの装備でなくてはならない。

穴だよ。とにかく掩体を掘らせなければ、敵を1兵も殺せぬうちから、味方が全滅してしまうんだ。中国戦線の歴戦隊長は、みんなこの戦訓をすぐに自得したから、いかに疲れていても陣地を占領したらとにかく小円匙で伏射壕ぐらいは掘ってから寝たのだ。しかし関東軍と東京の官僚派エリート軍人たちにはこの戦訓が少しも血肉化されることがなかった。だから「鉄の暴風」で次々に島の守備隊はなす術なく潰え、あるいは一矢も報い得ず餓死に追い込まれてしまった。地下陣地の備えさえあれば、まず当面の砲爆撃を凌ぎ、その後にくる戦車を伴った歩兵部隊とも有利に戦える。各地の島嶼守備隊が長期にわたって土地もとらせず、敵兵に出血を強い続けることができれば、米国内には必ず厭戦気運が生じただろうと思う。

うーん……。アメリカ軍の現代戦争は、大砲と爆弾で敵兵の相手をするというのが基本的大方針ですか。考えてみればあたりまえの話ですな。

日本の戦国時代を考えてみたまえ。たしかに弓はあった。槍もあった。組み打ちなら負けないという相撲取りみたいな武士もいたろう。しかし、こちらが鉄砲をもっていたら、その間合いの外から撃ってしまわんか?

同じように、相手がテッポウを頼みにしている軍隊であったら、絶対にテッポウの間合いにだけは入っちゃいかんのさ。そのテッポウの間合いを外して、戦争するようにする。これが戦術のイロハとなるだろう。

理想的な戦術とは、相手を真っ暗な井戸の中に蹴落としておいて上から石をなげつける、相手は手も足も出んという、そんな「次元違い」の喧嘩にしてしまうことだ。米軍にしてみたら、何もわざわざ日本軍の間合いに飛び込んでいって、敵軍が最も頼りにしているテッポウの射程で撃ち合わなければならない義理などないわけだ。

イヤ、どうも、テレビ映画の『コンバット』の影響で、アメリカ軍はトンプソンSMGとかM1ライフルとかBARとかM1カービンでドイツ軍と戦争をして、それで勝ってしまったように勘違いをしておりました。

あれは「こうであったらよかったのに」という戦後アメリカ人の自己イメージ作りだ。作り物の映像にだまされたらいかん。これは、イギリスやソ連が最も得意とした、第二次大戦中の「ヤラセ」戦場写真も同じだ。
『史上最大の作戦』の映画版と、〈パンツァー〉・マイヤーの回想記『彼らは来た』を見比べれば、前者では米英軍がヤーボで勝ったことをあたかも恥としているかのように徹底してオミットしているね。それは理想の自己イメージには合致しないということなのだろう。
第二次大戦と朝鮮戦争の統計を見ると、米兵の死因の大半は砲弾と爆弾であった。小火器によるものは、33％しかなかった。ヤンキーたちは小火器間合いには誰も進んで入ろうとはしなかったのだということが分かる。

それでも、もし小火器のみの地上部隊の遭遇戦になってしまった場合は、米軍は強かったのですか？

その場合はドイツ軍とほぼ互角だったようだ。つまり、独側に自動小銃の無い不利は、MG42で十二分におぎなわれたのだろう。「軽機中心分隊編制」という第一次大戦の戦訓の権化がドイツではMG34でありMG42だったわけだが、その正しさは第二次大戦の独米戦に関しては、立証されたのだ。ブラウニングの7・62㎜機関銃M1917は、車載用としては無故障で結構この上ないんだが、歩兵部隊用としたらとにかく重すぎた。だから、しばしばBAR対MG42の撃ち合いとなってしまい、まったく勝負にならなかったのだ。BARというのは200ヤード以上では集弾性ゼロなのでフルオート禁止、セミオート狙撃のみが許されていたのだ。日本の九六式軽機だって、遠くは5点射、近くは3点射としていたのにだぜ。というわけで、M1ライフルとモーゼル98kカービンの優劣は、地上戦ではせんぜん関係がなかったのさ。

だったらますます、戦争では同じ土俵に登ったら損だと、アメリカ軍は痛感したでしょうね。

ところが朝鮮戦争ではその主義が維持できなかった。大国は、装備体系に戦訓を反映させようとしても、急に改められない。あまりに大量の兵器のストックが残っていたのと、予算の平時化のために、朝鮮戦争の緒戦で米軍は、第二次大戦末期型の装備のままで戦わされる羽目に陥った。そしてその装備体系では、PPShと手榴弾のみで広正面の人海強襲をかけてくる中共軍を阻止できなかった。

つまり相手の土俵に上げられてしまったのですね。

そうなのだ。しかし、もしBARとM1917／1919の代わりにMG42、さらにはシュツルムゲヴェール（突撃銃）があったとしたら、中共軍の人海強襲は初めから頓挫した可能性が大だ。結果的には、4・2インチ（107㎜）重迫撃砲に、VT信管という新ディヴァイスを組み合わせ、圧倒的な弾薬前逆能力を組み合わせることで、米軍は態勢を挽回している。つまり、迫撃砲弾を確実に地表すれすれで爆発させるという、暴露兵員にとっては最も苦痛となる支援火網を、一方的かつ際限無く実施したのだ。

つくづく、独ソ戦というのは陸戦の未来を先取りしていたんですね。早くから12㎝重迫撃砲が歩兵の直接支援をしていたでしょう。結局NATO軍も、一九八〇年代に107㎜迫を120㎜迫に更改しています。

朝鮮戦争では密林を利用できなかったという要素もあるが、独ソ戦当時には存在しなかったＶＴ信管の地上火力への応用によって、人海戦術は、平地だろうが山地だろうが、永久に無効化されたんだ。もともと迫撃砲弾には曳火信管なんて付けるものではなかったから、新開発のＶＴ信管の応用で、１０７㎜でも殺傷威力は１２０㎜迫の着発に匹敵したのだろう。それが冷戦末期に１２０㎜にスケールアップされたのは、対歩兵ばかりじゃなくて、対機甲の威力も重視せざるを得なくなったためだ。特に欧州諸国がね。

歩兵携行の対戦車火器でもそうですよね。米軍の第二次大戦型の２・３６インチのロケットランチャー（バズーカ）が朝鮮に現われたＴ・３４／８５には効かなくて、急遽、８９㎜の増口径型をこしらえて急送した。しかし、パンツァーファーストの一九四五年最後の試作型である「１５０」型を米軍歩兵が持っていたら、一九五〇年になって旧式のＴ・３４のたかだか２４０台くらいに、慌てることなどなかったと思います。

それが何を意味するかというと、やはりよく映画に出るような、米軍歩兵がバズーカでドイツ軍重戦車に立ち向かったシチュエーションなど、本当はほとんど無かったのだ、という傍証に他ならんのだよね。もしそんな事例がいくつもあったのなら、ロケットランチャーは対機甲の威力が低すぎるぞという戦訓がすぐフィードバックされていたはずだから。

それにしても米軍のバズーカ型火器へのこだわりは相当なもので、ベトナム戦争中にも使い捨てのロケランを開発したりしているのだが、対機甲威力には終始、疑問符がついていたね。わが国のマルクス主義歴史学者だけが、どういうわけだかあれが大変な高性能兵器であるかのように騒いでいた。まあ、彼らの唯物史観とはしょせんはレッテル張り主義、スローガン倒れだからなのだが……。
アメリカとしては、報道などからRPG・2／7が共産ゲリラの象徴のようなイメージを浸透させられており、どうしてもその真似を潔しとはし得なかったのだろうなあ。

お話を戻しますが、ベトナム戦争ではどうだったのでしょう。映画を見る限りでは、これもM・16とM・60とグレネード・ランチャーだけで戦争してるんじゃないか、と思ってしまうんですが……。

ベトナム戦争でいちばんたくさんアメリカ兵を殺したのは小火器で、51％だったそうだ。砲弾によるものは36％、地雷と罠が11％だったという。これは何を意味しているか？南に侵入した北ベトナム兵は、徹底して穴を掘って大砲と爆弾をやりすごした。その上で、アメリカ兵が最もいやがるアサルトライフルの間合いで行なわれる戦闘に持ち込むことに成功したのだ。ジャングルと村落がその味方をしている。
これは南方戦線での日本軍とは立場が大きく違う。南方戦線では、日本兵は村落からは浮き上がっていた。むしろ村落から襲撃を受けたりしていたからね。

湾岸戦争でも戦死因の比率は似たようなものでしょうか？

そうじゃあーないね。
イラク兵はベトナム戦争からあまり学べなかった。ジャングルとか、都市などの味方もなかった。正確な統計はまだ知られていないが、やはりいちばんたくさんイラク兵を殺したのは航空爆弾だろう。イラク軍の陣地は「クルスク防禦」を教範化したソ連戦術そのままだったそうだ。

もし、ロシアや中国から三流の戦車や装甲車などを買わずに、もっと土木重機を買って徹底して地下壕を利用するようにしていたら、そしてあらゆる武器を徹底して土中から運用したら、イラク軍だって、キル・レシオを相当に改善できたかもしれんよ。だいいち、フセインはそうやって生き残ったのだからねえ。

そう考えてみますと、第二次大戦の頃から、米軍の歩兵中隊長のする仕事は、敵歩兵部隊の居る場所を、まず味方の飛行機と砲兵に知らせることだったのですか。

その通りだ。

爆弾と砲弾で敵のいるところを徹底的に耕しておいて、抵抗が止んだとおもったら、戦車が交互前進して、目につくトーチカ銃眼は全部潰す。歩兵の仕事は、残敵掃討だけだが、最大でも200m以内には必ず味方の戦車を置いた。太平洋では、地上の銃眼は潰しても、地下トンネル陣地が残るから、火炎放射器や黄燐やサチャル・チャージ(爆薬)で焼いたり埋めたりする仕事が仕上げになった。

そして、さらに第二線、第三線陣地の敵の位置を味方の航空と野砲に知らせる……。この繰り返しですか。

そこまで摑んだのならば、日本兵の小銃が、6・5㎜の三八式歩兵銃であるか、それより全体は軽いが弾薬は強力な7・7㎜の九九式小銃であるか、それよりももっとずっと軽い司馬遼太郎さんの好きな三八式騎兵銃であろうか、そんなことはどうでもよかったのだと分かるだろう。それは、アメリカ軍にとっては、関係がない。その違いによって、何の影響も生じないんだよ。

よしんばM・14を手にしたって、あるいはAK・47を揃えていたって、何の遮蔽物もない土地で砲爆撃を受けたら、全滅するしかないですもんね。

米軍が来る前に、トンネルを掘る。それで、砲弾と爆弾は凌ぐ。相手の目論みはまず失敗する。ベトナム人はそれをやったから勝った。

第一問の答えが「円匙」、スコップとなることはよく分かりました。

それも、旧日本兵のほぼ兵隊全員が背嚢に縛りつけていた小さな2コ分解式のスコップではダメだぜ。本格工事で使う「大円匙」でなくてはね。これが旧軍の武器体系の中心になるべきだったのだ。

出発点はここだ。大型のスコップから、すべての装備計画を組み立てるべきだったのさ。

「歩・戦」分離用の火器は何が良かったか？

ウーム、なるほど、しかしですよ、兵頭さん。大円匙のおかげで、塹壕やトンネル陣地をつくって、米軍の砲爆撃をとりあえずやりすごした。……でも、それだけじゃ「守備」は完結しませんよね。次に来る地上進攻を阻止できないと。

いかにもそうだ。さしあたり、砲爆撃の次に来るものは、何だろうか？

それは戦車じゃないですか。

まずそんなとこだが、ただし、戦車単独では来やせん。戦車と歩兵は、一流の強い軍隊ならば、必ず一緒にくるのだよ。なぜなら、戦車だけやってきたって、タコツボ内の歩兵にとっては、少しも脅威じゃないからだ。

極端な話、ヤシの実に爆薬を詰め、雷管と導火線をとりつけた、マンガにでも出てきそうな球形の爆弾をこしらえてだ、それに点火して戦車の腹の下に転がしてやるだけでもいい。そういう肉薄対戦車攻撃を防ぐために、戦車は必ず「随伴歩兵」を必要とする。

逆にいうと、守る側としては、敵の随伴歩兵を追い払って、戦車だけ孤立させれば、戦車の前進そのものを阻止することができるわけ。その、歩兵と戦車を引き離させることを、「歩戦分離」という。歩戦分離すれば、敵戦車は守備側の肉攻を警戒して無闇に前進できない。すると、敵の歩兵も前進できない。結果として防御時間を長く稼げるわけさ。

ノモンハンではずいぶん火炎瓶だとか携行地雷のようなものでソ連のBT（ベーテー＝高速戦車）が仕留められたと聞きます。

あれも、予め「歩戦分離」が実行された状況でなのだ。BTは機動力がありすぎて、歩兵が随伴できなかった。そして、歩兵を跨乗させる「タンク・デサント」もまだ考えついていなかった。

そうしますと、ノモンハンで「歩戦分離」が成り立ったのは、こちらが三八式野砲や四一式山砲を撃ちまくったからではないのですね。

とにかく見通しの良い開豁地だったのでね。だから、こちらの対戦車重火器、つまり当時は歩兵連隊所属の75㎜山砲から破甲榴弾を直接照準で射撃もし、また連隊歩兵砲の中には九四式37㎜砲、別名「速射砲」という対戦車・対トーチカ銃眼専用の平射火器もあったんだが、こういう半ダース以上もの操砲員が必要なデカイやつは、あの土地では敵方に対して隠しようがなかった。それで、BTや6輪装甲車の搭載する45㎜砲で、はるか遠くから制圧されてしまったのだ。

結局、日本軍側が用いることができたのは、タコツボから運用できる歩兵の携行肉攻資材だけに限られてしまったのだが、ソ連軍も歩兵を常に随伴できなかったことが幸いしたというわけだ。

では、我らが「独立守備隊」としましては、野砲、歩兵砲、対戦車砲には頼らずに、迫撃砲、擲弾筒、軽機、サブマシンガンを撃ちまくることで「歩戦分離」を図るしかありませんね。迫撃砲も7~8人がかりの兵器だから、理想的ではないかもしれません。RPGはコンセプトすら存在しなかったのですから論外として。

パンツァーファースト150の射程をロケットでさらに延ばしたもの、つまりRPG-2

が当時あったなら、それこそ理想的な歩兵用の対戦車兵器になるとともに、近距離ではあるが、歩戦分離用にも役立っただろうがね。

残る選択の候補のうち、迫撃砲と擲弾筒については後で別個に検討したい。ここでは、まず中心火器たる軽機関銃についてのキミの考え方をうかがおうか。

さきほども申しましたように、7・92㎜仕様の「チ」式軽機、まあ、チェコのVz系列のことですけれども、中国の工場で量産したやつが多数鹵獲されているこの自動火器こそが、南方戦線でも最善じゃなかったかと思うのです。弾薬は日本国内の工廠でも製造していましたから。

九六式軽機のような6・5㎜、九九式軽機のような7・7㎜でもなく、ドイツ軍のMG34などと同じ7・92㎜を敢えて選好するその理由は？

単純に貫通力です。ジャングルの雑木を貫通して、さらにできれば敵のハーフトラックの装甲板ぐらいには穴を開けてやりたいですからね。

そうか。弾が当たったときの威力を特に重視するわけだね。それはおそらく、歩戦分離の目的にも、また、敵軍を我が陣前から追い払うのにも、最善に近いだろう。だが、キミのその選択理由は、十分ではない。

えっ、貫通力重視ではいけませんか？　チェコ軽機の二脚は舟型の石突きなので、照準時の安定が悪くてダメであるとか？

そうではない。その武器の選択に不都合はない。ただ、キミが「独立守備隊」に与えられた目的をつい忘れてしまいそうになることについて、是非とも注意を喚起したいと思うのだ。

戦争では、相手を追い散らしたらそれでいいことが多いんだよ。敵が、われさきに逃げ出すようにしむけられる武器が、いちばんいい武器かもしれない。

敵が攻めてこなければ味方の陣地は守れる。敵が逃げてしまえば、敵の陣地を手に入れられる。昭和一九年の南の島では、これ以上の勝利は期待し得ないだろう。

もともと連合国は日本に対して「絶滅戦争」を仕掛けることが可能であったが、日本が連合国に対して仕掛けられるのは、「撃退」だけだった。殊に、こちらが守備する離島が、敵の軍艦にとりまかれてしまったような状況ではね。

18世紀末から日本近海に欧米列強の船がやって来た。港の真ん中で黒船を撃沈できれば、気分はいいだろう。ただ、国防の目的は、黒船をそこにいたたまれなくしてお帰りいただくだけでも、果たされる。

この着眼で、南方のジャングルで敵を追っ払うに最も効果的であった武器を考えると、やはりそれは、弾丸が立て続けに飛び出す武器、マシンガンであった。フィリピンその他の戦記を実際に検討しても、米兵が逃げるのは、こっちが出合い頭に軽機関銃を発射した場合だったようだ。そしてそのさいに、マシンガンの口径や、貫通力や、命中率は、あまり関係がなかった。6・5㎜の九六式軽機でも、「米兵追い払い効果」は十分にあったのだ。

なるほど、「できれば小火器の間合いに入りたくない」と考えている米兵としたら、近間から軽機を撃ちかけられたというだけで、富士川の水鳥。つまり、貫通力ではなくて、マシンガンの音がすれば、何でもよかったのですか。

何でもよくはないのだよ。たぶん十一年式軽機とか、フルオートのできる自動拳銃では、米軍は逃げてはくれなかっただろう。

それでは何が肝心な要素だったかというと、まず、とっさの場合にも故障など起こさないこと。ある一定以上の連射が確実にできること。そして、できるだけ音が大きいこと——。どうだい、チェコ軽機は、この3点を満たしているだろう。

いろいろな武器解説の本で、一〇〇式機関短銃を米兵は怖れて逃げた、と記述されていることを思い出すのですが、これは8㎜南部弾の連射音でも、「追い払い効果」は十分だったということなんでしょうか？

それは分からないね。私の想像だが、米兵はとっさのことで、機関短銃を軽機関銃と間違えたことがあったのではないだろうか。サブマシンガンの発射音は、軽機にくらべたら比較にならないくらいに小さいよ。マシンガンに「追い払い効果」を期待するとしたら、音は重要なんだ。

チェコ軽機は、発射音も弾丸の擦過音も大きかったそうだ。そのかわり、射点が目立ってしまうという欠点があるが、そんな時は撃たなければいいだけだ。

一般にどこの国の兵隊も敵の自動火器を恐れるのは、やはり単発のライフルよりは当たると考えているからでしょうか？

戦場のプレッシャーの下では、単発の銃弾というものは、マグレ当たりしかしないと、敵も味方も分かっているのだね。もちろん、平時の訓練の射的では、３００ｍくらい離れた小さな的に命中させられる精度があるのが各国軍の歩兵銃なんだが、相手からもタマをバンバン撃ってくるようなところで、落ち着いた照準や射撃動作ができるものではない。おもわず指に力が入りすぎ、引金をガク引きしてしまった、などというのは優秀な方で、大抵の兵隊は、もう頭を上げることができず、ピタリと伏せたまま、腕だけ差し上げて銃口を敵のいる方角におおよそ向けて、とにかく発射したそうだ。照準しないのだから、絶対に1発も当たりはしない。

ところが、軽機関銃で連射をするとなると、二脚はついているし、おおよその照準でも弾が当たってくれる確率がグンと上がる。機関銃手もそれが分かっているから強気になって、ますますしっかり狙いをつけて撃つわけだ。そのくらい軽機は、味方にとっては頼もしいし、敵にとっては怖い。

米軍の歩兵分隊には、ＢＡＲという軽機が必ず1梃あった。これは、歩兵銃だけだとどうしても弱気になったり、つい怠け心を起こしがちである。しかし軽機関銃が近くにあれば、兵隊は元気付き、士気が向上するということが第一次大戦の研究で判明して、その研究結果を生かして、わざわざあんなものを配備していたのだよ。

中国戦線のように、見通しがよくって距離が遠い戦場では、６・５㎜弾を軽機から撃とうと三年式重機から撃とうと、装甲車や戦車の車載銃から撃とうと、塹壕の中の中国兵は逃げなかったそうですね。

それで、九二式7・7㎜重機が開発されたのだね。そして、その弾薬に合わせるように、九九式小銃が制定された。やっぱり、音がぜんぜん違うそうだ。

しかし、射距離が近い南方では、7・7㎜の九九式軽機でなくとも、6・5㎜の九六式軽機でも、米兵を追い払う威力はあったのだろうとは想像される。ただ九六式軽機の故障率はチェコ軽機よりずっと高かった。

そうしますと、先ほど私はチェコ軽機を歩兵部隊の主力火器にすべきではないかと考えましたが、2〜3梃の九六式軽機を中心にして、あとは基本的に6・5㎜弾の弾運び・兼・スコップによる穴掘り役、という役割構成にしとくのが、さらに合理的だったんだ、ともいえるのでしょうか？

米軍の観測機を追い払え

まあ、結論を急ぐことはない。

じつは「追い払い」の対象は、戦車や歩兵だけではない。低空をゆっくり飛行して日本軍の配置を探り、味方の砲兵隊や艦砲に対して射撃目標を指示している観測機も、駆逐する必要があった。じっさいに対空射撃で観測機を追い払った日には、砲撃もほとんど形ばかりになったという。目標も判明しないのに、野戦重砲の弾薬をジャングル内にただバラ撒けるほど、米軍にも余裕はなかったのだよ。だから、観測機を射撃して追い払うことは、敵の砲兵陣地に斬込攻撃をするよりも、ずっと効率的に味方の損害を減ずることのできる戦法となるのさ。

米軍の観測用の軽飛行機を、軽機とか小銃とかで射撃するのですか？　当たりますか？

第一次大戦の経験では、300m以下をゆっくり飛ぶ軽飛行機に対しては、当時の単発歩兵銃といえども百発百中で当たる。そして、時速200キロ以下、高度900m以下では、単発ライフルの弾丸がパイロットに命中する可能性もあって、そうなれば、墜落させることができたのだ。だから、この用途を考えると、6・5㎜よりも7・7㎜、7・7㎜よりも7・92㎜の小銃弾が、より有効であると言えるのじゃないかね？

でも、大戦後半の南方の日本軍部隊は、米陸軍の砲兵観測機を射撃することがほとんどなかったのではありませんか？　つまり、自粛をしていたでしょう。

史実はその通りだ。しかしそれは、軽飛行機なんか下から撃って墜としたって、自分たちの陣地の位置がバレて、その直後に報復的な猛砲撃を受けるだけで、トータルで損じゃないか、と判断していたためだ。……が、その判断が誤りである。貧乏国民の兵隊は、つい人間より機械の価値を重視して「戦果」や「コスト」を比較してしまったのだろう。

つまりだ、その軽飛行機に乗っているのは、代わりのいくらでもいる普通の下士官や兵などではないんだ。砲兵隊のオブザベーションの最も重要な役割を期待された、おそらく砲兵隊のホープと見られている有為の将校であるはずさ。そうした有能な若い将校の戦傷・戦死は米軍の士気を最も殺ぐよ。それから、秘匿している自陣からわざわざ発砲するのは確かに馬鹿げている。そしてもちろん、13・2㎜とか、25㎜とかの海軍の機関砲も、報復砲撃をしのぎきれないので、この用途には向かない。

そうではなくて、味方の野営地から離れたところに多数の斥候を展開させ、その斥候をして積極的に対空射撃をさせるんだ。そうすれば、敵火を自軍に無害な方向へ誘導できただろう。

ここでいったんまとめてみますと、戦前の日本の歩兵大隊の装備編制を考える際、「米軍の土俵に上がらない」戦術に徹するとしても、とりあえず「大円匙＋軽機」中心としたならば、致命的な誤りとはならなかった、と言えそうですね。「軽機主義」は、そもそも第一次大戦中に出された結論でしょう。それが、第二次大戦後にアサルトライフルが普及するまでは、そのまま妥当していたのですね。

現代戦の結論は第一次大戦で既に出ていたのだけれども、人類はその結論を20年後に「二度出し」しなければならなかったのかもしれないね。

キミの言うとおり、旧日本軍の歩兵部隊は、第一次大戦に敏感に反応して、銃剣～単発小銃～軽機～重機とまんべんなく整えたのだけれども、じっさいには歩兵砲や重機の掩護下で、全員が着剣小銃で突っ込むという方式が、中国での「勝ちパターン」になった。十一年式なんていう、あまり出来のよくない軽機が長らく使われ続けたのも、7・7㎜の九二式重機関銃という、少ない弾薬で確実に敵を制圧できる、世界一流の「遠距離狙撃兵器」が完成したおかげだ。つまり、九二式重機のあとから完成した九六式軽機や九九式軽機には、いまひとつ、全軍的な期待はかからなかった。それほど重機は役にたった。九六式軽機と九九式軽機は、性能も世界一流とは言えないし、十一年式軽機を更新するペースも、まことに遅々としたものになっている。

十一年式軽機そのものは、第一次大戦の傍観者であったわりには、世界的にも相当に早い国産開発だったのでしょう。

吸収努力は立派なのだ。ベルサイユ講和から3年後に制式化し得たのだからね。ブレンを英陸軍が採用したのはなんと一九三六年で、それまではヴィッカーズマキシム重機と、あのかさばるルイス軽機の2本立てだったのだから、はるかに日本が進んでいる。もっとも、ブレンの制式決定から量産立ち上げまでたった2年しかかかっていないのはイギリスの機械先進国としての面目だろう。

ちなみに、大正一一年には、やはり敵の重機を撲滅する歩兵の攻撃用兵器として、平射歩兵砲と曲射歩兵砲も完成した。ただしいずれも本格大量装備は大正一四年の宇垣軍縮以降になっているがね。

つまりこういうことですか。中国大陸や、対英米戦の緒戦で、勝っているうちは7・7㎜の九二式重機関銃のおかげでだいぶ助けられた。あまりに高い命中率のため、弾丸が節約できたと。

そのへんは旧著『日本の陸軍歩兵兵器』（平成七年）でも書いたから省くけど、大戦後半の南方戦線で負けて来はじめると、重機よりも軽機の方が粘り強く抵抗ができることが判明するんだ。それこそ、トーチカと水冷重機で頑張った上海戦線の蔣介石軍と、立場が逆転するのだよ。

だから、海上制空権がだいぶ怪しくなった時点から、南方では「重機頼み」を打ち切って、さっさと「軽機主義」に切り換えたなら、その軽機関銃の使用弾薬や機種にはあんまり関係なしに、良いパフォーマンスが期待できたと思われるね。東部戦線のソ連軍や、朝鮮戦争での中共軍のようなサブマシンガン主義だと、上陸してきた米豪軍よりも数倍の兵数で人海戦術を敢行できない限り、軽機主義よりも結果は悪かったと思う。

しかし軽機は、米軍も軽視していたわけではありませんでした。

敵失だよね。もしもMG42のコピーに米軍が昭和一九年前に成功していたら、米軍の歩兵部隊はもっと強気に攻撃的になり、あるいは日本軍守備隊は「疾風の前の枯葉」という様相を呈して早負けしたかもしれぬと思う。そのようなコピーの試みは実際にあったんだが、おそらく使用弾薬を.30・06に改めるのに予想外の手間がかかることが判って、MG42を模倣しようという企画は放棄されてしまったんだ。

米軍相手の南方戦線では、軽機が一番陸戦の役に立ったという結論があるからこそ、戦後の防衛庁が最初に開発した武器は、何をおいてもまず六二式機関銃だったのですか。

そうだよ。そして次の六四式小銃も、他国のアサルトライフルとは設計思想が違っていて、その狙いは九九式軽機の再現にこそあった。

二脚をつけて、銃身を重く太くして、毎分450発とか500発の、世界最低レベルのサイクルレートにしているのは、攻撃用の突撃銃としてではなく、むしろタコツボに据え付ける防禦用の軽機として使おうという明瞭な思想が看て取れるだろう。

しからば、軽機を中心にしてそれを徹底的にサポートする思想を透徹させることができなかった、敵の近接攻撃から軽機手を護衛できる適切な小火器を欠いた――という反省はどこに活かされているかといえばだ、アサルトライフルを全歩兵に持たせるのならば、その問題は解消されてしまうのだ。

では、改めて火器のジャンルを分けて、さらに仔細な検討をしたいと思います。

第一章　小隊長の武器は？

序章で確認されたことは何かというと、昭和一九年の南方のジャングルで米軍の攻撃を受ける事態を考えるのならば、歩兵銃なんてものはどうでもよかった。なくても困らなかった。口径は6・5㎜でも7・7㎜でも何でもいいから、とにかく故障しない音の大きい軽機関銃を定数以上揃える。あとの歩兵はその軽機のサポート、弾薬運びや、塹壕掘りに徹することが合理的だったろう——という大筋の考え方でした。

しかし、指揮官に日本刀を持たせなくてよいのか、狙撃銃はいらないのか、戦術はタコツボ防御だけなのか、などなど、まだ未検討の点も残っています。

兵頭さん、小隊長の日本刀は、やっぱり有害無益ですか？

これは、もしも防禦局面だけならば、軽機を1～数梃有する分隊や小隊の指揮をとるだけだから、史実通りの日本刀だけでも、いや、そこらに落ちている木の枝一本だって、よかっただろう。軍配うちわのようなものでね。

序章でも注意を促したように、海上の制空権を失った時点からの日本軍の作戦では、その攻撃によって敵を全滅させることよりも、とにかく敵を自主的戦場退避に至らしめることを考える方が、合理的であった。しかし目的をそこまで限定したとしても、防禦だけではそれは実現できないのだよ。

それじゃ、近くの密林中から、軽機（LMG）や機関短銃（SMG）などの自動火器の発射音と弾丸飛翔音を聞かせてやることだけでは、不十分なのですか？

それは小隊とか分隊のレベルではとても合理的な防禦戦法になるのだが、やはり防禦だけでは敵を追い返すことはできない。

もしも、防禦と同時に、隙を見つけたら敵を攻めるという働きかけがなければ、すぐにパターンを見切られてしまうんだ。たまにはこちらからも押し出していきますよ、という心理的な主導性を常に保つ必要がある。随時に不意急襲的に敵との間合いを詰めるもみ合い、「突撃」ができる必要もあるんだ。

突撃ということは白兵ですよね。それは昭和一九年の米軍に対して有効なのでしょうか？

有効かどうかを思い悩む前に、攻撃行動を考える必要は、戦争である以上はどうしてもあるのだ。戦争とは、我の意思と彼の意思とのぶつかり合いである。

そして、白兵突撃は攻撃方法のうちで最も大胆なものだから、これがいつでもできるぜという備えがあることが、味方には心理的な自信になり、敵からは自信を奪う。

ただし、いつでもできる備えがあることと、いつでもやらなきゃならないと思うこととは別なので、旧軍の歩兵科教育で反省すべき点はここだ。

実際には白兵突撃といっても、軽機などの携行自動火器を中心に押していくのだ。ドイツ軍がその方法だった。彼らは着剣突撃はほとんど考えていない。火力中心の軽機にはもちろん、督戦をする小隊長のMP・40に、まったく着剣ができないのだからね。小銃手だけが着剣できたが、それを使ったという話も聞かないだろう。Ｋａｒ９８ｋには末期は着剣装置が省略されていた。それを言うと、南方の米軍も、ウェーク島のマリンを除いて、一度も着剣突撃なんかしてこなかったそうだけどね。

いうまでもないけれども、九六式／九九式軽機や一〇〇式機関短銃にまで着剣装置をつけていた日本軍といえども、昭和一九年にもなれば、昔のような、一発も発砲せず、「シーッ」という声だけを立てて突入する「静粛夜襲」など、とうてい現実味はないと悟っていたんだ。敵は夜間のジャングルも白日化してくるので、きっと照明下の強襲になってしまう。そこではやはり、着剣はしていくけれども、あくまで味方の自動火器によって敵の銃手に頭を上げさせないようにしつつ間合いを詰めるのでなくば、成功の見込みはなかったろうね。

攻撃の先頭に立つ小隊長が日本刀を持っていても意味は無く、昭和一二年の「昭和刀」でも５０円したというそのカネと体力とは、他の装備に回すべきだったろうよ。そのことを日本陸軍は、遅くとも日露戦争で認めるべきだっただろう。

そもそもどうして「静粛夜襲」が日本陸軍の御家芸化したのですか？

それは、第一次大戦中のヨーロッパを視察して、列強と日本との弾薬準備能力の格差を痛感させられた。そこに不況と軍縮が重なったので、小銃から野砲まで、とにかく弾の節用が至上命題になったからだ――という経済的な背景は『日本の陸軍歩兵兵器』で考察したけれども、純戦術的には、かつての満州は、月のない夜は真の暗闇なのだ。これが大前提にあった。

真の闇では、単発小銃など当たるはずがない。かといって自動火器を撃てば味方の背中に当ててしまう惧れが生ずる。戦国時代も同じ理由で夜襲では鉄砲を空砲にすることがあった。だったらむしろ黙って敵に近付き、奇襲性を強めた方がいいだろう、というので、白兵静粛夜襲にはそれなりの合理性もあったんだ。

そのさい、突撃の先頭に立つ小隊長が拳銃だけの装備では、「静粛」というわけにはいかなくなる。だから日本陸軍は将校の刀剣装備と最後まで縁が切れなかった。重たい刀を吊るした上に大型拳銃なんか持つ気もなくなるのは人情だ。そのうえ月給も安かった下級将校としては、しぜんに輸入の小型ピストルを選んでしまった。しかし.32ＡＣＰじゃ、とても敵の軍隊との交戦に役に立つタマではなく、せいぜい自決用にしか役立たなかったのさ。

日本陸軍の部隊あたりのファイアパワーが、米豪軍よりだいぶ小さくなってしまった理由の一つが「静粛夜襲」の強調だったということは分かりましたが、その静粛夜襲ではダメだと陸軍の上の方で認識するのは、史実ではいつごろなのですか？

普及した気配はないが、昭和一九年九月に『夜間攻撃の参考』というマニュアルが仮制定されている。その中では、狙撃手、つまり小銃兵は、最後は米軍の陣地に「直突射撃」しながら突入してもよい、と書いてある。直突射撃というのは、右脇を締め、左肘はまっすぐ延ばして着剣小銃を胸の前に水平に突き出したスタイルで、右手で槓桿を操作しつつ、いわば腰ダメの無照準発砲を繰返しながら早駆けし、最後は「突き撃ち」にでももっていこうというのだ。これは中国戦線ではだいぶ早くから一部の部隊が工夫して実施していたらしいが、ようやくこの頃に、南方軍の公式の戦法になったわけだ。

ということは、支那事変の初期に、小隊長が日本刀をふりかざして、部下とともに白兵突撃をすると、それまで塹壕の中にいて、二八式歩兵銃や十一年式軽機関銃をいくら撃ちかけても逃げなかった頑強な中国兵も、陣地を捨てて逃げ出したというハナシは嘘なんですか？

フォン・ゼークトの指導で、塹壕、トーチカ、重機関銃を深く恃んでいた中国軍が、日本刀そのものに恐れをなしたとは私には思えない。日本軍側がそのような突撃を発起するまでに、重砲、野砲、歩兵連隊固有の重火器を敵陣のある1点に集中して、十分に弱らせていたはずなのだ。そして、突撃は必ず擲弾筒や手榴弾の爆発に合わせて立つ。その最後の仕上げとして白兵突撃が敢行されたから、ダメ押しとなって敵の潰乱を誘うのだ。

ところが、そのとき小隊長は、日本刀を抜いて真っ先に駆けていくわけだから、つい、中国人が日本刀を恐れているような錯覚を起こしてしまう者もいただろう。しかし、もし刀剣だけで、銃を持った敵を追い払えるものなら、鉄砲も大砲も要るまい。

敵陣に飛び込んで刀で敵兵を何人も斬り倒した小隊長の話とか、聞きますけど……。

日露戦争ですら、小隊長が日本刀で敵兵を斬るチャンスなんてほとんどなかったのだ。日本軍を悪く言うつもりはないが、そういう時代劇式の勇壮談は、包囲されて呆然自失した中国兵を捕虜にせず斬り殺してしまった話が、誇張されているのではないか。

一七九九年、エジプト遠征中のナポレオン軍が、Jaffaで3563名のアラブ兵捕虜を刺・射殺したことがあるが、似たようなものではないか。

でも昭和一七年のエリート参謀たちは、「なーにアメリカ兵はこちらが銃剣突撃すれば泣きながら逃げて行くそうだ」と、ガダルカナル島へ一木支隊を送り込み、その全滅後に増派した川口支隊5400人は、当時の最精強と思われる久留米、博多、仙台、旭川の4コ大隊から成っていて、中でも仙台は夜襲師団で有名だったんじゃありませんでしたか？

日本は第一次大戦の欧州での陸戦に参加しなかったために、戦前の陸軍将校の中には、アメリカ兵など弱いという、何の根拠もない思い込みをしていた者が多かった。これは、そう思うことで、貧乏な軍隊である自分たちを慰めていたのだが、その慰めが、いつしか確信に変わっていた。

希望や理想や必要と、資源や材料や能力が相合わないとき、人は、団体は、どうその現実問題を処理するか？　昭和の日本軍の場合、それは我にのみ都合の良い思い込みによろうとした。思い込みさえすれば、刀や銃剣で、迫撃砲や機関銃に勝てることになってしまう。ガダルカナル島に送られた一木支隊の一木大佐は、白兵夜襲で米兵には圧勝できると考えていたのに、最初の一晩で900人が全滅してしまった。

これ以後、アメリカ兵が、夜中に突撃してくる日本兵の刀や銃剣を見て逃げたという記録は見出せないね。もちろん、不意をつかれるということは戦場ではしばしばあるもので、予期せぬところで寝込みを急に襲われたりすれば、どこの国の将兵だろうと、パニックを起こして逃げるよ。しかし、アメリカ兵が、日本刀や銃剣に、メイド・イン・USAの武器で勝てないと思っているわけでは全然なかった。いわんや、敵が日本軍の火力は大したことがないと知ってしまい、その上で陣地を構築して、野砲・迫撃砲の重厚な支援を受け、機関銃をズラリとならべていたらだ。これを潰乱状態にするのには、日本刀は無力だったね。

歩兵の武器には、それを持っているのを見せつけるだけで、敵を怖じ気づかせる威力のあるものがありますよね。時と場所と相手次第で変わるんですけれども……。米兵相手では、日本刀には、その効果は無かったのですね。

逆に、全員が自動小銃を持っている米兵を見て、日本兵の方が戦意を喪失してしまったんじゃないか。

こういうふうに考えてくると、攻撃局面では、日本軍の小隊長は、やっぱり当時の通常サイズのサブマシンガンを持つべきだったのではないかな。それを持って射撃する姿勢によって部下を鼓舞しつつ戦闘の指揮をとるためには、あまりにコンパクトな自動拳銃ではいけなかったと思う。

ちなみに「サブマシンガン」の命名者は、米国のトンプソンその人であったらしい。日本陸軍はドイツ語の「マシーネンピストル」を訳したので「機関短銃」と呼び、海軍陸戦隊は英語の「サブマシンガン」から訳して「短機関銃」というのだ。

どうなんでしょう、もし日本陸軍が、ガダルカナルの数度の夜襲で、煙幕を大量に使って

いたら……？　他の装備は史実のままでも、勝ち目はありませんでしたか？

最初の1回の白兵突撃だけは、成功したかもしれないな。「発射発煙筒」という、地面に斜めに刺して置いて導火線に火をつける、打ち上げ花火のような使い捨ての発煙弾を歩兵全員が何個か携行していけば、砲兵の支援を無視して自滅した一木支隊でも、夜間にある程度の煙幕を構成することができたかもしれん。ただし、それは2回目以降は無効化されただろう。おそらく敵は、ベトナム戦争中の守備陣地のように、鉄条網と地雷原を厳重にめぐらすようになるだろうからね。

白兵突撃のタイミングの判断は、最前線の指揮官がするのですよね？

突っ込むかどうかの判断ができる最高指揮官は、歩兵大隊長だったろう。「独立守備隊」を「増強大隊」程度としておいた根拠がそこにもある。状況により、小隊長や分隊長がイニシアチブをとらなければならないときもあるだろう。

しかし突撃となったら、陣頭に立つのは小隊長だ。最下級の将校が、「お前たち、突っ込め！」ではなくて、あくまで《Follow me!（我に続け）》の気概を示さなければ、下士官や兵は誰も突撃なんかできないし、統率も成り立たない。だから小隊長は、特に身軽である必要があった。その点で、モーゼル大型拳銃という選択も、悪くはないのだろうが、「無刀」で拳銃一梃となると、やはり動作が目立たないという不都合があるのだ。

目立たなければ、敵からも撃たれなくて、良いのではないのですか？

違うのだよ、それは。小隊長は、リーダーだから、その後ろ姿だけで、部下に自分がやろうとしていることを伝えなければならない。格好がとても大事になる。拳銃だと、逃げ腰になっているのか、それとも突っ込もうとしているのか、後ろ姿で部下によく伝えることができないだろう。小隊長が突入のタイミングを図っているのに、それを見た部下が「いま小隊長は攻撃をためらっているようだ」と誤解でもしたら、もうその突撃は必ず失敗してしまうだろう。

そこへいくと、日本刀は火力点数こそゼロだったが、小隊長の意図や気迫を姿勢で部下に伝達する機能については、百点満点と言えたね。

そうか、それで分かりました。なぜ米軍が、強力な.45ＡＣＰの自動拳銃を早々と将校に持たせていたのに、それではダメだと、後からＭ1カービンなどという、拳銃に毛の生えたような低威力の超軽量銃をわざわざ量産して与えたのか……。ピストルだけでは、最前線で、リーダーとしての格好が作れないのですね。その姿で部下に勇気を感染させたり、戦意をかきたてさせたり、これから攻撃する目標の方向を示したりすることができない。だから、米軍は小銃の格好をした「指揮棒」を持たせたんだ。

彼らは、十分に小型軽量なＭ‐１６が歩兵用として制式採用されても、わざわざその短小版をこしらえて、当初は小隊長スペシャルとしていたのだから、面白いよね。

ところで日本軍の軽機手は、突撃のときはどうしていたのですか？

九六式と九九式軽機には銃剣が着けられるとはいえ、また、軽機手にはその分隊で最も体力ある兵隊が任命されるとはいえ、まさか１０kg以上もある軽機を先頭に立ててヨタヨタと突撃させるわけにはいかなかったでしょう。弾も箱型弾倉に30発しか入っていないんだから。

だいぶ近いところ、突撃の最後の間合いまで小隊は匍匐していって、これから突撃発起というときに、軽機は、敵をして最後まで頭を上げ得ぬような制圧射撃を加えたのだと思う。もちろん、敵に近付く途中でできるだけ各個掩壕をつくりながら前進する。前の者がつくった壕を後の者が利用しながら間合いを詰めるのだ。

旅順攻めのときは、地質が岩盤で円匙の歯が立たず、ツルハシの音は夜やたらに響くし、こちらの小火器の届かないところからリヴォルビング・カノンを撃ち込まれるしで、立ち往生してしまったのだ。

拳銃は何が良かったのか

……ところで序章でキミは、拳銃は、大隊長と衛生兵には.22口径のサタディナイトスペシャルが適当だろう、という解答を提出してくれたね。

そうなんです。リヴォルバーも、口径が小さいと、7連発とか9連発のものがあるでしょう。どうせ攻撃用ではないのだから.22口径でいいと思うのですよ。

昭和一五年に民間で国産された、浜田式拳銃という、「ブローニング1910」のコピーも.32ACPの9連発だけれども、そういうのじゃ、ダメなのかな？

やはり護身拳銃は「最初の1発が命」だといいますから、安全装置もスライド操作も不要な回転式ダブルアクションでなければいけません。そして.38口径以上で6連発とすれば、どうしても回転式はかさばってしまいますから.22を選びたいのです。もちろんハンマーはフレーム内に収めてしまい、無鶏頭として、部品がひっかからない製品が選べれば理想的なんですけど。

最初の1発にこだわるのなら、S&W社の.38 SPECIAL 実包を用いる5連発リヴォルバーだって良いではないか？　これのハンマーレスタイプならば、砂塵や雨水も入らないぞ。

南方では弾薬が湿りますから、撃発しても発射しない実包があるかもしれません。だから、シリンダー内にはできるだけたくさんのタマが入っていた方が安心だと思うのです。あと、森の中で食用にする鳥などの小動物を捕殺するのに.22口径は適しています。そして、いよいよの場合には、それ1梃あれば9名が自決できる。

いや、心憎いまでの「最悪事態想像力」だねえ。

しかしその一方で、モーゼル大型拳銃にも執心があるようだけど？

あれは中国の沿岸部の工場で生産していましたし、鹵獲品も多いですから、南方の独立守備隊のために最も迅速に用意できるのではないかと考えたのです。その中には、フルオート射撃機能を付加したものまでありましたし。

たしかに現実には、モーゼル大型拳銃より優れた拳銃は、昭和一九年の日本軍には、オイソレとは揃えられなかったかもねえ。だが、あのフルオート機能、本当に実用的だったのかなあ。銃を横に寝かせてフルオートで薙射する「水平流し撃ち」なんて、渋谷の大交差点でテロリストが使うなら有効かも知らんけど、南方のジャングルで使えるものだろうか？　内部の部品強度も、それに耐えられたのだろうか？　そういう、基本的な疑問が残るよ。しかし、セミオートのオーソドックスなタイプなら、もう折紙付きだ。

ちなみに中国軍は、大戦中に40種類もの拳銃を使用していたそうだね。そして羨ましいことに、多くを国産化していた。ライセンスをどうしたのかは分からないけども。たとえばモーゼル大型拳銃の肩当てストックなんてものまで、ちゃんと太沽造船所で量産をしていたらしい。その他にも、我が三八式機関銃は太原で「三八式重機関銃」として、三年式は奉天で「一三式重機関銃」として、十一年式軽機関銃は奉天で「一七式軽機関銃」として、また三八式歩兵銃も太原で製造されていたというからすごいよ。四一式山砲までも、奉天や太原で「一三式」とか「一四式」とかの名で国産したらしい。ちなみに輸入品は「六年式山砲」と称したのだ。

私は『イッテイ』のコラムを読んで知ったのですが、昔の兵隊戦記などで、モーゼル大型拳銃のことを「1号拳銃」と言っているのは、中国側の呼称がそのまま日本兵にも伝わっていたのですね。

ありゃあつまり、中国軍の最初の制式拳銃から3番目の制式拳銃まで、ドイツ商社が売り込んだモーゼル式が独占していたんだよ。軍艦からポケット・ピストルまでメイド・イン・ジャーマニーになっていた市場へ、南部さんは日本の商社と組んで強引に割り込もうとしたわけだ。そして「対支21ヶ条要求」の第5項で、ホチキス・パテントをクリアした3年式重機関銃も提供できるようになったから、これからは武器も全部日本から買いなさい、と外交ルートで要求させることまでした。南部麒次郎がタダの拳銃設計家だと思ってたら大間違いなのさ。……オット、話題を元に戻そうよ。

そもそも、将校が佩刀を廃止したのは、英国陸軍が早かったのでしたね。

日露戦争より前のアフガン・キャンペーンから、こちらが小部隊で、小銃を持った多数の敵に囲まれたような場合は、こちらの将校全員にも小銃が無いと手も足も出せなくなるという教訓が得られていたんだね。明確な指示は、ボーア戦争の最中に出された。そのころ急に、ライフル弾道がものすごく良く低伸するようになったからね。

ところが面白いのは、英軍は第二次大戦では、将校に拳銃かまたはサブマシンガンを持たせた。そのSMGの弾薬も.45ACPと9㎜パラベラム拳銃弾の2本立てで、統一されていない。同じ9㎜パラベラムの自動拳銃、たとえばブローニングの「ハイパワー」もあったけれども、拳銃の大宗を占めたのはウェヴリーの.352と.455リヴォルバーで、この弾薬はSMGには使いようのなかったものだから、日本軍の弾薬体系と同じくらい、英軍だって複雑だったのだ。

トミーガンで英軍将校が武装していたのは、マレー半島あたりですか？

インド方面もたぶんそうだろう。なぜSMGの武装かというと、つまりはライフルを持った部下の植民地兵や現地住民の反乱に備える意味があった。

日本国内では米国規格の.45ACPや、ドイツ規格で英連邦軍も採用した9㎜パラベラム弾は製造していなかったのですか?

しなかっただろう。それらの高性能な拳銃弾は、100%輸入していたはずだ。おそらく、ベルクマン機関短銃用の「.30マウザー」弾も全部輸入ではないか。

ちなみにこの拳銃弾は、ライフル用との区別のために「7・63㎜×25」などと呼ぶこともあるが、旧ソ連では7・62㎜と呼称して、まったく同じものをトカレフやPPSh用に製造していたのだね。口径が7・62㎜小銃と同じであったからこそ、攻囲を受けたレニングラードで、古いライフルの銃身を真っ二つに切り、それからSMGを2梃こしらえました――なんて話も本当にあり得るわけだよ。まあ小銃と拳銃の口径を一致させていたのは、列強の中でもソ連だけだろう。

ソ連で.30マウザーを使うことになったきっかけは、何ですか?

それはボロモーゼルだ。もともとベルギーに設計を依頼して制定したナガン回転式拳銃が旧式化し、これを更新しようというときに、当時の最新発明で、英国軍が南アで使って好評であったモーゼル大型自動拳銃の短銃身型が選ばれたのだ。ボルシェビキのモーゼルだというので、縮めて「ボロモーゼル」。その実包がソ連時代に定着したんだね。実際に、弾速は「9㎜×19」のパラベラム弾よりも大きいのだ。

拳銃弾でも、ソ連軍と全く共通の弾薬としておけば、関東軍としては戦場でいろいろと好都合だったかもしれませんねえ。

なにしろ、ソ連のように全然こだわらなくたって問題無いはずの拳銃弾薬で、日本の独自性というものに大いにこだわってしまった潔癖症的な人だったのだねえ。南部麒次郎さんは。これは、後でまた話すけど、ドイツ人はとかくパテントでがめつく稼ごうとする商人なのだ。それで南部さんはつくづく厭気がさしていて、ドイツ製の拳銃弾のそのままでの採用は注意深く避けようとしたんだと思う。

南部の国産８㎜弾の前には何があったかというと、リヴォルバーでは二十六年式拳銃の９㎜弾があるね。もちろん、９㎜パラベラムとは何の関係もないもので、威力も甚だ低い。これは大正末まで量産していた。

その前だと、最も古いのは「一番形蟹日ピストル」で、これは一八五四年にルフォーショーが完成してその後輸出したピンファイア式リヴォルバーのことだ。戊辰戦争で河井継之助もこれを持っていたというほどで、日本には幕末からたくさん輸入されていた。そして、西南戦争以前、明治陸軍の最初の準制式拳銃もこれだったのだ。よく戦後の市販の解説書を見ると、「壱番形拳銃」といって「S&W No・3」の写真を紹介してあるのだが、あれは海軍の呼び名なので、それを陸軍の話と混同してはいけない。陸軍の「一番形」は、あくまでルフォーショーである。

その弾薬はすべて輸入だったから中には湿っていて、リロードの必要なものもあった。そして、この恐ろしく旧式な蟹目式拳銃そのものが、明治十年代に、あらかた近隣アジア諸国へ転売されてしまったんだ。

その次に陸軍が準制式としたのは「二番型中折拳銃」だ。これは「S&W No・2」というリヴォルバーのこと。弾薬はリムファイア式なので、古い陸軍の文書に「縁打《へりうち》ピストル」として出てくることもある。私は弾薬が国産されたという文書は未見だ。

その次に陸軍が準制式とし、陸軍内に相当に普及し、そして昭和に入っても相当に長いあいだ倉庫に保管されていたのが「スミスウエッソン新形拳銃」で、これぞ「S&W No・3」のことなのだ。原型完成は一八六八年、つまり戊辰戦争の年で、最終的にそれを買ったのはロシアとトルコと日本だ。日本海軍でもこれを大量に購入した。そして紛らわしくも「壱番形拳銃」と名付けた。日本陸軍では、「三番形」とは呼んだことはない。「針打ピストル」として陸軍文書に出てくることはあるけどね。最後はどうしたかというと、朝鮮半島警察官の武器として昭和前期まで捨てなかったようだね。ともかく、この「スミスウエッソン」の弾薬については、東京砲兵工廠は明治二五年八月に国産化する。これは.44だから、日本で作った最大口径の拳銃弾かもしれぬ。

そしてそのすぐ後で、二十六年式拳銃が完成されている。二十六年式の模倣元は、オーストリアのGASSERピストルだから、弾薬もそのGASSERについてきたものが、参考にされたに違いなかろう。

スミス&ウエッソンのNo・1というのは、どこかにあるんでしょうか?

米国でだけ知られている。それは一八五二年、S&W社の前身の会社が創設されると同時に発売された最初のリヴォルバーのことだ。日本では坂本竜馬が高杉晋作から貰って所持していたが、実包が湿っていて護身の役に立たなかったみたいだ。

南部さんは.32ACPなどの外国製の弾薬の輸入そのものが、嫌いだったんじゃないですか？

猛烈な「商品帝国主義者」だったことは確かだ。――日本軍人が外国製の兵器弾薬を買うなんて大損なことじゃないか、けしからん！　また逆に、日本の近隣諸国には、日本製の兵器弾薬を買わせて、日本はもっと儲けなければいけない――と、そう信じていた。

彼の目にいちばん余ったのが、日本国内の拳銃とその弾薬のマーケットが、開国いらいずっと、外国からの輸入品で占められていて、陸軍の将校すら、外国製の拳銃を買うしかないという現状だった。

それで、8㎜と7㎜の南部式自動拳銃を苦労して開発して市場投入してみたのだが、遺憾ながら、価格の競争力は.32ACPを使用するブローニングやコルトのポケット拳銃の方にあった。

編制上、どうしても南部8㎜拳銃を持っていなければいけないとか、あるいは九四式拳銃を官給された人を除いて、日本軍将校の間でのブローニングとコルトの.32オートマチックの自弁率は、相当に高かったようですね。

列強中の奇観だよ。だって.32ACPなんて、とても戦場で使うような高威力の実包じゃないのだ。せいぜいが民間人の護身用にしかならない。

で、そのコルト社が創始した「.32ACP」という拳銃弾ですけども、弾丸の威力はそんなにも小さかったんですか?

ストレート・ブローバックで薬室の閉鎖時間を稼げたくらいの反動力の弱いものだから、もう軍用とは言えないのだ。たとえば一九五八年のこと、投資家の横井英樹さんが暴力団員に.32口径のコルトで撃たれ、腕、肝臓、腸を貫通されたんだが、快復しているよ。

東條大将もコルト.32で胸を1発撃って自殺に失敗していますよね。

それは口にくわえて後頭部を吹き飛ばすという拳銃自決の正しい作法を知らなかった、現代の武士としての不たしなみが原因なので、ヒトラーと同じように正しい作法に則っていたならば、拳銃の弾薬は.22ショートだろうと.22ロングライフルだろうと不覚をとることなどあり得んのだよ。また、乃木大将は日露戦争の前に寺内正毅から「ブローニング1900」オートを貰い、ずっと所持していたのだけれども、明治帝への殉死は介錯人も無しで、1本の日本刀だけでやり遂げているのだ。

意外だが、日露戦争中の日本陸軍の高級将校は、結構、オートマチック拳銃を持っていたね。これは、北清事変で外国軍のフリを見て、我が身を整えたんだろう。

コルトポケットは、ハンマー内蔵型ですから、外から見ただけでは、コッキングの状態にあるのかどうか分からなくて、危ないですよねえ。

いや、グリップセフティを押せば、ハンマーがコックされているのかどうかは分かったらしいんだ。ブローニングの方は、ちょっと聞いたことがないけどね。浜田式は、ブローニングを真似しながらも、薬室内の残弾の有無を示すインディケーターを独自に付けていた。

いずれにせよ、野戦には使えないような非力な.32口径の自動拳銃が、そこまで日本軍将校に愛用されたという理由は何ですか？

低価格だったってことに尽きる。ジョン・ブラウニングが一九一〇年に完成させた.32オートマチック拳銃は、それまでの代表的オートマチックであったモーゼル1896年型・大型拳銃に比べて、あまりにも安かったんだ。当時の価格破壊さ。そして日本陸軍では、将校の拳銃は、被服、軍刀、双眼鏡などと同様に、自弁だろう。少尉とか中尉の安月給では、当然に.32オートが求められたのだ。

じゃあ、あまり責める訳にはいきませんな。つまるところは、戦前の少中尉が軍刀と拳銃の二重装備をしなければならないからでしょう。常時携行重量と家計の両方の負担を考えたら、どうしても一番安い拳銃に手が延びてしまいます。

ところで、対英米開戦後にはその.32ＡＣＰ弾は輸入ができなくなったと思いますが、その後の弾薬供給はどうしたのでしょうか？

仕方ないので、陸軍工廠で「無印商品」として製造をしたのだよ。

そうしますと、九四式拳銃も不評でしたし、どうも南部さんは、拳銃の分野では初志は実現できなかったことになりましょう。

８㎜弾を、６連発しかできないオートマチックなんて、リヴォルバーと比べて何のメリットもありゃしないからね。そうなっちまった原因は.32ACPとか、ベビーナンブ用の7㎜南部弾というものがありながら、強力な8㎜南部弾の共用にこだわって、なおかつ無理な軽量要求を突きつけたという陸軍上層の不明がすべてさ。陸軍の技術系の幹部に、識見がいかに足らぬかを後世に示す物証だ。航空兵や貧乏将校用に軽量拳銃が必要ならば、素直に.32ACP弾を発射するコルトやブローニングをコピーさせればよかったのさ。

8㎜南部の拳銃弾は「殺傷威力がすごい」という話はちっとも聞かないのに、反動だけは一人前だったようですね。

腐っても軍用実包だ。それで九四式拳銃のネックになっちまったのが、ここでもスプリングさ。欧米並みの高性能な蔓巻きバネがもし造れたならば、九四式の銃身長はもっと切り詰められた。実際にそういう試作型も存在するんだが、そいつは駄目だった。というのは、九四式拳銃は「ブローニング1910」を参考にして、銃身がリコイル・スプリングをとりまいている。しかしバネの性能が低いため、どうしても一定の長さが必要となったのだね。もし銃身を短くできて、その代わりに弾倉が7発用の長いものにできていたなら、九四式ももっと存在価値を主張できたかもしれん。

いっそ、九四式は消音拳銃にして、敵の包囲を脱出するための専用火器にすれば、ユニークな名銃になったかも——と『日本の陸軍歩兵兵器』で示唆されてますね。

あの可能性をもう少し検討してみようか。

拳銃を消音銃にする決め手は、まずガスが途中から外に漏れ出すリヴォルバー式では絶対にダメで、単発またはオートマチック式であること。それと、飛翔する弾丸が衝撃波を発しては何にもならないので、すべての弾道での存速が音速を超えないことだ。

昭和一四年に実測されたデータによると、南部十四年式拳銃から発射した８㎜弾の初速は３１５ｍ／秒で、１００ｍ先の杉板を１１５㎜侵徹できたという。公称の３４０ｍ／秒より遅いわけだ。ちなみに海抜０メートルでの音速の値（ｍ／秒）は「３３１・５＋気温℃×０・６」となることは、知っているよね。したがって８ミリ南部弾は、サイレンサーを使えば、衝撃波の発生しない「暗殺銃」にもできたことになるんだ。

これが九四式拳銃になると、僅かに銃身が短いだけなのに、初速はさらに小さい２８４ｍ／秒。これは消音拳銃にはとても向いていたろうと思う。

参考までに、同じ弾を使う一〇〇式機関短銃は、初速が３３５ｍ／秒だ。


ただでさえ、前後にも上下にも出っ張っている南部十四年式拳銃にまたサイレンサーなどをつけようとしたら、もう嵩張ってしょうがないですよね。しかも、衝撃波が発生するかしないかのギリギリの初速では、やはり不安。九四式はその点、合格というわけですね。いったい、他国の銃器では、初速値はどんなところなのですか？


近世初期の銃の初速はけっこう大きくて、平均で４５４ｍ／秒。最も遅いピストルでも、３８５ｍ／秒もあったという。また、あるフランスの１８世紀のフリントロック銃は３２０ｍ／秒だったそうだ。

これが近代に入ると、７・６３㎜のモーゼル大型拳銃は４４０ｍ／秒、同じ弾のベルクマン・マシーネンピストルは500m／秒だ。どんな温度条件でも、まず超音速になるね。

日本軍将校の愛用した.32ACPの小型オートマチックは、284～300m／秒というところで、これは消音に適している。他方、9㎜パラベラムは360m／秒で、完全消音はちょっと無理。アメリカの警官は、一九八〇年代にはリヴォルバーの.357マグナムを愛用していたけど、これがだいたい400m／秒。それが、一九九〇年代以降は、9㎜パラベラムのオートマチックに更新されつつあるのはご案内の通りだ。

日本の警官が相変わらず使っているリヴォルバー用の.38スペシャル弾は290m／秒で、音速以下だが、薬室と銃身の間に隙間があるから、その銃口にだけ消音器をつけたって、ほとんど意味がない。

米軍がM-16用としてベトナムから使い始め、今ではNATO共通弾にも昇格している.223ライフル弾だと、さすがに高速弾が売り物だけあって、835～990m／秒という初速だ。

なるほど、8㎜南部弾は、特殊な消音火器に使うことを考える場合だけ、良いポジションを占めていることは分かりました。しかし、消音銃の要件としては、「1発打倒力」もあるんじゃないですか？　低初速でマン・ストッピング・パワーの大な拳銃実包として、米軍の.45ACPがあるじゃないですか。

キミはイギリス軍が特殊部隊用に開発していた、「デリーズル」という.45口径の拳銃弾を完全無音で発射できる、ボルトアクション式のカービンのことを私に想起させたいのかい？

ああいう狙撃銃を開発できたのがイギリス人の凄さであり、ああいうものを思い付きもできなかったことが、日本人の永遠の欠陥なのであると、とりあえず簡単に総括しておこう。

いや、私は.45ACPのコルト・コマンダーにサイレンサーをつけたら、と思うのです。

うーん、それも悪くない！　というか、日本軍の自動拳銃が、悪すぎるだけなんだろうね。ひとつだけコルト・コマンダーにイチャモンをつければ、マガジン・キャッチがプレス・ボタン式だと、匍匐前進中に弾倉がいつのまにか脱落してしまうことがある。マガジン・セフティが働くから、そうなると自決もできない。拳銃は何十発も撃ちまくる火器ではないが、いざというとき安全・確実かつ速やかに最初の1弾が敵に向かって飛び出してくれないと困る。やはりマガジン・キャッチは鉤爪で底からホールドする形式が、断然安心ではないだろうか。

あと、デンマークのSchouborという拳銃が、貫徹力よりパンチ力を追求しようと、木製のタマにアルミ被甲したものを発射したそうだね。大正時代の話だけど。

手榴弾を考える

歩兵の敢闘にたのむところの大きかった旧日本陸軍ですが、そのくせ、なぜか手榴弾には

良いものが用意されていませんでしたよね。どうもこれが、攻・防ともに、大きな弱点の一つになってしまったようにも感ずるのですが……。

よくあれで我慢したと思うくらいだよね。東京都・目黒の防衛研究所が所蔵している『昭和十三年 支那事変兵器蒐録』という史料を見ると、とにかく日本の手榴弾には良いところがなかった。使い勝手でも威力でも、中国の棒付の手榴弾に遥かに劣っていたことがハッキリと報告されているよ。

昭和七年に陸軍が上海に上陸したときも、明治四〇年代型の着発式手榴弾しか支給されておらず、不発ばかりで、兵隊はすべて捨てたそうだな。

そもそも手榴弾は日露戦争で日本が発明したものじゃありませんでしたっけ？

いかにも、そのように伝えられている。武器研究の大家のイアン・ホッグ氏にもそれに対する異見は無さそうだ。が、どうもこちらでいくら調べても、明治三七年八月二一日に旅順の「一七四高地」への攻撃で「手投爆弾」が初めて使用された、という文章につきあたるのみでね。それが近代的な手榴弾であったのかどうかなど、まったく不明のままだ。

旅順以前は、容器は何でもありの導火線式爆弾だ。奉天戦で使った日本の手榴弾はマーティン・ヘイル型だと、太田成三氏著『兵器』に書いてある。これはたぶん英書がソースだろう。

昭和前期までも使用された「日露戦争型」の手榴弾は実在するわけですよね。それはいつ出来たのですか？

それが分からんのさ。供給開始年が日露戦争勃発年の明治三七年だったのか、終了年である三八年なのか、それすらも知られていなくてね。

名前も無いのですか？

なにしろ西暦一九二一年まで、日本にはそれ一種類しかなかったから、型番も何もないのだ。いちおう制式なのだが、十一年式曳火手榴弾が制定され、さらに九一式手榴弾が制定された後まで、単に「(制式) 手榴弾」としてしか陸軍の文書には出てこない。

つくづく明治というのは面白い時代で、小銃でもなんでも最初に近代西洋式のものをこしらえるわけだから、真に最初のものとして「××型」とか「△△風」とか、名前が無いのだね。

夏目漱石の猫と同じですな。

そんなところさ。神代の創世をもう一度やりなおしているのだ。

「村田歩兵銃」も、ずっと後になって名称が定められたそうですからね。で、その旧式の「手榴弾」ですが、支那事変中までも大量に用いられたはずなのに、私は写真では見たことがありません。

不思議なことに、本当に写真には御目にかかれぬ。棕櫚とか藁束が結び付けられたダサすぎるものだから、他の列強に見せたくなかったのかもしれないけど、支那事変中にもその改造品が補給されたのだからねえ。

棕櫚とか藁束というのは、何でそんなものが取り付けられていたのですか？

信管が二十六年式拳銃のカートリッヂをそっくり内部に埋め込んだ着発式なので、頭部の皿状のプランジャーの方から先に地面に衝突してくれぬと、不発となってしまう構造なのだ。

つまり、エアブレーキがケツについている必要があった。

その紐の部分を握って振り回せば、投擲距離も延びたのかもしれない。もっとも、明治四一年頃の軍の注意書きを見れば、グルグル振り回して投げるのは危ないから禁止、とされていたようだ。

それで、この方式は誰が考えたのか――だけど、どうも日本人の創意発明と断言できん。スウェーデンあたりで相当に早くから輸出品としてカタログに載っていた節もある。

カンバス製のエアブレーキと着発信管の組み合わせなら、第二次大戦の末頃にソ連で復活されてますよね。つまりモンローー効果のホローーチャージを利用した対戦車手榴弾としてですけど。北朝鮮軍にはまだあるらしいですよ。

漏斗状の指向性炸薬は、先頭が敵戦車に密着して爆発してくれないと無効だからね。しかし着発信管というやつは、相手が鉄でできた戦車みたいなハードなサーフィスならば設計は楽だ。対歩兵用では、泥や雪や急斜面でも爆発させねばならない。が、そうなるとよほど敏感にせねばならず、それは取り扱う歩兵を危険に曝す。

じっさいには、よほど高く投げ上げないと不発になるという「感度」だったらしい。つまり、とても15~40mなんて所期の投擲距離は稼げなかった。

殊に、銃眼から転がり込ませるという使い方ができないのでは、陣地攻撃用として致命的だったろう。私が旅順で最初に使われたのはこの形式ではなかったと憶測する根拠も、そこにあるんだよ。

支那事変の途中までもその旧式手榴弾が大量に余っていたということは、効果は無いし危ないしで、誰も使うのを遠慮していたから、単なるデッドストックになっていたんじゃないですか？

スルドイ！

大正後半からの不況期にこんな旧式消耗品をバカスカ造った筈もないのだから、弾薬払底で危機が生じたあの上海戦以降もなお余っていたというのは、要するに兵隊さんに忌避されて誰も投げなかったせいだと考えるとじつに腑に落ちるな。

秘密報告によっても、兵隊たちは、とにかく敵の死体から棒付手榴弾を集めて、近接支援火力にしたそうだ。こんなものが、昭和一三年になってもまだ日本軍の手榴弾の主力であり続けていたわけだ。第一次大戦の西部戦線に1部隊も参加させなかったことは、やはり高くついたのではないだろうか。

その日露戦争型手榴弾は、炸薬は何を使っていたのですか。

明治四一年七月の陸軍のマニュアル『手榴弾用法』によると、30gの黄色薬の粉末を棒で付き固めて円筒状に紙で包み、ニスで防湿塗装したものを詰めていた。弾殻は鋳鉄で、ピクリン酸は鉄に直接触れさせると不安定化するから、弾殻の内側にも外側にも漆が塗ってあったようだ。ただし炸薬が初めから黄色薬だったかどうかは確かめられないけど。

爆発威力はどのくらいあったのでしょうか。

破片は200m飛び散るが、15~40m投げて伏せればいちおう安全とされていた。これも、明治四一年のマニュアルの記載だけどね。

日本の騎兵部隊が退却の時にロシア軍に向かって投げたという話が、明治四三年の『偕行』には見えるのだが、穿った推理をすると、黄色炸薬は鋳鉄を粉末化してしまうから、却って安全で、脅かし用に向いていたのかもしれん。

第一次大戦になって、欧州では手榴弾が大幅に改良されますよね。それと同時に、塹壕戦用の「小銃擲弾」も工夫されましたが、日本はどうしていたのですか。

手榴弾に矢羽根を接合させて、それをライフルの銃口に差し込んでガス圧で100mほど前に飛ばすという小銃擲弾は、欧州に遅れることなく、すぐに研究開発を始めていたようだ。しかし、狙撃のラクなことでは世界一と言ってよかった三八式歩兵銃を1発でガタガタにされるようなシステムはかなわんというので、廃品の旧式村田銃をそれ専用に使おうと考えた。これが「擲弾銃」で、手榴弾に矢羽根をつけたものを300mほども飛ばそうとしたのだが、不採用。察するに、旧式銃が強度不足だったのと、日露戦争型の手榴弾の発火構造が、ガス圧発射には不向きで、危険だったのかもね。

射程を300mも欲張った根拠は何ですか?

迫撃砲の精密照準可能な最低射程が400mくらいだとすると、歩兵が突撃するときの近接支援火力をずっと途切れさせないためには、手榴弾の投擲限界の40mから、400m近くまでの間をカバーできる、何らかの曲射兵器は必要だったのさ。で、一九一五年にソ連が開発した外装式のポータブル擲射砲、といっても床板コミで44kgもあるのだが、これが矢羽根付きの手榴弾を300m飛ばせるもので、旧軍ではそのスペックを相当に意識していたんじゃないだろうか。防研に、活字で印刷した当時の研究資料まで残っているのでね。しかし、その性能を実現するためには、旧式ライフルの改造程度では追い付かなかったんだ。

それでいよいよ「擲弾筒」が開発されるのですね。

擲弾筒という日本流の成功

そうなのだ。ただしこの解説は面倒だ。擲弾筒には2種類あって、見た目はほぼ同じなのだが、中味が随分変わっているということがね。

最初にできたのは、十年式擲弾筒。十年は大正一〇年だ。これを「軽擲」ともいうのは、それから8年後に、発射機能を段違いに強化した八九式重擲弾筒ができてからだ。八九は皇紀二五八九年、イコール昭和四年式のことだね。この重擲の配備が『特別大演習写真帖』で確認できるのは、昭和九年度（於・群馬県）が最初だ。

ところが、より高性能な「重擲」が完成したんだから、もう旧式な「軽擲」は生産中止するのかといえば、そうしなかったからややこしい。

これは陸軍工廠という官立官営ファクトリーで兵器を生産させたことの意外な不利益面で、税金で整えた古いラインをなかなか捨てられないで残してしまうのだ。そして、新しいラインも予算枠に縛られるため急には増やせぬ。そんなところへ、たまたま支那事変のような大消耗戦が勃発すれば、安直に古いラインを再びフル稼働させて旧式武器を増産して戦地へ送ってしまえという選択がなされてしまうのだ。同じ理由で、たとえば二十六年式拳銃なんていう、明治二六年にオーストリアの19世紀型の拳銃を模倣している骨董品が、大正時代の後半でも生産継続されていた。支給された兵隊や朝鮮の警察官こそいい迷惑だね。

対米戦には、たぶん八九式重擲のみが使われたと思うのだが、末期になると倉庫に格納してあった中古の兵器がすべて再利用されたから、断言もできんのさ。


擲弾筒に1年遅れて、大正一一年に制式になった歩兵兵器がいくつかありましたね。曲射歩兵砲と、平射歩兵砲の2つの重火器。それから、小火器では十一年式軽機関銃ですか……。

そのどれもが、第一次大戦で、塹壕と重機関銃を制圧するために工夫された、攻撃用の武器ですよね。


それに、「アンチ機関銃」の真打、「戦車」も加わる。初めて量産された中戦車となった八九式戦車も、重機撲滅専用の歩兵の支援兵器さ。

つまり日本陸軍は、単発爆撃機から15cm級野戦重砲から戦車から催涙ガスから歩兵砲、擲弾筒まで、第一次大戦終盤型陸戦兵器を全部揃えて支那事変に臨んだわけだ。上海までは補給線も短いので、弾薬も比較的に追送容易だった。だから、塹壕と機関銃と迫撃砲と手榴弾だけを頼みとしたゼークト・ラインなんてものを、第一次大戦初盤の各国軍とはうってかわり、簡単に突破してしまったとしても不思議はなかったのだ。ただし、蔣介石に梃子いれしていたドイツ人は相当驚いたろうけどね。

擲弾筒の話に戻しますが、軽擲用に新しく開発された手榴弾が、九一式曳火手榴弾ですね。「曳火」というのは、なんですか？

ほんらいは砲弾の用語で、タイム・フューズのことだ。黒色火薬の火道信管が内部に仕込んであって、それが7・5秒間燃えてのちに爆発する。つまり、擲弾筒から最大射程で発射すると、飛翔時間が7秒弱くらいあるってことだろう。

だから、これを手投げにする場合は、着発信管は付いていないということを注意喚起する名称でもあるね。その前の制式「手榴弾」と混同したら、危険だったろう。

擲弾筒で発射する場合は、文字通り「曳火榴弾」となるわけですよね。

そうなのだが、ただし野砲の曳火射撃とは違い、空中で破裂させるものではないのだ。また、複合信管でもないから、着発もしないのだ。あくまで、最初に衝撃を加えてから7・5秒後に爆発することになっていた。具体的には、ヒュルヒュル、ストンと着弾して、さらにコロコロ……ッと転がってからバン、とはぜる感じだ。

その衝撃というのは、擲弾筒を利用する場合は、発射の瞬間に加わるGですよね。

そうだ。もし擲弾筒を使わず、手で投げたいときには、投げる前に何か固い物に1回頭部を叩きつけることで、内部の導火線に火を着けるわけだ。泥の中で、近くに岩石などがなければ、鉄帽か、鋲を打った靴の裏でも使うしかなかったらしい。その着火を確認してから投擲すれば、やはり7・5秒で爆発した。

もっと慣れてくると、手にもって3つ数えてから投げる。ふつう、手投げの爆弾は4秒あれば十分で、それ以上長いと拾って投げ返されてしまうからだ。しかし、これは物陰でやらないと、暗闇で導火線が火を吹くのが敵から見えるため、撃たれてしまう。

とても面倒くさいですね。それでは、走りながら投げつけるというわけにはいきそうもないですよね。

叩いて発火させるという「一挙動」が最初に必要だから、そうだねえ、走りながら投げようと思っても、まず実施はできなかっただろう。

今でも自衛隊が使っている、米軍の「フライ・オフ・レバー」式の手榴弾なら、叩き付ける動作が不要ですから、走りながらでも投げることができましたよね。

うむ。あの方式はもともと、第一次大戦中のフランス人が考案したもので、手榴弾の安全機構としては今日でも理想的と思われるものだ。すなわち、ベルトに引っかけるフックのように見える「レバー」、あれをしっかりと握り締めつつ、反対の手で安全ピンを抜く。そして投擲すると、バネの力でレバーがはじけとび、空中において4秒導火線に点火するのだ。この機構なら、点火のし損ないとか、投げ遅れ自爆の心配は、しなくて良い。小銃擲弾にもそのまま流用できる。米軍は、第一次大戦には身一つで参戦して、武器はフランス軍のものをたくさん借りたから、その直接の伝承だと思うね。英国軍も、同じ形式を採用している。旧ソ連軍のは、外見は似ているがちょっと違っていて、よほど強く握りしめていないと危ない仕組みになっている。

その理想的な方式が、なぜ日本軍では採用されなかったのですか？

まずいことに、日本は手榴弾の発明国であるから、後から方式を変えにくかった。それと、「フライ・オフ・レバー」式は、カップ式とか外装式の小銃擲弾には問題なく使えるのだけれども、日本独自の大砲型の「擲弾筒」ではマズかった。卵型の上に、レバーの回りからガスが漏れるから、ぜんぜん飛距離が出せない。わざわざ重たい擲弾筒を別仕立てで運用する意味がなくなってしまうわけだ。

それじゃ日本陸軍は、あくまで擲弾筒を重要視して、手投げは邪道とでも考えていたのですか。

その通り。もし手投げ専用ならば、7～5秒なんていう長い火道信管は不利だ。主として擲弾筒で発射させるつもりだったからこそ、その不利は無視したのだよ。

でも日本陸軍は、小銃擲弾は、なぜ軽視したのでしょう？

これはサブマシンガンが普及しなかったのと同根で、発想の出発点は、鉄鋼製造能力の貧弱だ。タマ不足の教訓は、西南戦争と日露戦争と、二度痛感させられている。いずれも英国などからの弾薬の輸入で凌がねばならなかった。しかし世界の悪者となった満州事変以降はイギリスからの輸入には頼れない。他方で遂に「日鉄中心主義」の行政指導から脱し切れなかった銑鋼一貫製鉄業の生産能力は低いままだ。だから、日本陸軍は、タマはもう一発も無駄に消費できないと覚悟した。そこで、手榴弾を手で10〜40m投げるのと、小銃擲弾で115m飛ばすのと、小型大砲の擲弾筒から175m発射するのと、どれが最も弾を有益に使うことになるのだろうか？

射程を比較したら、圧倒的に擲弾筒を使うのが良いと判断されたのだ。そしてそれは、出発点の大前提が変わらぬ限りは、正しかったのだよ。また、小銃擲弾を発射すると、きゃしゃな小銃の各部にガタが出て、小銃弾の命中率が悪化してしまう。第一次大戦の塹壕戦を体験していない日本陸軍としては、これは心理的に受け入れ難かったのだろうと思うよ。

それでも九一式曳火手榴弾を三八式歩兵銃や九九式小銃から発射できる「擲弾器」というのが制定されていますよね。ライフルの銃口に取り付けるようになっている……。

その背景には、理論と実際の葛藤があるのだ。

軽機と着剣小銃の班の突撃を掩護する爆発物投射兵器、この射程は、数百m先から目の前10mまで、決して途切れないようになっていないと困る。だから、たとえば十年式擲弾筒と、八九式重擲弾筒で手榴弾を発射した場合の最小射程はどちらも40mで、これは十年式曳火手榴弾の投擲限界と考えていた40mと、理論上一致していたわけ。

ところが、次の八九式重擲弾筒は、専用の八八式榴弾を発射する場合は、最小射程が120mになる。

他方で、そこに満州事変いらいの戦訓があった。曳火手榴弾を擲弾筒で発射するのは危ないから、擲弾筒は専用の八八式榴弾を発射し、手榴弾はあくまで手投げで使おうという現場の兵隊たちの智恵だ。というのも、九一式曳火手榴弾は、擲弾筒の発射装薬の燃焼ガスが、装薬筒という部品が手榴弾の本体底部に結合している大きなネジ山の隙間から内部に回り込んで自爆を起こす危険があるという、根本的に欠陥のあるデザインだったのだ。本体内部の炸薬は底の部分ではボール紙で蓋をしてーースをぬってシールしただけだから、使用するまでの輸送途中にいつのまにかネジ山に炸薬の微粉が漏れ出ていたりしたらもうダメだ。いくらコスト上有利といっても粉末状の火薬は熔融流し込みの火薬よりも衝撃に敏感に反応しがちなのだから、そもそも擲弾筒で発射してはいけなかったのだ。それで発射の瞬間に腔発を起こせば、筒は百合の花のように裂けて、少なくとも射手は手と顔面を吹き飛ばされて一命は助からない。

それから八九式重擲は、十年式軽擲と違って、手榴弾が筒の中にストンと落ちてはくれん。ライフリングの抵抗が僅かにあるのでね。腔内に装薬の燃えカスが付着してくれば、もちろんその抵抗はキツくなる。そのため、擲弾筒手は、右手食指で手榴弾の肩をグイと押し込んでやる。このとき間違って手榴弾の頂部を押したりすれば、安全ピンは抜いてあるから、7・5秒信管に火がついてしまう。薄暗闇の戦場で慌てていて天地逆さまに装填したり、二重装填した場合も、同じことになるだろう。

調査では、昭和九年から一一年の間に、擲弾筒の総発射弾数2万1215発に対し、6発の腔発事故があったという。その事故率が、支那事変ではタマの扱いが荒くなったために、激増したんだ。

さてそうなると、現場では擲弾筒で手榴弾はできるだけ発射しない。専用の八八式榴弾だけにする。すると、八八式榴弾の最小射程の120mと、手投げの手榴弾の最大到達距離との中間に、80mもの制圧できない地域が開くよね。

そこでこの隙間をカバーすることを最初から考えたのかどうか知らないが、九一式手榴弾を最大115mまで投射できる「擲弾器」が研究されている。だが、現実にはその必要はなかったのだね。というのは、重擲手を100mばかり後方に退げれば、なんとかなるからだ。

直射のできる十一年式平射歩兵砲と九四式速射砲、それから両用砲である九二式歩兵砲には、40m以下の射撃もできたはずですよね？

できるけれども、地形に隠れられない重火器がそんなに敵前に近付いたら敵の小火器でやられてしまうよ。あれらは、敵の目にはつかない場所から、敵のトーチカの銃眼を1発で潰そうというものなのだ。

その後、九九式手榴弾という、擲弾筒では発射できない、手投げ専用の軽量手榴弾も開発されておりますね。

その背景はこうだ。

重量530gの九一式曳火手榴弾や、その腔発の危険性をなくすべく細部設計を見直した九七式曳火手榴弾を、支那事変以降の応召の日本兵は、ちゃんと40m投げることができなかったんだ。なんと昭和一二年の調査では、5人に3人は、15mも投げられなかったという。これだと何が困るかといえば、擲弾筒で手榴弾を発射したときの最小射程である40mまでの間ですら、25m以上もの、爆裂弾ではカバーできないエリアが生じてしまうわけだ。
そこでこの際、擲弾筒用との二兎を追うのをやめようということになって、手投げ専用に300gにまでスリム化した九九式手榴弾というのを制定したのだ。これで所期の40m投擲が可能になったのかどうかは分からないが、それまでの7・5秒信管が、4・5秒信管に改善されたから、敵に投げ返される心配は無くなった。とはいえ、投擲までに打撃点火の「一挙動」が必要なことは相変わらずでね。「フライ・オフ・レバー」式は、旧軍は遂に採用することがなかったんだ。

しかし九九式手榴弾も、茶筒形の上下に2つ、傘のような出っ張りがあるスタイルは継承していますよね。あれって、九一／九七式手榴弾では、擲弾筒の腔内弾道を偏芯させない用心と、ガスシール用に設けたものでしょ？

「定心帯」というのが正式名称だったらしいね、あの出っ張りは。九九式手榴弾は、擲弾筒では発射しないのだが、小銃擲弾、つまり九九式小銃にとりつけられる「一〇〇式擲弾器」からの発射は、最初から考えていたのだ。でも、この擲弾器も、使ったという兵隊の回想記はあまり目にしないのだよね。ながらくデッドストックになっていて、本土決戦用の部隊にはけっこう渡されたみたいだけど。

中国兵の手榴弾はドイツ譲りのポテトマッシャー型でしたよね。手榴弾の威力はやっぱり

炸薬量だと思うのですが、日本軍の手榴弾よりも3倍多い200gもの炸薬が入っていたのでは、これは相当の脅威だったたんじゃないですか？

それは言えよう。日本の九一式と九七式手榴弾の炸薬は、塩斗薬ならば75g、茶褐薬ならば65g。九九式手榴弾で黄色薬58gだからねえ。

ということは、中国兵の投擲力は日本兵よりも強かったのですか？

支那事変では予備とか後備の兵隊もかきあつめて動員したので、日本軍の都会兵と北京周辺のガタイの良い中国兵とを比べたら向こうの方がいくぶん上だったかもしれないが、こっちの甲種合格の農村出身現役兵ならばたとい背が小さくても体力で劣ったとは思えない。それよりも、木柄がついていることのメリットだね。遠心力とスナップを活かせるので、ポテトマッシャー型は、より重くても、卵型と同じくらいの距離を投げられるのだ。

そんなに良く飛ぶものならば、どうして日本軍でも採用しなかったのでしょう？

ごく少数だが、真似の試みはあった。それが「九八式柄付手榴弾」で、甲と乙がある。甲は内地で訓練用として使っていた旧式手榴弾にピクリン酸炸薬30gを溶塡して木柄をつけた。乙は頭部も新設計としてピクリン酸78〜86g強を溶塡した。全重は甲が560g、乙が530gで、どちらもポテトマッシャーより小振りだ。しかし当時の写真で、ほとんどこのタイプを見ることはできない。理由はたぶん、擲弾筒で飛ばすことができない手榴弾は造っても損だと思われたんだろう。つまり、八九式重擲弾筒の威力は、柄付手榴弾に遥かに勝ると、戦地では認定されていたのだろう。

中国軍の手榴弾のスペック（諸元）を教えてください。

「民国十五年式手榴弾」がいわゆるドイツのポテトマッシャー（いもすりこぎ）で、コピー製品だ。全長245㎜、全備重量は730g、頭部は高さ70㎜、径50㎜の鋳鉄で、残念ながら正確な充塡炸薬量は不明だが威力半径は10mもあった。圧搾茶褐薬、つまりTNTのスラグ充塡であったことは確かだ。鉱山用6号雷管という起爆部品が普段は柄の中に収納されていて、使う前にそれを装置する。柄の底はスクリューキャップになっていて、それを外すと10㎝の麻紐が出てくるから、その端末の輪っかを指にひっかけて投擲すれば自動的に5秒の導火線に着火する仕組み。この紐をゆっくり引っ張った場合は、不着火になってしまうそうだ。柄の上の方に横向きの噴気孔があって、本物は、そこから炎と薄煙を「シューッ」と吹きながら飛んでくる。日本軍側で聴いていると、紐が抜かれるときに「ブスッ」という点火音がするので、分かるそうだ。

これとは別に、「民国二三式手榴弾」という柄の無い小型の手榴弾もあった。キャップを外して紐を引っ張ると6秒後に爆発する。全重が450gで炸薬はTNTが50gだった。このモデルは不明。ちなみに戦前の中国暦の「二三年」は西暦に直せば1934年のこと。この年には中国はまた、モーゼル98k銃の国産も漢陽の工廠で成し遂げていて、その名称を「民国二三式騎兵銃」としている。

炸薬を砲弾のように「溶塡」しないのはなぜなのでしょう？

うむ。知っての通り、ピクリン酸やTNTなどの軍用高級炸薬は、坩堝で加熱するとミルク状に溶ける。それを砲弾などの弾殻内に注ぎこむのが溶塡で、鋳塡とも呼ぶのだね。そして、冷えて固まった後で、はみ出した部分を削り取る。ＴＮＴなどは、この作業でカンナやノコギリを使っても安全だというわけで、ピクリン酸よりも歓迎されたのだ。生じた削りかすをスラグという。日本軍の地雷や手榴弾では、粉末や顆粒と、削りクズを棒で突き固めるように押し込んだスラグ充塡品が多かったそうだ。おそらく他国も似たようなものだろう。溶塡より密度が下がり、爆発威力は減ってしまう詰め方とはいえ、経済的であるし、手作業の町工場にはこの方が向いていた。要するに、砲弾ほど高級なもんじゃないのでそれで可《よ》しとされたのだ。

しかし品質云々よりも、炸薬の絶対量があまり少ないと、「斬込隊」とかいって、米軍の大砲を破壊しようと思っても、威力が足りませんでしたね。

あの手榴弾で敵の大砲が壊せると考えた日本兵がいたとしたら悲劇だったと思うよ。たぶん、工兵の「爆発缶」を使った筈だけどね。

そもそも攻撃用の手榴弾というのは、言ってみれば突撃の機会を作為する「花火」のようなものなんだ。威力が強すぎると、投げた方の身が危ないだろ。もちろん、破片の当たり所が悪ければ、５ｍ以上離れたところにいても死んでしまう可能性はちゃんとある。日本軍の一般的な手榴弾の破片でも、時には爆発点から３００ｍも遠くまで飛散したというからね。しかし、大した威力のないものでも、投げつけられたら、敵兵としては、一応は伏せなければならん。機関銃の照準も途切れる。その一瞬の隙に、こっちは一斉に立ち上がって突撃に移ってしまえるという寸法だったのだ。

でも戦闘では敵側も手榴弾を投げてきますよね。壕の中とか、山頂の反対斜面から投げることができるから、こちらの重機や軽機ではそれを止められませんよね。それでも突撃は続行するんですか？

一度発起した突撃を敵前の開豁地で止める訳にはいくまい。爆発点から5m以上離れれば死ぬ確率はグッと低くなるということを確信して、敵陣目がけて走り続けることが、唯一の助かる道となるのだ。これは、中国戦線では有効だったのだ。

野戦における第一次大戦式手榴弾の威力を日本軍に教えたのは、中国軍のような気がします。粉末充塡でも高威力なものを本当にたくさん準備していますよね。それはつまり、フォン・ゼークトらの教育の成果なのでしょうか。

これはロシア式ではなかったかとも思うが、断言もできない。ともあれ、中国軍では、手榴弾こそが歩兵の主武器である。それはドイツ人の好みとは関係なくそうなっていったのだ。彼らの部隊には、手榴弾投擲の専門兵が何人か選抜されていた。そして、各人が何発ものポテトマッシャーを頭陀袋に入れて首に吊るし、大声をあげて敵陣近くまで突進していき、それを一斉に投げつけるや、直ちに退却する。これが野戦での中国兵の典型的な手榴弾の使用法だ。

それは、映画の『ハンバーガー・ヒル』で、北ベトナム兵がやってたのと同じじゃないですか。

北ベトナム軍には中国からその戦法が伝授されていたことは間違いないよ。そして、一九九九年頃の中国軍の兵隊の写真を見ると、やはりポテトマッシャーを何本もベルトにはさんでいたりする。一九三〇年代から「癖」は何も変わっていないのだ。中国軍にとり、手榴弾は単に突撃の機会を作為する花火などではない。近接戦の主武器なのだね。

それは小銃狙撃とか白兵戦には自信がないからなのでしょうか？

いや、かつては確かに、スキルや戦意に疑いのある烏合の衆を速成に兵隊に仕立てる必要があって、手榴弾などはそれに最もマッチした武器だったのかもしれん。が、私が思うには、中国語は単音節が多いので、爆発音から受ける心理的・精神的な感作が、他の民族よりも大なのではなかろうか？

機関銃でも逃げなかったのに、57㎜程度の戦車砲を近くから撃ったら陣地を捨てて潰走した、なんて話は、私には不思議でならないのだよ。

確かに大陸の都市では旧正月にもの凄い威力の爆竹を何百発も鳴らして喜んでいます。あれで魔除けになると信じているのですからな。

それはそうと、米軍や英軍はどうして柄付の手榴弾を使わなかったのでしょうか？

第一次大戦で使った「フライ・オフ・レバー」タイプの卵型手榴弾で、何の不足もないと感じていたからだろうね。そして、米軍について言えば、彼らはそもそもドイツ軍や日本軍との歩兵分隊レベルでの近接戦は避けるのが戦術だと考えていたのだ。あと、野球やクリケットといった球技との関係もあったかもね。

再び擲弾筒に戻りますが、あの重火器はどこまでが外国の模倣で、どこからが日本のオリジナルなのですか？

八九式重擲弾筒が敵に恐れられたのは、手榴弾を40〜190m飛ばせたからじゃなくて、八八式榴弾という140〜150gのTNTを充填した専用弾を、120〜670mも飛ばせられたからだ。

筒身と弾薬についてだけみると、これは口径70㎜の十一年式曲射歩兵砲の砲身と弾薬を、口径50㎜に縮小したものと見ることができる。それを、日本人独自のデザインであった十年式擲弾筒と同じシンプルな外形にうまくまとめてしまった。

もともと十一年式曲射歩兵砲は、ドイツ式の迫撃砲で、つまりフランス式のようなスムーズボアではなく、ライフリングがついている。スムーズボアだと墜発式のみだが、ドイツのライフリングがついた曲射歩兵砲は、弾丸を砲口から押し込んだ後、よく狙いをつけて落ちついて引金で撃発させる方式だ。命中率が高くなり、弾数が節約できるというので、日本軍がこちらの方式を好んだのは言うまでもないね。

この砲弾は、弾底に特別な銅帯がついている。発射薬に点火すると、そのガス圧で外側に拡張するものだ。だから、砲口から前装する時には摩擦抵抗は僅かだ。飛び出すときになって、腔内のライフリングにしっかりと食い込む。これはドイツの発明だそうだが、元をたずねれば、18世紀末のフランスの「ミニエー弾」となるだろう。

重擲も、ライフリングを付けたことで筒は肉厚となり、軽擲より重くなったが、その代わり、時限信管ではなくて、着発信管のついた専用榴弾を発射できることになった。旋転しながら飛んで行くわけだから、ジャイロ効果で姿勢が安定し、必ず弾頭から地面にぶつかって、そこで即座に爆発してくれる。もちろん、ライフリングに食い込む弾丸底部の銅帯のガスシール効果によって、発射薬のエネルギーがより有効に伝達され、射程も大幅に延ばせたのだ。擲弾筒の引金機構については、どうも先ほど紹介したロシア軍の1915年式の外装式擲弾筒、これとよく似ているようにもみえるよ。

射程の調節方法が、軽擲と重擲とでは変わっていますよね。

そうだね。擲弾筒は、軽擲も重擲も、常に筒体の発射角度は45度だ。これを、射手は、伏射でも他の姿勢でも、「心手期セズシテ」把持できるようになるまで訓練されたのだ。そして十年式擲弾筒は、発射薬の膨脹ガスを薬室外に漏らす孔を調節することで、5m刻みの射程変更ができる。

これに対して八九式重擲弾筒は、薬室底部と弾丸の底部とのスキ間を変える方式だ。具体的には、撃針覆いという棒の長さを変えたのだ。これはしかし、そもそも十一年式曲射歩兵砲において、4種類の長さの撃針覆いを交換して大まかな薬室容積の変更をしていた、その発展的継承なんだね。

十年式擲弾筒では、八八式榴弾は、使えなかったのですよね？

羽根のついていない榴弾を、スピンさせもしないで発射したら、空中姿勢は安定せず、最後に必ず頭から地面に当たってくれるという保証がないだろう。そうなると「不発」だからね。強度上の心配もある。しかし、やればできたらしくて、その場合の最大射程は、220mだったそうだ。

あの駐板や柄桿は、発射の衝撃で曲がったりすることはなかったのですか？

スペードの片方の縁だけを接地させて発射すると、曲がってしまったらしいよ。

そんな強い反動だったら、「ニー・モーター」などと言って、大腿部に押しあてて発射したら大怪我をしますよね。

ところで、擲弾筒の運搬はどうしたのですか？

十年式擲弾筒では、バラして背嚢にくっつけることもしたらしいが、八九式重擲では、兵隊が分解することは基本的に禁じられていて、一体のまま、ズック製の袋にいれて携行したようだ。

そして不合理なことには、その擲弾筒手は、三八式歩兵銃か九九式小銃も、それとは別に担いでいかなくてはならなかった。騎兵銃でいいとか、拳銃でいいとか、そんな配慮は軍の上層部はしてくれなかったらしい。だから結局、八八式榴弾の携行弾数が減ってしまうという、部隊全体ではとても不利なことになった。

しかし米軍は、擲弾筒についてはとても感心して、リポートをしていませんか。

史実の日本軍歩兵部隊の火力と米軍のとを比較すると――これは故・宗像和広氏の調査に基づいて話をするけれども――お互いに1コ中隊規模だとしたら、日本軍側が八九式重擲弾筒も斉射させた瞬間だけ、同規模の米海兵隊を火力で上回ったことになるそうだ。もちろん、交戦距離が100mから400mくらいの間に限られるけどね。

それは意外です。

八九式重擲弾筒は、急射をしようと思ったら、射手と二人で、毎分20発も発射できたんだ。その重擲で米軍に勝てなかった理由は何かといったら、つまるところ弾薬の補給力が弱い。馬どころか、人間頼みの輸送だからね。一人がこの弾薬を20発も持って行軍できないわけだよ。せいぜい数発だった。そんなもの、ホンの短時間で射耗し尽くしてしまうわけだ。おそらく上海戦から南京までの間だけだろう、補給を顧慮せずに擲弾筒を使えたのは。

あとは、これは兵隊の手記に出てくるけど、僅か数発の八八式榴弾の重さに堪えかねて、兵隊が行軍の途中で、藪の中などに黙って捨ててしまうということすらあったそうだ。

それじゃ、当時の日本陸軍の補給システムでは、この擲弾筒で、米軍と粘り強く、長く戦うことは、不可能だったのですか。

だから結局は、軽機だったんだよ。弾薬が軽くて、節約も考えやすいからね。

とはいっても、日本の軍需工業は、軽機関銃の急速量産を許さなかったから、硫黄島ではしかたなしに、軽機の代わりに擲弾筒をカキ集めて戦った。そして、硫黄島よりは軽機をたくさん用意できた沖縄よりも高率で米兵を殺傷したのは、事実だろう。

米軍はベトナム戦争のさなかに、40㎜のグリネイド・ランチャーを開発しましたね。あれは、昔の日本の重擲が参考なのでしょうか？

中折れショットガンのような後装式で、敵との距離がごく近い時は、肩から水平に発射することも可能なものだよね。

だから、最小射程という死角はない。が、そのためには、重擲とは違った、特別な薬莢を開発するところから始めなければならなかったのだ。

しかしこれは重擲とは独立に発想されたと思われる。なんと米海兵隊員は、60㎜の軽迫撃砲を、伏せ撃ちの姿勢で肩におしあてて発射することがあったらしい。さすがに数発が限度だったようだが。

変な話になりますが、南方では日本兵は、手榴弾を3個携行して、そのうち2個は敵に対して投げるけれども、最後の1個は自決用に持ち続けた、とも聞きましたが……。

日本軍独特の手榴弾の用途だね。元気の良い米海兵隊員は、1人でM1ライフルのタマ240発の他、手榴弾8個と700gの爆薬包7個とブッシュナイフを持って上陸してきたそうだが、歩き通しの日本軍にはそんなのは無理だった。

南方のジャングルで、早朝になると「部隊集合！」とか「出発準備！」とかいう掛け声が響きわたる。すると、あちこちの草むらで、たちまちボカン、ボカンと手榴弾がハゼる音が聞こえてくる。

それは敵襲ではない。負傷者の自決なのだね。

昨日まではなんとか部隊に追及してこれたが、もう今日以降は一日も行を共にはできんと朝になっていよいよ自己判断した負傷者や、五体満足でも体力と戦意をすっかり喪失してもう歩くのは御免だという落伍兵が、手榴弾を発火させてその上にのしかかるように体を伏せ、胸の下で爆発させて自決してしまう。これが、敵を迎えた南方戦線では、毎朝おきまりの風景だったというねえ。

その地響きを周囲に聞きながら、部隊は「行くぞー、しゅっぱーつ！」と、足取り重く一斉に動き出していくわけですね。次の目的地を目指して。

それで納得するのですが、サイパンや沖縄で1発の手榴弾の回りに輪になって集団自決しようとしたものの生き残ってしまったという民間人が居りましたけれども、日本軍の手榴弾は、その上に伏せるようにしないと、確実に自決はできない程度の威力なのですね。

5m以上は致死的な破片を飛ばさないという配慮があったのだから、たぶんその程度だ。やはりこれは集団自決に使うものではないというマニュアルの配布は、必要だったかもしれないね。

それから、敵の包囲の中を脱出していかねばならないという時にも、負傷して歩けない仲間には手榴弾を1個ずつ配って、置き去りにするしかなかったようだが、その場合に直面することになる最大のジレンマは、音を立てて貰っては困る状況があることだった。

どうしたらいいんですか、そんな時は？

分からん。患者の枕元に置き捨てていけるようなチープな消音拳銃があればよかったんだろうけどね。

自殺の話の次は、自活の方法を検討したいと思います。

自活用兵器は？

南方の旧日本軍というと、とても悲惨なイメージがつきまといます。米豪軍に砲弾や銃弾で殺された将兵よりも、補給不良が原因で病死または餓死した将兵の方が何倍も多かった、とか……。インパールでは２万人前後、ニューギニアでは約１６万人、フィリピンでは数十万人が、何らなすところなく、餓死しているそうです。

アメリカに負けたのは仕方ないが、味方をこんなに大量に飢え死にさせた作戦参謀の責任は、追及されなくていいのでしょうか。これこそ犯罪の名に値する業務上の怠慢ではないでしょうか。

これを思うたびに、一日本国民として、救いの無い「指導者不信」がこみあげてくるのを私はどうしようもありません。

「人間だけ送れば後はなんとかなるものだ」という当時の参謀本部エリートの発想パターンはどこから来たかというと、それは西日本型の水稲作農業、つまり狭い土地と水利の整備によりたくさんの労働を集約し、自我を水利共同体に縛り付けておけばそれだけの実入りが必ず上がるという、多年に亘る民俗的な経験則だったろう。

西洋のドライ・ファーミング、すなわち天水頼みの畑地の乾燥農業からは、このような経験則は生じない。そこでは、個人世帯ごとに工夫をして役畜や機械類を投入した方が、はるかに稼げるのでね。

また、中国のフラットな地勢で営まれる水稲作でもちょっと考え方は異なる。というのは、中国では近くの山から谷水が流れてきたりしない。河床よりも水田の方がレベルが高いのだ。そこでまず「クリーク」といういっけん川のようであるが実は溜め池と豪雨時の排水溝の機能を兼ねた堀を縦横に引きめぐらし、人力揚水によってクリークから水田に灌漑する必要があった。その揚水という労働にたくさんの人を雇わねばならないので、人は金がかかるというコスト意識がちゃんとある。

そうなるとやっぱり日本固有の問題ですか。

もし室町末期ごろに奥羽にだけでもドライ・ファーミングをかたくなに守る地方政権が確立していたら、そこは陽性かつ西洋式の自我の温床となって、やがて「機械化軍隊」をつくったり指揮したりできる人材が中央政府に供給された筈なんだが、残念ながら西日本式の水稲作は、馬とか稗などの雑穀類を数段凌駕する商品力があったために、青森県や北海道にまで水田が開墾され、ついに西日本風の奴隷根性の自我が全国を風靡することになってしまったのだ。

なるほど、粟とか陸稲とか、冷害に強い畠地作物で少ない人口が暮らしていた頃の東北地方には「暗さ」など無縁だったのですよね。そこへ熱帯に自生するような水稲をむりくりに

持ち込まれてから、本来は維持できない数にまで地域人口が増えてしまって、そこへ周期的な冷害がやってきたものだから、縄文時代には絶えて無かったはずの飢饉に痛めつけられて東北の生活は暗くなった。果ては人肉食にまで追い込まれたのですよ。

考えてみたら、その東北出身の陸軍エリートたちが昭和の日本で台頭して、東南アジアに日本じゅうの壮丁を送り込んで、全国民に東北の飢饉を体験させてやったということになるのかもしれません。

深いね。ちなみに九州には、飢饉でもないのに何か呪術的な意味で戦争で殺した相手のキモを賞味する風習があったらしい。田村榮太郎氏著『戦争を覘く』（昭和九年刊）には、西南戦争での西軍の人肉食を匂わす記述がある。これを考えると「ケツでも食らえ」という罵り言葉がシャレに聞こえなくなる。

それはともかく、先大戦での南方方面での大量餓死という教訓は、どうマニュアル化されるだろうか？　要は、自活できないほど多数の人間は島に残さなければいい。最初から、兵隊の員数ばかり、やたらに上陸させるんじゃなくて、装軌式牽引車、水陸両用トラックをはじめ、ロバ、ラクダ、インドゾウ、ウシ、イヌなどの喰わすのにそんなに手間のかからない役畜を、送りとどけるべきだった。――こうならないだろうか？

「独立大隊」以上は孤島に残すな、ということですか。

「昭和一九年」が与えられた問題ならば、答えはそうなるね。

南方で削減した兵隊は、油田のコンビナート化とインドシナ半島の水田三期作の支援、さらにそこから江南の沿岸部を上海まで直通させる鉄道の建設に、回すことができたろう。上海〜九州ならば航路は守れた。

内地の熟練工の召集もしなくて済んだかもしれませんね。

熟練工についてはプロ軍人がどういう目で見ていたかを知らないといかんよ。

平時、日本の職工の働きぶりはどういうものだったか？　これは軍工廠だろうと民間の工場だろうと無関係で、「渡り職人」なんだ。少しでも稼げるところ、これ即ち平時では残業の多いところ、となるんだけど、すぐにそっちに職場を変える。なにしろ、戦前の職工は完全歩合制で、職工同士がスピードを競った。給与体系は年功序列ではなかったし、今のような社会保障もないから、少しでも仕事量・受注残の多い工場を転々とすることを、誰も道義的に非難できなかったんだ。それで南部麒次郎がいかに砲兵工廠内に仕事が一時も絶えないようにして熟練工を引き留めようと苦心したかは『たんたんたた』で書いた。

昭和八〜九年に、ペルーとコロンビアの間で領土戦争があって、ペルーはこのとき、フランスからポテ391などを輸入、日本からは「泰平組合」を通じて、小銃などが輸出されているが、こういう知られざるビジネスを一所懸命にやったのが南部さんだ。

これが戦時になると、内地の労働市場は高騰するから、逆に職工はパタッと働かなくなる。熟練工は売り手市場で、いくらチンタラしていても馘にされないのさ。学徒動員や勤労奉仕で工場に行った人がそういう姿を目撃して、腹を立てたものだよ。

まして動員担当のプロ軍人は「ふざけんなよ」と怒りを感じ、職工を二等兵としてドシドシ召集してしまう気になったのは、まあ、人情というものなのさ。

大学生を二等兵にしたのは、これは昭和陸軍の方がロシアのマルキストなんかよりも比較を絶してラディカルな「国民平等思想」を持ってたってことだ。

お話を戻しましょう。X島で自活しつつ米軍との戦闘を持久するためには、わが独立大隊はどんな装備を持っていたならよかったのか……？

まず、南方の土地についての基礎知識がなければどうしようもない。

あそこには、効率の良いハンティングが可能な、たとえば日本鹿のような中型～大型の動物は、ジャワ犀や豹などの例外を除いて、ほとんど棲んでいなかった。また、食料化できる樹果も、極端に乏しかった。

えっ、そうなんですか。水牛の大群とか、バナナの林はなかったのですか？

野生の水牛の大群とは、そりゃ、アフリカの旧英国植民地にある自然公園の話だ。東南アジアには、役畜として僅かに飼育されていたのみだ。バナナもあるところにはあったが、とても多数の兵隊を長いあいだ養えるほどではない。ましてプランテーションでない限りは「林」などはないのだ。

ビンロウ樹の芯は喰えるそうだが、江戸時代の沖縄で代用食にされた蘇鉄の澱粉と同じで、絶対にそれだけ連食したら、栄養障害になる。

なんだかイメージと違いますね。

こういう情報は、各国の参謀本部は「兵要地誌」の一環として事前にすべて掌握していなければいけないはずだった。しかし、なんと日本の参謀本部には、満州とシベリアの兵要地誌のみが、明治・大正の遺産として揃えられていたそうだ。支那事変勃発当初、中国沿岸部の地図すらロクなものが用意できなかったというから、もう対ソ戦以外は眼中になかったのだろう。

そこへいくとさすがに欧州列強は、海外情報を蓄積しておく価値が分かっていた。たとえば戦間期のドイツの「ゲオポリティク」というやつ、これを「地政学」と訳しても内容の見当が付くまいよ。「ゲオポリティク」とは、本来ならば参本がやるべき「兵要地誌」とか「情報分析」を、民間の研究者をネットワークして充実させればよい、というハウスホーファー教授の提案だったのだ。おそらく中野学校など日本のいくつかの機関は、この趣旨に刺激されて設立されたんだと思うが、仏像は模作できても魂の方はちっとも把握し切れないのが日本人だ。

今でもそうなのだが、日本では、Aという研究機関とBという研究機関が、共通して使える情報ストックが決して整備されることはない。だから、同じ外国の同じ工場なり役所なりを訪問してきて、まったく同じ初歩レベルの情報収集をしてくる。そこから永久に一歩も深まらぬのみか、その初歩的ながら貴重な情報も、一研究機関の文書庫内で誰にも参照されぬままに腐り果てるしかないんだ。税金で運用される研究機関や海外視察ばかりやたらに多くて、国民の財産として蓄えられ、共通に利用のできる情報は、ほとんどそれらの機関からは提供されることがない。この話は後でもう一度する。「ゲオポリティク」の片鱗でも戦前の日本にあったなら、船もロクにないくせに、ソロモンやニューギニアへ大軍を送り込むような愚は、事前に回避されただろうよ。

それじゃあ、南方には、どんな小動物がいたのでしょう？　また、それを捕殺するには、どんな装備が必要だったんでしょうか？

よく聞く話が、インドネシアからガ島までいたという「大トカゲ」だね。体長が最大２ｍもあって、のんびりしているようだが、地上で捕まえようとするとすぐに木に登ってしまうんだそうだ。そこで、地上にいる時は拳銃で仕留める他ない。ただし、木の上の方で油断しているところを、いきなり丸太で下の幹を叩けば、ドターッと落ちてきたともいう。焼けば鰻の味がしたらしい。

すると、やはり拳銃が重宝ですね。

アメリカでは、ガラガラ蛇の多い野外で活動する人は、リヴォルバーに「ショット・シェル」というミニ散弾を装塡したのを用意しているよね。ところが南方には４ｍもあるニシキヘビがいた。こいつは小銃で４発撃ってようやく動きが止まったそうだ。コブラはフィリピン以南にいたはずだが回想記にほとんど出てこないね。マムシもいたが、そっちは火器を用いずにつかまえられたという。

そうか、拳銃しかないところに、大きな野獣が現われたときは、処置なしですもんね。

タフなのは豚だそうだ。満州の大豚はロシア軍の拳銃弾を４発命中させても死ななかったという回想を読んだことがある。また中国で、豚を捕殺するのに小銃5発くらい必要だったという戦記もある。しかしこれは腕が悪かっただけだろう。昔は弓矢で猪も狩猟したのだし、フィリピンの原住民は竹槍で野豚を狩るそうだから。

南方でも、所によっては体重50kg近い野猪が山の中に多数いたらしいから、騎銃か小銃は自活用に是非必要と言えるだろうね。芋畑を作って、その周りに陥し穴を掘って待つというのもいいかもしれない。

.45の拳銃ではダメなのでしょうか。.45ACPは牛も1発で倒せたと聞くのですが……。カウボーイが落馬して自分の馬に引きずられて危険になったときに、馬を撃ち殺したのが、.44口径のシックス・シューターですよね。

その辺が分かれ目かもね。とすると、面白い仮説が成り立つ。つまり、あの旧式の.44の「スミスウエッソン」が、自活用として役立ったかもしれん。リヴォルバーだから、ショット・シェルが使えるだろう。

それなら、コルトとS&Wの「M1917」が最適なのではないでしょうか。これは第一次大戦に急遽参戦したアメリカ陸軍が、「1911オート」、つまり.45ACPのガヴァメント拳銃の量産が間に合わないので、その穴埋めとして量産させたもので、弾薬は.45ACPを無理矢理ハーフムーン・クリップで固定してシリンダーに装塡できるようにしたものです。ちなみに、それぞれ自社設計ですので、コルトの方が120g重くなってます。

敗戦直後の日本の警察官が、しばらく進駐軍から貸してもらっていた、大きな拳銃だよね。

「独立大隊」全体で数梃程度なら、調達は可能だっただろうよ。

しかし、兵隊の銃を考えるのに、ジャングル内で飢餓に瀕した場合のことまでいちおう考慮すべきなのでしょうか？

そこで「面倒くさい」と思ったら、キミ、アメリカには永久に勝てんよ。

米軍の真の底力は、あらゆる最悪事態を、他国人よりもしつこく粘っこく考えられるところにある。大国なのにそれが徹底できるから恐ろしいのだ。兵器だけでなく全軍需品にこの考えが反映されている。

アメリカの最新ハイテクに盛り込まれている軍事ソフトウェアの根本にも、例えば、歩兵銃について考えるときに、魚を撃ったりコウモリを撃ったりする場合まで徹底的に検討するという習慣から来ているのだよ。

ちなみに、樹上の椰子の実を下から小銃で撃ち抜いても、中味の水は滴り落ちては来ぬそうだ。覚えておくと良かろう。

大トカゲの話に戻しますけど、ああいうのを食べても毒はないのですか？

もちろん動物でも植物でも、南方には有毒のものと無毒のものとがあるから、必ず最寄りの住民に教えてもらわなければならない。トカゲに関しては、有毒の種類は比較的に少なかったようだが。

もっと簡単な見分け法としては、蟻かウジがたかっているものならば、何でも食べてよかったそうだ。大岡昇平の『野火』によると、虫食い跡のある草は人にも無毒だというのだが、これは疑うべきかと思う。

ネペンテス（巨大ウツボカズラ＝食虫植物）は、ニューギニアからマダガスカルまで分布するもので、ボルネオでは原住民がこれを容器として米を炊いていたというが、中で虫が死んでいるものだから、そこに自然状態で溜っている液体を、日本兵は絶対に飲まなかったという。本当にそれが飲むと毒なのかどうかは、書いてある本が無い。

ケモノ道に「括り罠」を仕掛けるのはどうでしょうか？

マタギの戦友にでも聞かないと、素人には難しいかもしれないね。台湾の高砂族の兵補は上手だったそうだ。

罠用の材料としては、通信線の切れ端をとっておくと良い。ふつうの麻ヒモなどは湿気のためにいざというときに切れてしまう。しかし通信線は、銅線と鉄線を混ぜて撚ってあって、ビニールで被覆されているので、針金代わりにも耐候性のヒモ代わりにも使えるんだ。

三八式歩兵銃は、当たり所が良いと、人間を3人貫通できたそうですね。それで小動物を撃つと、今度は「鶏を割くに牛刀を……」となってしまいませんか？

銃口エネルギーは6・5㎜でも相当にあった。三八式歩兵銃で至近距離から兎を撃ったらバラバラになるという話も聞いている。しかし「最悪事態」の島では、いくら肉の味が悪くなろうとも、食べられればそれで良いではないか、という考え方が大切だろうね。

三八式騎銃で海中の魚も捕った人もいた。衝撃波で近くの小魚まで浮いてきたそうだ。しかし、魚に小銃実包を使うのは、いかにも効率が悪そうだよ。

効果的な漁労といいますと、やはり手榴弾でしょうか？

爆薬漁法だね。ただし、何日も続けているうちに、その音でフカやウミヘビが集まってくるようになるそうだ。フカはともかく、ウミヘビは食べられないらしいから、困るな。サメを素手で撃退する方法は、エラの部分を打撃すると、唯一、効き目があるそうだ。

南方の住民の生活を観察した研究によると、労働単位時間あたり、最も大量に蛋白質を得る手段は、やはり海の魚を取ることのようだ。素潜りをしてヤスで魚を突く漁法が主であるらしいんだが、それを日本兵が真似しても、とうてい部隊全員の腹は満たせまい。部隊によっては、漁村出身兵に地引網をつくらせたそうだが、なにしろ昭和一九年ともなれば、海岸には常に敵の魚雷艇が遊弋しているだろう。

その隙をついて素人漁師が、短時間に確実に海魚をとるとしたなら、水中に手榴弾とか爆薬を投げ込むしかないだろうね。

それは川魚に対しても有効ですよね。個人用の擬装網や防蚊網の支給はあったのでしょうから、それを漁網兼用の素材としたら良かったかもしれないですね。

現地のタコの木の葉の繊維が簡易漁網の素材にもなったそうだね。また椰子の葉を縦に三つに割き、真ん中を捨てて、よりあわせると、網や綱ができたそうだね。川の場合は、杭を打ってヤシの葉を並べて「ヤナ」をこしらえたり、有毒のヤムイモの一種をシビレ薬にして上流から流すという漁法もあったそうだよ。

内地でしたら、流れの中の大きな石をハンマーで叩き、その蔭に隠れている小魚を気絶させ、正気づかないうちに下流で掬いとるという手もありますが、地獄島でフラフラしている歩兵が重いハンマーなんか持ち歩けるわけもないですからねえ。ところで、秋田のマタギは、肉の得られないときは、ウド根、ユリ根、オオバユリ根などで飢えを凌いだといいますが、南方にはそういうものは無かったのですか？

あったはずだが、それを体系化している本を読んだことがない。おそらく戦記では、里芋、大和芋、タピオカ澱粉芋……すべて「山イモ」と総称してしまっているんだろう。あとは「パンの実」か。「泥水すすり、草を喰み」という軍歌の「草」が「草の根」を意味することは周知だったろうから、あらゆる植物の根や新芽は試食されたに違いないよ。

話を戻すが、ニューギニアあたりの川で一番気をつけなくてはいけないのは、人喰いワニへの対策だ。ギネスブックでは、世界で最もたくさんワニに喰われた近代軍隊は、第二次大戦中の日本軍だということになっている。だいたい、クロコダイルはミシシッピー鰐やナイル鰐よりひときわ大物なのだから、迷惑な話さ。ワニを素手で撃退する方法は、目を攻める。これに尽きるそうだ。

このワニ、しかし、手榴弾を水中に放り込めば簡単にやっつけられた。水中では爆圧の伝導が効率的になるからね。陸上だと必殺の効果はない。ワニは焼いて食えば、鶏肉のようなものだそうだね。

どこにも食糧になるものが無くて困り抜いたというニューギニアでも、極楽鳥がいるくらいですから、鳥だけは南方にはたくさんいたのではありませんか？

たくさんいることと、たくさん捕れることとは、別問題なのだ。ニューギニアの密林は、樹冠が地上70mなんてところもあるのだぜ。そこで遊んでいる小さな鳥は、枝葉に隠れ、見ることすらできないのだ。

自ずと、地表近くに来た、あまり小さくない鳥だけを狙うことになるが、これはライフルでもピストルでも難しい。昔の無人島のアホウ鳥と違い、近付くと逃げてしまうのだからね。かといって近付かなければ、植生のために、照準が妨げられる。

中国の鶏ですら、半野生のため、とても素手では捕まえ得ず、最後は銃が必要だったと聞くよ。

南方の鳥は、特に狩りの「コスト対パフォーマンス」が良くないわけですね。

では、吹き矢は使えなかったのでしょうか？　Blowgun、つまり吹き矢は、東南アジアではどこでも見られ、鳥、ネズミ、トカゲ、サル、果ては体重200kg以下のイノシシにまで有効で、その最大射程は、文献によってだいぶ違いますが、30〜90mに達するそうです。

ただ、実際にその狩猟を観察した口蔵幸雄氏によれば、ジャングル内では水平視界はほとんどない。だから吹き矢も垂直に狙える樹上生物を狩猟対象にするのだそうですけども……。

かねて不思議だったことがあるんだ。将軍綱吉時代に、江戸の秋田淡路守の家老が屋敷内の燕を吹き矢で落として、5歳の息子ともども浅草で磔になったという話が、中公新書の

『江戸藩邸物語』に載ってるのだが、いったい日本にも吹き矢があったのかい？

間違いなくありましたよ。たとえば小田原城にも吹矢筒が2つ展示してありましたよ。目測して2m以上、しかも、ごく単純なポッチ状のリアサイト、フロントサイトまでついてました。

その吹き口が、南方のブロウガンと同じなのです。この意匠が自然に生じる訳はありませんから、たぶん南蛮交易で長崎あたりに持ち込まれた土産ものが全国の物好きの間に普及したのではないかと思われます。

目的は何だい？　狩猟じゃないだろう？

もともと「鳥刺し」という職業がありまして、鷹を飼うための小鳥を捕るのに役立てたらしいのです。

しかし、吹き矢は、トリカブトなどの毒を塗らなければ何の効果もないものではないか？ヤシの歯の尖ったヒゴの先端から数㎝に刻みを入れて、そこに毒を塗り込め、当たれば確実に折れ残るようになっていたとも聞くけど、その僅かな毒が除去し切れずに獲物の肉に残っていたら、人間が食べたって平気だとしても、鷹が中毒してしまうおそれは無かったのかな？

分かりませんが、元禄頃からは庶民の射的競技に発展して、それは明治時代まで存続していたそうですから。『水滸伝』にも、レジャー的な小鳥猟用の吹矢が出ます。

それを習得して実用域に達するまでには、相当の年季が必要なのではないだろうか。もちろん、特に器用な兵隊が混じっていないとは限らないけどね。

別な選択として、ボウガンもあるかもね。たしか、ラオスの奥地あたりに、ボウガンで毒矢を発射する狩猟法が、戦時中まだ存在したそうだから。

いずれにしましても、そんな面倒なものをこしらえて練習するくらいなら、鉄砲で捕れない鳥は、初めから諦めてしまった方が利口でしょうね。鳥は、肉も大してありませんし。その労力を、他に使うのが得だという気がします。

さもなきゃ、カスミ網だな。国内では法律違反だが、あれを用意していったらいいんだ。

そうそう、回想記によれば、オオコウモリを小銃で撃ち落とせたというよ。翼巾は80cmもあるものなのだが、胴体は子猫程度で、その胴を撃つ。ただし、肉は臭いそうだ。

こうして考えてきますと、なぜ日本兵の誰も南方にショットガンを持ち込もうとしなかったのか、不思議です。猟用の散弾銃があれば、鳥でもワニでも怖いもの無しだったのではないでしょうか？

散弾は対人用に使った場合、ハーグ陸戦規約に違反すると考えて、持ち込みを禁じたようだね。

米軍についてはよく分からないが、開戦前の米陸軍は、M1873スプリングフィールド・ライフルのメカをそっくりそのまま、20番の単発散弾銃「M1873散弾銃」としたものを、自活用として、辺境の1コ中隊あたり2〜3梃ずつ配っていたらしい。20番だから、これはヘビとか小動物用だね。飛ぶ鳥は12番の2連でないとね。

また、陸戦と関係ない米海軍の軍艦内には、警備用のショットガンが置かれていた。ポンプアクションのやつで、じつは日本の海上自衛隊にも、この装備は存在するんだ。

クッキングをどうする？

動物を捕らえるのも大変でしたでしょうが、日本軍はその加熱調理にも相当に苦しんだみたいですね。少しでも煙が上がると、上空の観測機に発見され、そこに砲弾が雨下したとか……。夜間は、炊事の火が見えてもいけなかった。

「最悪事態」下での副食調理も大変だったのだが、日本陸軍の場合、主食を「生米」の形で兵隊に持たせていたのだから、もう正気じゃないよ。

たしかに、生米を1日以上水にひたしてふやかして少しずつかじるという方法もないではないが、それでは人間の腸では十分な消化はできんのだ。ライスを兵糧にするなら、どうしても火を使った炊爨が必要であった。それならば内地において、大規模な食品工場で一度蒸して餅状につき固め、それを乾燥させた保存食をパッケージして海外の前線へ補給するというシステムにしておくべきところ、籾や生米を袋に入れて輸送してくるんだから。室町時代の戦争だって、兵隊の携行食にはもっと配慮があったものだよ。

最も合理的な選択は、外地の野戦部隊の行動食は乾パンに統一してしまうことだったでしょうね。行軍途中の炊飯はしなくて済むようにすべきだった。軍の工場が新設できないのならば、どこの町にもある菓子屋から煎餅を納品させたって良かったでしょう。

たぶん戦時の動員数のとてつもない多さを考えると、陸軍では無理だと考えてしまったんだね。それに前線でパリポリ音がするのを気にしながら兵隊が煎餅をかじるってのも情けなさそうだな。下手に醬油味だったりすると突撃前に喉も乾いて仕方がないしね。お茶でも飲んで一服、という気持ちになってしまってはマズい。

それはともかく、情けないのは、将兵が背嚢にくくりつけていた飯盒、あれが、一度に2食分しか炊けないのだ。1回にかかる時間は1時間以上だから、もし生米だけで連続して行軍や野営をしようと思ったら、毎日2時間以上も火を使わねばならんのだよ。

鉄帽は、ナベ代わりにできたそうですね。

それで粥はできた。

ただし、テッパチとシルエットはそっくりな布製の「夏帽子」というのがあって、これだと調理器具にはならないのだ。白い帽子なんて、夜襲には絶対に使えない。黒い鉄帽でも、探照灯で照らされると、伏せていても150m先から反射で分かってしまうから、土を塗ったり、偽装網で覆ったのだ。コルク製の防暑帽でも無論ダメだ。

おかゆでも普通の飯でも、ひとたび炊き上げてしまった米は、南方ではすぐに腐ってくる。酢を入れて炊くと25日間もったそうだ。あるいはその炊いた飯を水で洗い、天日でゆっくり乾燥させられる暇があれば、保存食にする方法はあるのだけど、雨の多い土地だから難しい。中国兵は「焼きゴメ」にして歩きながら一粒ずつかじったようだな。炒りコウリャンというのもあった。

逆に、燃料は得られるが、水が得られないという場所でも、お手上げだ。そして、栄養のあるとぎ汁は、馬に飲ませるか、捨ててしまうことになる。なんとも、戦争する前から、悲劇は約束されていたようなものだ。無知こそ、最も恐るべき敵だ。

海水でも飯盒炊爨はできたのですよね？　南方では、比較的に水の心配はなかったのではないでしょうか。

確かにね。炊飯用の水は、いくら汚れた臭いものでも1時間加熱することで雑菌は減っただろう。スコールを集める手もあるし、海水をそのまま使ったっていいんだ。

だが問題は燃料だ。水が潤沢だということは、乾燥した燃料がオイソレとは手に入らないことを同時に意味する。

そこらの柴木や枯草では、白煙がもうもうと立ってしまうのを、どうするかだよ。

マッチをもし使い果たしてしまったという状況ですと、火起こしは、どうしたのでしょうか？　ペナン島の「ファイアピストン」を作るしかないのですか？

雷管の粉を少しほぐして摩擦するとか、拡大レンズを使えばいいのだ。

それで最初に火を着ける材料としては、砲弾からとった爆薬や、装薬包の余りが使える。爆薬といっても、開放空間ですこしずつ燃やせば、花火のようなもので、危険なく燃えるのだ。ただし、量を加減しないと、上空からはやたらに目立つことになるだろう。それを点火剤にして、生木を燃やすということになる。さあ、その煙をどうやって消したらいい？

椰子の中味のコプラを細かくちぎった乾燥繊維なら、煙が出なかったといいますが……？

勉強しているね。

多くの野営地では、かまどの煙路を「登り窯」のような土中のトンネルに導いて、炊煙を目立たなくしたようだ。

また、行軍中で急ぐときには、とりあえず壕を掘り、天幕で上を覆って、その下にガソリンをまぶした砂を置き、それに火をつけたという。下の方は黒焦げ、しかもガス臭い飯が炊ける。

煙は完全に消しても、炊飯特有の微妙な匂いは外に流れ出てしまうのだよね。日本人は気付かないが、米を炊く匂いは、２００ｍくらい遠くから、白人には分かるそうだ。沖を通りかかった魚雷艇からその匂いで日本軍の位置が分かった、という戦記がある。

ビルマのような凄い雨期のあるところでは、炊事の燃料はどうしていたのでしょうか？

あのあたりはモンスーンのメッカだからね。雨期になると、１日中、プールの中にいるのと変わんないそうだよ。そんなところでも、乾いた燃料がある。なんと、竹を割ると、その内側は乾燥していて、燃やすことができたのだそうだ。しかも、竹は煙が薄い。神は見捨てないのだ。

「最悪事態」の南方では、調理用の包丁がないと思うのですね。それはやはり、銃剣で代用するのでしょうか。

たとえば、水牛肉はあまりにも硬くて、当時の日本兵すら歯を痛めてしまったといいますが、それでも三十年式銃剣ごときで切り分けられたのでしょうか。

評価は分かれている。名人は牛の解体からサシミおろしまで帯剣でできたという話が伝わっている反面、よく研いであってもゴボウ剣では豚もニワトリもさばけなかったという話もあるのだ。

日本刀に附属している小柄は、調理用にはとても便利だったそうだね。

やはり日本刀は必要かも……！

日本刀、銃剣、鉄帽

どうしても日本刀に帰ってくるか。では、ここらでまとめて意見交換をしようじゃないか。

望むところです。まず確認したいのですけど、旧陸軍は、将校以外でも刀を持っている者がいたのですよね。

加登川幸太郎氏の『三八式歩兵銃——日本陸軍の七十五年』によると、昭和初期の陸軍では、騎兵以外の各兵科でも、曹長や本部付の下士官などは、軍刀を帯びていたという。

それから、衛生兵は銃は持たぬのが建て前だが、下士官は刀を持っていた。担架兵には、4人に1梃の銃があった。こっちは、担架を2人ずつ交替で担ぐだけの兵で、国際法上の衛生兵にはあたらない。

それから、満州事変と第一次上海事変における航空部隊の所見をまとめたリポートが昭和八年六月二四日に陸軍航空本部で作られているのだが、その中に、空中勤務者である軍曹にも軍刀を支給してくれ、というのがある。

それはどういう意味ですか？

陸軍の決まりでは、軍刀は曹長以上でないと吊れない。だから曹長以上のパイロットは、拳銃と軍刀を機内携行していたそうだ。しかし、軍曹以下は、拳銃とゴボウ剣のみ。これでは不時着したときの戦闘力として情けない、というのが理由らしい。

いかに当時の日本で拳銃の威力が認められていなかったか、いかに日本刀が高く評価されていたかが分かるね。

「曹長刀」は明治時代からあったようですが、つまりは小隊長の下で「分隊」の指揮を取るからですよね。それも遡れば、フリードリッヒ大王時代に、銃兵の各横隊のいちばん端っこにいて、敵前逃亡しようとする者がいたら芋刺しだぞという態勢で目を光らせていた、あの監視役の素槍に行き着くのかも……。

しかし曹長が持つならば、「班」の指揮を取る軍曹にだって刀を吊らせろ、という要求に発展するのでしょう。

やはり将校的な見掛けを好んだのだろう。内地の地方人や大陸のシナ人向けにね。そんな要求を聞いているとキリがなかったはずさ。

銃剣のことは「帯剣」ともいう。後には「短剣」とも呼ぶ。しかし幕末より使われていたスナイドル銃やシャスポー銃附属の銃剣は、フランス人が「ヤタガン型」、つまりトルコ刀型と称したくらいで、刺突と同時に斬撃にも適するような湾曲のある長大なものだったから、腰から吊るとえらく立派に見えた。事実、これは明治の一時期、「砲兵刀」という下士官刀の代用品にされたくらいだ。

でも、戦前の軍人がガニ股歩きなのは、吊った刀が足に絡まるのを防ぐためでしょう？江戸時代のように帯にたばさむのならば別ですが、あんなので格好良いと思ったのでしょうかね。

古代の「太刀」のように、吊った武器が水平に寝てくれれば、騎乗や歩行の邪魔にもならないのだろうけど、それでは屋内の日常業務に不都合が生じただろうね。

三十年式歩兵銃用に開発されていらい、終戦まで使われることになった三十年式銃剣、通称「ゴボウ剣」というやつは、刺すことはできても、金質があまり高級じゃなくて、斬ることはほとんどできなかったそうですね。

斬ることなんてどうでもいいのだが、問題は、何か硬いものに穴をあけようとして突き通すと刃がめくれるという現象が起きたらしい。これは『戦記画報』という戦後の雑誌で報告されている。

ゴボウ剣の古いものは、研ぎ直され過ぎていて、すっかり薄刃になっているそうだよ。敵の持っているドイツ製銃剣よりも、明らかに粗悪品だったのだ。

軍刀も、あの中国兵の綿服を刺し通すことができなかったそうだね。むろん、相手の鉄帽に斬りつけても、ただカチンというだけだから、顔面か首を狙わないといけなかったという。それが本当ならば、近藤勇流の「突きだけ剣法」を士官学校で教えればよかったのだ。


それで、四四式騎銃はスパイク・バイヨネットになったのでしょうか。


面白い仮説だね。後で検討しよう。

刀については、本当にいろいろな迷信がある。押さえておきたいのは、「敵は巻き藁ではない、二本足が生えている」という常識だ。むざむざこちらの刀の間合いに入ってきて斬らせてくれるような敵さんはいない。捕虜を除いてね。

宮本武蔵はすでに『五輪書』のなかで、「人の太刀に強くあたれば、わが太刀もおれくだくる所也」、それだから、人を斬り殺すに必要以上の強さで振り回すものではないぞ、と戒めている。言い替えると、刀同士を強くぶつけあったら、折れてしまうぞ、という常識さ。「日本刀フェチ」の人にはどうもこの理屈も分からんようだ。仮にこの世に兜でも何でも斬れる名刀というようなものがあるとして、では、その名刀同士で思いきり叩き合えば、どうなるのか？　折れもせず、曲がりもせず、何でも斬れる名刀などというものはあり得ないことが、自ずと分かるはずなのだがね。

しかも刀は、実戦場では、ブッシュナイフやツルハシ代わりにもしなければならない。

えっ、そんな使い方をしたのですか、日本刀も。

当然だよ。戦場で自分を守るのが武器なんだから。武器の美術的価値を守るために身命を疎《おろそ》かにする軍人がいますかってんだ。

戦国時代の初めから終わりまで知っている細川幽斎という人がいる。その幽斎がこう書き遺した。戦地では、道具がなければ、身に帯びた刀を使って木の枝を伐ったり穴を掘るしかない、とね。鉄砲出現以後の日本刀は、むしろ万能土工具となったのだ。

じゃあ、鎌倉以前の古刀を軍刀に仕立てて戦場に持ち出したりしたら、それじたいが伝統工芸破壊行為という非難を甘受せねばならないのですね。

「重代家宝」と思うなら、実家の箪笥にしまっておくことだ。

昭和一三年、予備役の大動員で、中には幹部候補生として将校を目指そうという兵隊も増えた。幹候生となれば、刀がいる。そこで中隊が「満鉄刀」という工場量産品を特価８０円でまとめて注文してやろうとしたのだが、なんと、もうその時点でモノ不足！　満鉄刀すら、まるで手に入らなかったという。やむなく、全員が実家から古刀を送ってもらい、それを軍刀に仕立てたのはよいが、幹候の演習では指揮刀が相当に傷むことになるので、たいへん困ったそうだ。この話は『不死鳥』（石山皆男著、昭和一六年刊）に出ている。

また、日露戦争で、「兼氏」で鉄条網を切ったところ刃はめちゃめちゃに欠けたという話もあるね。

近代日本の武士道ブームと日本刀ブームの密接な関係については、たしか『「日本有事」って何だ』でも取り上げられていましたよね。

みんな、日露戦争まで日本兵と外国兵との本格的白兵戦は一度もなかったということの意味のデカさを忘れ果てているんだ。本当に記憶の短い民族だよ。日清戦争ではいかにも清国兵の相手をしてやったが、そこでは白兵戦が生じるような状況はなかったのだ。そこで斬ったのは無抵抗の捕虜だけ。これはお互いさまでね。

三国干渉の直後から「武士道」が全国民的なテーマになった。なぜなら、日本の全男子がいつか西洋白人兵と白兵戦をさせられるかもしれないという可能性が、現実味を帯びてきたからさ。そして、日露戦争の旅順戦で、それは現実になる。夏目漱石がビビるのも当然で、同情できるよ。原爆や銃や刃物で殺す、殺されるという想像じたいが厭だという日本人が一定割合でいるのはオレは許容できるのだ。ただ、その腰抜け主義で他人に説教するのは、日本が生存する確かな方法を見つけた後にして欲しい。漱石にはその自制もあるが故に、凡人ではないのさ。

「武士道」という語彙は、日露戦争の最中に日本人大衆の語彙になったのだ。そこから、あの宮本武蔵も再発見されることになる。最初は講談の主人公としてね。その下地が、遂に吉川英治を準備した。吉川氏は、近代日本の「武士道」を国民が納得したがっているという時代の要請によって、万人の参考書になる小説『宮本武蔵』を書かされた。自動書記だ。細かな事実は、平成一二年の『武道通信』の宮本武蔵特集号を見て貰おう。

重機関銃

『日本の陸軍歩兵兵器』で知らされたのですが、日本陸軍は、７・７㎜の重機関銃を長射程の「狙撃兵器」に変質させることで、大陸での長期戦を可能にしたのですね。

タマをたくさんバラ撒いて塹壕に籠ることなら、誰にもできる。最小限のタマで効率的な防御を可能にしたのは、九二式７・７㎜重機関銃の驚異的に高い命中精度だったのだ。しかも操作は４～８名の完璧なチームワークでないとダメ。「個人世帯」の中国軍にはこの真似はできない。これがあるから日本陸軍も強気になれた。

たったひとつのモノの発明が、戦術から外交まで変えてしまったという、一つの例だろう。

しかし九二式重機も、昭和一九年以降の米軍相手には、あまり活躍できませんでしたよね。

南方のジャングルでは、３００ｍ（－）～７００ｍ（＋）という、重機の得意な水平間合いがとれなかったのでね。１５００ｍ以上も離れたところが一方的に砲撃されるか、いきなり目の前で自動火器と撃ち合うか、どちらかになってしまった。そうなると、１銃を運用するのに4～8名も必要とする、サイクルレートの低い日本の重機には、デメリットの方が多くなった。抵抗の中心は、しぜん軽機の火力へと移ったのだ。

それでも「ウッドペッカー」は米兵にも恐れられていましたよね。

ちょうど300～700mの見通しがうまくとれた場合にはね。最初の1連射が確実に味方1名を倒してしまうのだから。あとの者は、とにかくいったん、タマの飛んでこない所を探して退避するしかない。畏怖をこめたニックネームだったのだ。

ちなみに中国では、九二式重機は「ドッドッドッ……」と重く響き、チェコ式軽機は「タンタンタン……」と甲高く聴こえたという。そのチェコ式軽機だって、我が十一年式軽機とは比べ物にならぬ大きな音で、遠くから区別ができたのだ。

しかし米軍の飛行機から先に見つけた場合は、なにしろ最低2人で持ち運ばなければ動かない50kgオーバーの重火器では、とっさにタコツボにも隠れられませんし、立ち往生ですよね。

そうなのだが、その重さこそが、連射反動をよく吸収し、遠距離での抜群の集弾性能を実現していたわけさ。

九二式重機の場合、1銃で1班だと思いますが、班長は伍長ですか？

多くはそうだったろうね。しかし班長は指揮をとるだけ。実際に撃つ役の射手は兵長、弾薬装填手は上等兵という順番で、残りの兵隊たちは皆弾薬手だが、射撃中は円匙でひたすら銃の前に土を盛り続けたという。

念のために説明するが、戦前は、すべての徴兵された男子が2年で除隊するまでに上等兵になれたわけではない。模範的な優秀者だけが上等兵に進級できたのだ。文字通り「上等」な兵隊さんだったわけ。その上等兵の中でも優秀な者から伍長になれる資格を得るが、その途中の段階を「伍長勤務」、略して「伍勤」の上等兵と言い、それが後に新設される「兵長」だ。だから、支那事変前夜に連載されていた『のらくろ』には、兵長は出てこない。

今の自衛隊だと誰もが2年で「士長」になるようですが、戦時中の上等兵は、もっと重いものだったのですね。

話を戻すが、この命中率の高い重機を、要塞ではなく野戦に持ち出して使うためには、4名以上の班員ができるだけ地形に隠れられるようにしなくてはならない。それには、マウント部を、できるだけ低姿勢のとれる三脚にすればいいのだが、なんと、日露戦争の途中まで、世界の武器デザイナーの誰もそのことに気が付かなかったのだね。

ロシア軍も日本軍も、重機をリアカーのようなものに積んで、そのまま発射すればいいと考えていた。そんなものを平地に引き出していったら、逆に敵の小銃の良いマトでしかないわけだよ。それが明治三七年の実状だった。

九二式重機の祖型は、6・5㎜小銃弾を発射できるように設計してもらったホチキス重機なのだが、これはカメラ用のによく似た、高姿勢のみが可能な三脚と、ご親切にも射手用の「椅子」までついているものだった。「伏せ撃ち」などまるっきり考慮していないんだ。それじゃリアカーと変わりない、敵のマトになるのみだ、というので、東京砲兵工廠でホチキスのライセンス生産を担当していた南部麒次郎が、マウントとして最低の姿勢が取れる三脚を考案した。それが「三十八年式6・5㎜重機関銃」で、それから重機の伏せ撃ちができるようになった。ついでに銃本体の方にもちょっとばかり手を加えたものが「三年式6・5㎜重機関銃」だね。同じホチキス系の「九二式車載13・2㎜機関砲」は、内部の構造が「三年式重機」とそっくりだそうだが、それも不思議はない。

その後、ロシアでは小型車輪、ドイツでは「ソリ」など、日本以外の陸軍でも、低姿勢の重機マウントを工夫したわけですよね。「ソリ」は重機を1人でなんとか移動できるようにという、執念だったようですね。

その低姿勢の重機と塹壕が組み合わされた結果が、あの恐るべき第一次大戦だ。

ホチキス社はフランスのメーカーなのに、創業者のホチキス（一八二六―一八八五）はアメリカ人なのですよね。

日本が導入したホチキス機関銃の設計をしたのだって、ベネットという米国人らしいよ。ともかくそのベネットの設計を南部が継承し、改良し、第一次大戦の各国の戦訓も参考にして、最終的に、名銃「九二式重機」ができているのだ。

三年式までの6・5㎜を、英国規格の7・7㎜に拡大したのは、殺傷力の追求ですか？

遠射性だね。それと、焼夷弾が使えるのも重視されたらしい。6・5㎜弾の中に黄燐を詰めたり、そんな細かな細工をしてみても、日標の家屋や飛行機には火がつきゃしないからだ。

えっ、飛行機を撃つんですか？　低姿勢の三脚のついた重機関銃で？

第一次大戦後は、日本でも、重機を特別な銃架に載せて、対空射撃ができることが、当然のように求められたんだ。だがそんな高射用銃架は簡単に作れる。早い話、輜重車を横倒しにして、その木製車輪に銃本体だけ載っけて委託射撃をしたって、即席の対空銃架になるわけよ。

問題になったのは、日本も導入しなければならない新兵器、「戦闘機」の固定機関銃に何を選定するか、だったんだ。南部麒次郎は、ヴェルサイユ講和の年である大正八年にフランスのフォール教導団がヴィッカーズの7・7㎜固定機関銃を搭載した戦闘機とともに初来日するや、ただちにそれに対抗すべく、三年式重機の空冷フィンを外して、プロペラ同調装置もつけられる6・5㎜の航空用固定機関銃を試作して、これを採用するようにと陸軍に迫った。

それじゃ日本で最初に同調装置を作ろうとしたのは南部さんだったのですか。

キミ、この事実の紹介は、『イッテイ』の巻末年表でしてあるじゃないか。ちゃんと読んでないのかね、あの造兵情報の宝庫を⁉

すいません、あれって、細かい字でビッシリなもんで……。それで、南部さんの6・5㎜航空機関銃は、固定銃に関しては、結局ヴィッカーズ7・7㎜に敗れるのですね？

史料の欠落を推理で補うと、そういうストーリーが出来る。戦闘機の固定機関銃はヴィッカーズの7・7㎜で決まりだという趨勢を睨んで、陸軍は翌大正九年七月に、重機の7・7

㎜化の方針も確定したんだ。

海軍の航空調査会も、大正一二年一一月に、「地上ヨリスル敵機射撃用トシテ現用三年式機銃ハ其ノ効力過小ナルヲ以テ留式七、七密以上ノ各種機銃（十二粍、三十七粍）ニ就キ実験研究ノ上標準口径ヲ定ムルヲ必要ト認ム」と報告している。

飛行機用に、英国製の7・7㎜機関銃の実包のライセンスをすることになった。ちょうどいいから、そのタマを使って、歩兵用の重機も強化してしまえ――という流れでしたか。

仮想敵のロシア軍が7・62㎜なのも、ずっと気になってはいたんだろう。不足意識はあったに違いない。そこへ最後の揺さぶりをかけたのが、航空機関銃の選定だったんだと思う。

松村寅次郎中佐著『撃墜』（昭和一七年三月刊）によると、昭和一四年七月二九日にノモンハンを地上攻撃してきたイ－16は、それまでの7・62㎜×4梃と違って、両翼前縁中央に13ミリ級らしい大きな銃身を突き出しており、射撃音がまるで違うほか、撃たれた天幕が焼夷弾でくすぶった、とある。小火器射撃で敵の資材や航空機に火をつけることはとても難しいのだが、常に陸軍の関心事だった。

ちなみにヨーロッパではとっくに機関銃から焼夷弾を発射していたからフォールが来たときに既にゴムびきの防漏タンクが商品化されていた。ところがフォールは焼夷弾を持ってきてくれなかった。ために、大正八年になっても日本軍は小火器用の焼夷弾を知らなかったのだ。

対人射撃に限定しても、歩兵銃ではあまり問題にならなかったことが、機関銃では相当に

問題になってきたのですね。

具体的に、有坂銃の6・5㎜弾を三脚付きの三年式重機関銃から撃った場合のパフォーマンスは、そんなに悪かったのでしょうか？

弾道性能のデータがある。これは、「三八式実包」という、先が尖って、ボートテイルになっている低伸弾による実験だが……。

肉眼で一人の敵兵をはっきりと照準できる限界、500m先の地上標的を撃った場合の途中最高弾道点は、0・9mだ。腰をかがめている歩兵も、この距離内では掃射されるわけだ。

600m先の地上標的を撃った場合は、最高弾道点は1・5m。つまり、照尺を600mに固定していても、その手前の立姿の歩兵はすべて頭より低いところに弾が命中する可能性があるということで、これは決して悪い性能ではない。

700m先の地上目標だと、最高弾道点は2・3m。これは、700m以内では、騎兵が弾の下をくぐることができない、掃射されてしまうということだね。現代の戦争で騎兵の出番なんて、ほとんどないわけだが、満州には馬賊がいるからね。

1000m先を撃った場合の最高弾道点は6・8mで、こうなると、ちょっと高低照準を間違えても、もう命中は期待できない。

なお日露戦争中のホチキス機関銃から発射したのは、おなじ6・5㎜でも、ボートテイルになっていない、先端も蛋形《たんけい》の旧型の「三十年式小銃実包」だから、これより少しパフォーマンスは落ちる。しかし、当時のロシアの7・62㎜小銃と撃ち比べた時は、低伸弾道性において優越していたのだ。つまり、よく当たったということだ。

それで観戦武官のハミルトンも、2門の機関砲、つまりホチキスを置けば、ロシア軍の攻撃を必ず撃退できた、と証言している。これはおそらく村落内に布陣して、胸壁を利用したのではないかな。ホチキスの椅子付き三脚型は、沙河あたりから増強されたのだが、まだ三八式重機は存在しなかったろうからね。

6・5㎜弾は、当初から貫通力は満足すべきもので、実験では2人を貫通してなお殺傷力があった。実戦でも、1発が2人に当たった例が観察されているが、傷は、ロシアの銃弾よりもずっと軽かったそうだ。

三八式重機に、防盾がついたものの写真がありますね。

あれは明治四一年にちょっと試してみただけだ。おそらくは、榴霰弾対策だったと思う。

地形を利用する代わりに、姿勢の低い小さな装甲車体に載せて、敵弾に当たっても平気なようにしよう、という発想はなかったのですか？

当然にあった。たとえば、マシンガン・キャリアーと呼ばれたカーデンロイド装甲車は代表的だね。

しかしそれは、リアカーに重機を剥き出しで載せたのと、けっきょく大差が無かったんだ。なぜなら、前線では目立ちすぎた。ありとあらゆる火器の目標になってしまうと、豆戦車程度の装甲では、中の乗員は、とても悠然としていられるものではなくてね。

すると結果として、少しでも地形を利用して姿を隠せる、オーソドックスな重機がそのま

ま生き残るわけですね。

それでも、重さを何とか減らそうという努力は払われたんだ。

特に支那事変で歩兵大隊装備の重機の価値を極大化させた日本陸軍では、この九二式重機関銃を、なんとか中隊単位で持たせられないものかと思って、同じデザインのままでの軽量化を試みたのだ。それが、幻の「一式重機関銃」だ。幻というのは、こいつは戦場での写真をほとんど見たことがない。

失敗だったのですか？

中隊の火器にするということは、担当する小隊で2梃持ち歩くということになるが、そのためには、三脚と本体を分解したときの本体銃部の重さが、歩兵1名での搬送が可能な範囲に収まらなければならない。とうていそれは無理だったのだよ。そこまで軽量化したら、逆に連射時の振動が激しくなって、「狙撃武器」ではなくなってしまったはずさ。だったら、軽機でいいだろう。

そうしてみますと、MG42のような鮮やかな「一本勝ち」はないにしても、日本陸軍は、意外に機関銃には進取の気概で熱心に取り組んでいたのですね。だいたい、世界で最初に戦争でガトリング砲を使ったのも、日本だそうじゃないですか。たしか、長岡城の防衛戦でしたよね？

そのことは小著『たんたんたたた』にも書いたが、アメリカの南北戦争でガトリング砲が使われたという記述が、洋書の銃器事典のようなものをいくら探しても、紹介されていない。

はっきりと実戦で用いられたことが確認できるのは、日本の幕末においてなのだね。

児玉如忠《なおただ》という人が大正六年に編纂した『維新戦役実歴談』という本がある。これは三康図書館という芝・増上寺に附属する仏教図書館で見つけて読んだのだが、その内容を紹介すると、長岡城再攻撃で官軍はこんな体験をした。

幅8丁……つまり約800mある信濃川の対岸に、敵が「砲礮鉄砲といふ大砲を台へ乗せて打て居る」。

ホウロクは煎り豆を作るときの調理器具だね。機関砲なんていう単語を知らない当時の人が、これはホウロクのような音がすると思った訳だ。

しきりにそれを撃ってくる中を、しかもこちらは、流れに逆らって櫓を漕がなくては下流に流されてしまうから、あたかも川を登るような形になった、とてもこれは渡れないと思ったという苦労話だ。

別な資料では「奇環砲」と書いている。大手門に据えて河井継之助じしんが操作して数人を射ち斃したということだが、その後は行方不明だ。

日露戦争では、ロシアの要塞にガトリング砲があったそうですが。

たぶんそれは、「ホチキス・リヴォルビング・カノン」のことだろう。口径は37〜57㎜もあった多砲身回転式の手動機関砲だった。徳冨蘆花の『寄生木』に、旅順の東鶏冠山北砲台から「ダン、ダン、ダダダヽン、ダン」と連射されたと描写されている「速射砲」の正体さ。

宿利重一氏著『旅順戦と乃木将軍』によれば、北堡塁にはそいつが9門も置かれていたという。

そんな大きな口径の機関砲が陸上で火を吹いていたのですか。どうも明治三七年の旅順攻略戦は、現代の兵器知識があってもなお想像を絶するものがありますよね。目に浮かべられません。

詳細を知るほどシュールだろう。それを半分江戸時代の日本人が体験させられたのだ。もっと珍しいのでは、日本海軍が最初に足踏み式旋盤でコピー生産した「ノルデンフェルト霰発砲」という原始的な4銃身の手動機関銃があったのだが、このさい廃品活用だというので倉庫から出して旅順港閉塞船に各1門ずつ搭載し、下士官に撃たせながら突入したらしい。これは、明治三八年六月四日に小笠原長生が「日露戦争軍事談片」で証言しているから確かなものだ。

その前の日清戦争では、今も見られるような現代的な機関銃はなかったのですか？

台湾でマキシムを使ったようだ。タマは二十二年式と同じということで発注した輸入品だろう。

伊藤整氏が『年々の花』の中で『台湾征討図絵』なる資料を引いている。それによると、近衛第一旅団が「機関砲隊」を4隊有していた。各隊には4門の機関砲があった。明治二八年の六月二一日には「新車」というところで、「坂井支隊」の4門が活躍したという。これだね。もちろん、まだリアカーに載せたタイプだよ。相手が激しく撃ち返してこないから、その欠点が分からなかった。

マキシムは、日本が第二次大戦で使った7・7㎜航空機関銃の原型といっていいものだった。原設計国はイギリスだ。

ちなみに日清戦争よりはるか前に日本軍は台湾でガトリング砲を2門以上投入している。落合泰藏氏著『明治七年　生蕃討伐回顧録』（大正九年）から分かる。また日露戦争後の霧社事件では、ホチキス機関銃を使っている。

平射歩兵砲

重機関銃の話はよく分かりましたが、その他に、「歩兵砲」というジャンルがありましたよね。「歩兵砲」があるなら、それじゃ「砲兵砲」もあるのか、とか、混乱してしまうんですけど……。

第一次大戦より前だと、歩兵部隊の装備する火器は、ライフルと重機とピストルぐらいだったよね。

ところが第一次大戦で、塹壕と重機関銃と鉄条網を組み合わせた圧倒的な防禦力をどうすれば克服できるかと各国は考えて、ライフル以外のいろいろな火器を開発しては歩兵部隊に装備させた。そのうち大砲の格好をしているものはすべてひっくるめて「歩兵砲」と言った。目的は、最初は重機、後には重機と戦車の二つになったね。

火砲そのものは、砲兵隊の装備する大砲と全く同じものだっていいんだ。要するに、指揮権の帰属先なんだ。歩兵連隊は同格の砲兵連隊に支援射撃を命令できない。「お願い」ができるだけだ。それでは困るから、歩兵連隊の固有編制内にはじめからいくつかの火砲を組み込んでおこう、そして歩兵連隊長が自己裁量だけで勝手に指揮運用できるようにしようというのが歩兵砲だ。

よく聞く種類としては、平射歩兵砲、曲射歩兵砲、速射砲、迫撃砲、対戦車砲、連隊砲、大隊砲などなど、がありますが……。

それらは2つに大別することができる。「迫撃砲」と、「迫撃砲でない歩兵砲」だ。「迫撃砲」と「曲射歩兵砲」とはイコールで、単に後者は名称によってもその所属が砲兵連隊でないことを主張しようとしているにすぎない。

で、「迫撃砲でない歩兵砲」には、日本陸軍の場合は概ね3種類あった。「山砲」と「平射曲射両用砲」と「狙撃砲」だね。

「山砲」というのは口径75㎜の分解搬送ができる軽量砲で、大戦を通じての主力は四一式山砲だ。砲兵では「山砲」というが、歩兵はあくまで「連隊砲」という。この「連隊」とは「歩兵連隊」のこと。歩兵連隊を構成する大隊のなかに、この大砲を運用する専用の大隊が1コあった。

「平射曲射両用砲」とは、７０㎜の九二式歩兵砲のこと。別名「大隊砲」という。これは、歩兵連隊を構成するそれぞれの歩兵大隊のその下に、この大砲を運用する専用の中隊が各1コあった。つまり、大隊長が自分だけの大砲として指揮できたわけ。

そして３７㎜の「狙撃砲」は、「平射歩兵砲」「速射砲」という中間段階を経て、最後には４７㎜の「重対戦車砲」に行き着くのだ。

それが昭和一九年にはすべて存在したのですか？

いや、「狙撃砲」は満州事変直後に姿を消した。また「平射歩兵砲」が使われたのは支那事変初盤までだと思う。いつ頃廃止になったのかは、いまだに分からないんだが、昭和一三年にはもう見限られていた。その役割は、九四式３７㎜速射砲――これも別名「大隊砲」と呼ばれるので紛らわしいけど――によって更新されたのだ。

じゃあ、「狙撃砲」から説明してください。

これは、敵の重機関銃を、その射程の外から、あたかも狙撃銃で狙い撃つようにして1発のミニ砲弾で破壊してしまえないか、という発想から生まれたのだ。第一次大戦中にフランスで「プトー砲」として設計されたもののコピーだった。

３７㎜のミニ大砲なのだが、砲車ではなく、低姿勢の三脚がついていた。それを数名の歩兵の臂力だけで搬送して適当な地皺に据え付け、敵の重機関銃を文字通り「狙撃」することができた。弾道は低伸するから、トーチカの銃眼の中にだって正確に撃ち込めた。

これを、日本で独自にリファインしたのが、同じ３７㎜の「十一年式平射歩兵砲」だった。

これがあったから、支那事変では、中国側の目立つトーチカは苦もなく無力化できたのだよ。昭和一三年の石山賢吉著『経済行脚』によると、上海のトーチカは、東京の新しい交番似だった。高さ10尺、鉄筋コンクリート製、壁厚2尺、間口2間、奥行3間。それが交通壕で結ばれていた。

敵の重機関銃よりも遠い間合いからトーチカの銃眼に37㎜榴弾を正確に叩き込めたのならば、勝負はあったでしょうね。射程と、炸薬量はどのくらいだったのでしょうか？

十一年式平射歩兵砲の場合、使用レンジは400〜1000mと考えられていたようだ。使用する「十二年式榴弾」は、茶褐または黄色薬が42g入っていた。

「狙撃砲」と「十一年式平射歩兵砲」が採用されたのは、いつですか？

大正七年、つまり第一次大戦が終わる一九一八年に早くも「狙撃砲」を試製した。「十一年式平射歩兵砲」はその3年後の制式採用ということになる。

たしか米軍もプトー砲のそっくりコピーをしていますね。

一九三八年に初めて37㎜対戦車砲を買ったとする文献もあって、良く分からないね。ともかく米軍は、最後にはその37㎜砲を、車両牽引式の57㎜〜75㎜対戦車砲にまで発展させていくことになる。南方での対日戦にももちろん使われた。彼らにも「平射歩兵砲」はあったわけだ。

しかし、実際にはジャングルの中で牽引式の直接照準火器など使い勝手が悪すぎたから、

３７㎜対戦車砲搭載のM３軽戦車か、７５㎜級の加農を搭載したM４シャーマン中戦車が、大半の日本軍のトーチカ銃眼を潰したようだ。それで日本軍の末期の築城教範は、遠くの敵から見えてしまうような銃眼は、戦車砲の好餌になるだけなので、オトリ陣地以外では絶対に禁止、それよりはトンネルの先に無天蓋の射撃壕を置いて偽装した方が役に立つし、やられない、とアドヴァイスしている。

中国軍は、ラインメタルの３７㎜対戦車砲を買っていませんでしたか？

いかにも持っていたが、それをあまり有効に活用できていない。『日本の防衛力再考』に書いた術語だが、複数人のチームで運用しなければならない「戦場秩序化兵器」との相性が、どうも中国兵はよくない。

日本の「九四式３７㎜砲」は、そのラインメタルの対戦車砲とほとんど同じものではありませんか？

参考にしているのは間違いがない。しかも性能はラインメタルよりも劣った。主として砲身と砲弾の冶金技術の差によってね。この差は、今も埋まっていない。

詳しくは、対戦車戦闘を検討する章でやるとしよう。

九二式歩兵砲が、「平射曲射両用砲」と言われるのは、あの短い砲身で、十一年式平射歩兵砲の役目も兼ねてしまおうとしたのですか？

それが当時の技術的なチャレンジとなっていたのだ。各国ともにね。

しかし、平射砲の方は口径が３７㎜だろう。九二式歩兵砲は７０㎜だ。砲身が短いために多少、「狙撃」のための低伸性が犠牲となってもだ、倍近い口径があるんだから、破壊力は同等以上になるだろうと皮算用したわけだ。そうすれば、いままで2種類必要だった装備が1種類になってカネの節約にもなる、と。

しかし結局は九二式歩兵砲は、平射砲の代わりは務まらないことが分った。だから九四式速射砲、さっき言及した37㎜のラインメタルの模造品だが、あれを制定することになって、九二式の方は、もっぱら「臼砲」的に使われることになる。するとそこに付加されている平射機能のための機能は全くの「死重」さ。口径70㎜で重さ200kgの臼砲なんて、81㎜で67kgしかない迫撃砲に比べて何のメリットがあるかい。それをガダルカナルやニューギニアやインパールに持って行かせたのだから、日本の参謀本部の作戦課員は、たぶん極楽には往けまいと思うぜ。

しかし中国戦線ではこの九二式歩兵砲で何とかなったのですから、基本性能は良いのではありませんか？

敵失だね。そして、チームワークの差で辛勝を続けたのだ。こっちも81㎜迫撃砲で全部交換してしまった方が、断然有利だったはずさ。

たとえば大射角で迫撃砲的に使おうとすると、九二式歩兵砲は後装式だから、閉鎖をする前に弾薬がずり落ちてくる、などという不都合もあったのだ。つるべ撃ちもできない。

音も異常に大きくて、敵の迫撃砲はどこから撃ってくるのか分からないのに、こっちは1発で暴露するのだ。

九二式歩兵砲の基本スペックを教えてください。

尾栓は、四等分断隔螺。速射には向かないけど、スライド式よりも軽量にできるものだ。砲身は、平射の必要があるから、水圧駐退でばね復坐した。

タマは「九二式榴弾」といって、内側には漆が塗られている。信管は、尖った外観の「八八式瞬発信管」か、蛋形の「八八式短延期信管」か、どちらかをつける。

弾薬は、弾頭と薬筒が分離した状態で輸送される。そして、射撃するときに、装薬を調節してから結合する。薬筒の中の装薬をそのままで撃てば、最強の発射力となり、これを「4号装薬」という。たとえば、900m先にあるトーチカの銃眼を砲撃したいときには、低伸弾道で狙撃する必要があるから「4号装薬」のまま結合して平射すれば、5秒で到達する。

しかし、敵が塹壕内に完全に隠れているような場合、真上から砲弾を落としてやりたい。こういうときは、薬筒内の薬包の3／4を抜き捨ててしまって、最も弱装の「1号装薬」として結合して発射すれば、タマは大きな湾曲弾道を描いて飛んで行き、12秒で落達することになるわけ。そのとき、敵の壕が掩蓋付きだったら、信管を短延期とすれば、掩蓋を突き破ってから内部でドカンと破裂してくれる。

高等テクニックとして、4号装薬で短延期信管のタマを平射すれば、地面が泥沼でない限りは跳飛して空中爆発した。これをゼロ距離射撃に応用すれば、散弾射撃みたいなものだ。

命中を期しての実用射程は300〜2800mだったらしいが、単に飛ばすだけだったら、最大3000mまでOKだった。

防盾と車輪がついていますよね。

厚さ4㎜のと、厚さ3㎜の補助防盾だが、こんなもの、7・92㎜のチェコ軽機で400m以内から撃たれたらおしまいだ。乱戦では気安めになるかもしれん。

車輪は、タガのクッション材が木製なのを除いて、金属製。なにしろ荒れ地で引きずりまくるものだから、木製スポークではどうしようもない。この車輪があるために、迫撃砲と違って、馬に曳かせることができる。しかし現実には、人間が綱の輪っかを肩にかけて3～4人がかりで引っ張ったのだ。

1門は何人で操作したのですか?

分隊長と砲手10人、計11人だね。

軽量性でも射程でも、タマの爆発威力でも、さらに省資源性、省力性という点でも、81㎜迫撃砲に劣るのですね。

ジャングルの中では榴弾の平射なんてできないんだ。樹木にちょっとかすったらそこでボカンだからね。そのために「射界清掃」といって立木を伐り倒す作業が必要だ。しかしそんなヒマは敵前ではないのが常だし、だいたい、敵の飛行機からこっちの射点が見つかってしまう。ジャングルで歩兵が使えるのは、迫撃砲だけなんだよ。そして81㎜というサイズは、砲身と床板にパーツをバラして歩兵が担いで行ける迫撃砲口径の上限なのだ。バラさずに単体のまま個人で携行できた重火器は、米海兵隊の60㎜軽迫が上限だった。日本陸軍の技官はここが分からずに90・5㎜にこだわって、味方を自滅させたようなものだ。

九二式歩兵砲は、８１㎜迫撃砲に比べて、製造コストも何倍もかかったはずですよね。なのにどうして日本陸軍は、安価な８１㎜迫撃砲で九二式歩兵砲をすっかり更新してしまわなかったのでしょうか？

その疑問に答える仮説は、過去に2つ発表してきた。ひとつは、このクラスの迫撃砲は1発ごとに砲座が動くので、次弾の照準を微修正していくという精密射法ができない。よって貴重なタマの無駄撃ちになってしまうと恐れたこと。

もうひとつは、迫撃砲は中国軍が好む後進的な兵器だという印象が日本兵にはできてしまい、そうなってからは、日本軍が支那兵のマネなどできるものかという「脱亜」の本能に邪魔されたことだ。

ところが最近、ふと昔から持っているイアン・ホッグ氏の兵器図鑑を眺めていたら、アメリカのM1迫撃砲の解説文で、米陸軍はフランスのエドガー・ブランの会社から81㎜「ストーク＝ブラン」の製造権を一九三〇年代初めに買った、と書いてあることにいまさら気がついた。日本も特許権を購入したと『日本の大砲』（竹内昭・佐山二郎氏共著、昭和六一年）にはあるのだが、九七式曲射歩兵砲は、砲身のシェイプが微妙に違うような気もするんだ。有翼砲弾については特許料を支払ったことは他の資料があって間違いないが、砲身その他は無断コピーだったということはないのだろうか。

もとより貧乏人気質の日本陸軍、しかも当時は何であれ国産品主義が絶叫され、外国技術からの訣別が強調されたショーヴィニズムの頃だ。そこでつい「そのものの採用」は避けようとして、口径を少し大きくしてみたり、砲身をずっと短くしてみたり、撃発方式を変えてみたりと、「模造」に見えないような道を模索してしまったのではないか。そしてそのすべてが不満足な結果に終わったのではないか。なんといってもストーク＝ブランの基本デザインこそは、３人の歩兵が臂力運搬するならば「これ以外にはない」と言えるまでに考え抜かれたベスト・バランスがとられてあったのでね。おそらくこの、外国の目を意識しすぎるゆえの紆余曲折、悪あがきこそが、九二式歩兵砲の九七式曲射歩兵砲での更新を、時期的に手遅れにしてしまった背後事情ではなかったろうか。

九四式軽迫という９０・５㎜のいかにも重たそうな迫撃砲が中国戦線では活躍しているようですが？

９０・５㎜の各種の迫撃砲をジャングルにも持って行ったが、活躍しなかった。なぜなら、あれは「あか」弾の専用のようなものなのだ。つまり、日本が第一次大戦を観戦して学習した各種の毒ガスのうち、いちおう非致死性とされている催涙ガスを、昭和一二年以降の中国で煙幕代わりに使ってみたのだ。エチオピアでイタリア軍が飛行機から撒いたのはモロ致死性のやつだから、それよりは遠慮をしたといえる。その後、妙に各国の評判を気にするところのある陸軍は、昭和一四年を以てこのガスの使用は手控えるようになったとも言われるが、森金千秋氏の『攻城』という小説を見る限りでは、昭和一九年八月の中国戦線でもまだ使っている。

対英米戦ではこちらから「あか」その他「化兵弾」を使用したことはないが、備蓄だけはしていた。ニューギニア方面では、何砲用か知らないがまとまった量の「あか弾」が、それから硫黄島では、数発の「チビ」弾までが、米軍によって占領後に発見されている。

しかし戦車はエンジンのラジエターを冷やした空気をそのまま砲塔の戦闘室内に入れるデザインではないでしょう？　逆に、戦闘室内の発砲で生ずる一酸化炭素を吸い出すため、戦闘室からエンジンルームへ空気を流しているのではありませんか？　「チビ」のような毒ガス手榴弾をエンジン・グリルにぶつけても内部の乗員は制圧できないと思いますが……。

戦車の前方や砲塔の周りに多数ぶつけ、いろいろな隙間から戦闘室に吸い込まれていくことを期待したようだ。キミの言う通り、戦車の冷却ファンは「吸い出し」式だから、仮にエンジンのルーバーにチビ弾を投げられても、ガスは吹き飛ばされるだけに終わってしまう。してみると「チビ」は、一発必殺でもない、相当に「使えない」兵器だったと思うよ。

日本陸軍の命中率主義の蔭には「タマ代惜しみ」があったと聞きます。アメリカはともかく、イギリス、フランス、ドイツ、ソ連と比べても、当時の日本は砲弾の製造能力が2桁〜3桁ぐらい少ないままだったように見えるのは、なぜなんでしょうか？

これは別宮《べつみや》暖朗氏のホームページを見ると、どうも日本の戦前の製鉄所が官営のままだったために効率が悪くて、戦時増産の要求に対応できなかったためらしいと見当がつく。同じように大砲も軍工廠だけでまかなえると考えていた。

タマの前に鉄が足りぬというのだからもうしょうがない。バラ撒く射撃法は嫌忌される。すべて精密な狙撃でなくてはいけないような空気にもなる。迫撃砲は狙撃の対極にある重火器なので、昭和一二年末に予算の天井がとれるまで、ストーク＝ブラン式８１㎜迫撃砲の制式化決定すら、棚上げされていたんだ。

中国大陸でけっきょく日本兵を一番たくさん殺したのは、８１㎜の迫撃砲弾なのですか？

統計は見たことがないが、そうであったとしても意外じゃないだろう。いかにうまく地形を利用して隠れたって、真上から砲弾が落ちてきて、破片が水平にムラなく飛び散るのだから、損害は防ぎようがなかった。しかも、射点はこちらの小火器では制圧できない距離にあったり、こちらからは見えないのが普通ときている。中国側の発射弾数に比例して、日本軍の損害は確実に増したと思われるよ。

ちなみにノモンハンでは、１２㎝の加農～１５㎝の加農／榴弾砲が、最も多数の日本兵を殺したとする資料があった。

しかし不思議ですね。中国市場はドイツ商社が席巻していたはずですが、そこにフランスのストーク＝ブランが売り込まれて普及したのですか？　たしか、第一次大戦中のガス弾投射器である「ストークス３インチ砲」をフランスで改良したものが、あの８１㎜迫撃砲ですよね？

中国軍が主に使っていたのは、ドイツの「３４年式」８㎝（＝８１・４㎜）迫撃砲というものの系統のようだ。これはどう見たってストーク＝ブランのスタイルなんだけど、この迫撃砲のために、独メーカーがフランスにパテント料を払ったという話は聞かない。日本やアメリカと違って、ストーク＝ブラン式のサンプルを１門も参考購入せずに、ちゃっかりコピーをしおおせてしまったのだとしたら、「独自開発だ」と居直れたのかもしれないね。真相は不明だ。

ちなみに、昭和一二年の九月〜一〇月に日本軍が回収した中国側の迫撃砲弾には、ちゃんとハーケンクロイツの刻印があったそうだ。ドイツ製が主用されていたことに疑いはない。

中国国内で国産はされなかったのですか？

これが本当に謎だ。

知ってのとおり、ストーク＝ブラン式迫撃砲の特長は何かといったら、砲身内にライフリングがないこと、その代わりに、砲弾が涙滴形で尾翼がついており、スピンをせずに空中姿勢を安定させることだ。これだと、中国の工場でも簡単に模倣製造ができてもおかしくはない。迫撃砲なら教育訓練もほとんど要らないし、敵との白兵間合いに入らない距離感といい、中国兵にはうってつけだったと思うよ。じっさいに支那事変のさなかに、１５０㎜とか２４０㎜なんていう大口径の、ストーク＝ブランもどきの中国製迫撃砲も鹵獲されているんだが、肝心の８１㎜クラスを国産したという確たる証拠資料がないのだ。

萱場四郎氏著『支那軍はどんな兵器を使ってゐるか』（昭和一四年）を参考に私の推理を働かせれば、ドイツ製以外にも、米仏製の８１㎜、それからおそらくソ連製なども含め、あらゆる迫撃砲を買ったに違いない。そうやって仕入先を多様にしておいてドイツから買い叩いた方が、国産するよりもなお安上がりだったのかもしれない。ドイツ人と対等に取引する方法を心得ていたのは、やはり日本人よりも中国人だったという感じがする。

その迫撃砲の最初の洗礼を日本軍が受けるのは、満州事変のときですね？

そうだ。ストーク＝ブランが世界中に売り込まれたのが、ちょうど満州事変の前後になるのでね。

また、大正一一年に採用した「曲射歩兵砲」、つまり70㎜のドイツ式の施条迫撃砲を、日本陸軍が実戦場で使用したのも、たぶん満州事変が最初ということになる。

十一年式曲射歩兵砲の射程はどのくらいですか？

最小射距離が400m、最大1500mほどのようだ。

迫撃砲に関しては、厳密には、日露戦争中にさらに「前史」があるんじゃありませんか？

つまりあの竹のタガを巻いた大筒のことかい？

『斜陽と鉄血』という本によると、今沢義雄という中佐が旅順の前線で、射程200mの「18サンチ木製迫撃砲」を計65門こしらえた。それを明治三七年の一〇月一五日から塹壕砲として使用したという。

また別な資料では、大崎登・工兵大尉が、内地の花火筒を応用して、射程300～400mの木製迫撃砲を作ったともいわれる。

別な本でも警告したが、日露戦争中の佐官級以下の世代の口から出た「兵器・戦法発明自慢話」は要注意だ。あの戦争を境にして、自分の手柄でないことでも自分の手柄として吹聴して恬然《てんぜん》たる実に見苦しい「当世小官僚気質」が全日本を風靡した。だから乃木さんなどは堪えられなかったのだ。

本当の兵器発明家ならば、自慢なんかできるはずはない。なぜなら、成功作の蔭には必ず失敗作がある。その失敗作によって少なからぬ同胞を惨死させているはずだからね。その惨死に強い責任感を覚える者であってこそ、最後に遂に「名品」を完成できるのじゃなかろうか？　有坂成章は終生自慢話をしていない。だから私が評伝を書かなければならなかったんだ。

ストーク＝ブランの「純血」に最も近いように思われるアメリカの81㎜M1迫撃砲の基本諸元を教えてください。

ホッグ氏の図鑑によれば、砲身が44・5ポンド、脚が46・5ポンド、床板が45ポンドで、合計136ポンド。つまり、この3部品にバラして、3人が背中に担いで運搬できるのだね。ジャングルでは最も便利な重火器だろう。

最大射程は、昭和一八年までは2558ヤード、それ以後は3290ヤードに延びた。つるべ撃ちの最大レートは、毎分18発だ。

昭和一八年九月に陸軍がまとめた『米軍戦法ノ参考』によると、日本兵の第一線死傷者の9割は米軍の迫撃砲にやられている、と書いてある。恐るべし、だよ。

では、ドイツが中国に売ったと思われる82㎜迫撃砲のスペックを教えてください。

3パーツ構成であるのは同じで、各パーツはほんの僅かずつ、アメリカのM1よりも軽量。全体では5kgくらい軽量だろう。最大射程は2625ヤードだ。

それらと比べて、日本の81㎜迫撃砲はどうだったんですか？

九七式曲射歩兵砲、つまり日本製のストーク＝ブラン81㎜迫撃砲は、本当に量産して外地に持ち出したのかどうかも怪しまれるくらい、戦場写真でみかけることのない兵器だ。残っているまともなマニュアル『九七式曲射歩兵砲取扱法』は昭和一六年七月制定だが、ほとんど教育などしなかったのではないかと疑われる。

いちおう開発命令は昭和一二年七月二一日に出ており、同年一一月には大阪砲兵工廠で試製を完了した……というのだがね。

口径は正確には81・4㎜。

最小射程は75m。ただし砲身が85度上を向くから、射程300m以下では高い精度は期待できなかったろう。このへんが九二式歩兵砲と比べて迫撃砲の不利な点といえばいえるだろう。それより近間は重擲の担当だ。

マックスの方は、「三式榴弾」の場合、炸薬が0・54kgで初速199m／秒で2700m、「三式重榴弾」だと炸薬は1・24kg入っているが初速は133m／秒に落ち、よって1600mまでしか飛ばせない。「一〇〇式榴弾」は茶褐薬536gとあるので、三式榴弾とほぼ同じくらいか。

方向射界は100ミル、高低は45～85度に調節できた。85度で撃ったときの弾道の最高点は1588m。

砲身だけの重さは20・4kg、脚は22・2kg、床板は22・5kgで、3人の歩兵が背負って歩いて行けることが分かる。ところが陸軍ではこれでも人力で担ぐには重すぎると考えて、砲身を短くして全量を43・5kgに減らした「試製曲射大隊砲」も昭和一四年に造らせている。

ところで、口径90・5㎜の「九七式軽迫」のマニュアルに、厚さ7mの藪があれば昼間でも敵の方から発射煙が見えないと書いてあるから、類推して81㎜迫も、もしも南方のジャングル戦に投入していれば、高い秘匿性が発揮できたのではないか。

日本のこのクラスの迫撃砲弾用の信管としては、九三式二働信管と一〇〇式二働信管の二つがあった。この「二働」とは、瞬発と短延期の切り換えができることで、曳火はできない。一〇〇式は螺子回しワンタッチで切り換えられる。九三式は古いのでちょっと面倒くさい。

81㎜の迫撃砲弾については、一〇〇式榴弾という重いやつだと、茶褐または平寧薬が536g入っていた。これと伝火薬筒40gを合わせた炸薬量が、全備弾重の18%を占める。この重いタマは、2000mくらいしか飛ばなかったかもしれん。

米軍はフィリピンでは4・2インチ迫撃砲も使っていますね。これは何時から太平洋に投入されたのですか？

J・ハーシー著『最前線の戦闘』によると、一九四四年六月のビアク島に、黄燐弾を撃てる武器として投入されているようだ。口径はミリに直すと107㎜で、戦後の自衛隊では、20世紀末に120㎜に更新するまで、ずっと使っていた「重迫」だね。朝鮮戦争で中国軍の人海戦術を阻止した主役でもある。

迫撃砲の威力追求の結論として、日本では終戦間際に「二式12㎝迫撃砲」を量産してい

ますよね？

そっちは実際にあるていどの数が造られた。訓練も行なわれた。運用マニュアルもちゃんとある。ただし南方用ではなくて、昭和二〇年の本土決戦用だ。

ソ連では対独戦の2年目にして砲兵隊に大砲を供給できなくなってしまって、急遽「1938年式」12cm迫撃砲を疎開工場で増産させて前線に送り、急場をしのがせた。歩兵連隊砲、大隊砲としてのみならず、中隊砲としても迫撃砲を装備させたそうだ。どうも日本の二式は、このソ連製のコピーという可能性が高そうだよ。ちなみに、二式12迫の試作品の竣工試験は、昭和一六年一二月に済んでいる。

では、ドイツの「GrW42」の真似という説は当たりませんね？

そのドイツ製12cm迫は、基本的にソ連の鹵獲砲がモデルなんだが、独自の設計変更がある。そして、完成したのは一九四二年末だ。すると日本の「二式」には間に合わない。またGrW42は床板がマンホールのように転がしていける円形だが、二式は長方形だしね。

南方に送られなかったのは、機動手段がネックだったからですか？

ソ連やドイツの12cm迫にはついている牽引用の車輪装置が、二式では間に合わなかったんだ。マニュアルによると、二式12cm迫撃砲が弾薬といっしょに移動するためには、分隊長×1+砲手×12+ドライバー(正または副)×4で、2両のトラックが必要だった。駄載ならば4頭。これでは、使える場所や部隊は限られる。

それから、これが日本独自の工夫かどうかまだ確認できずにいるのだが、二式12cm迫撃砲は、普通のストーク＝ブラン式に「墜発」する他に、装塡してから引金で発射する「撃発」もできたらしい。その機能を利用して、どちらのモードのときにも、随時に「安全装置」をかけられた。不発の際の再撃発も可能だった。

重さは、砲身が80kg、脚が83kg、床板が94・5kg。

高低は45〜80度の可変。

弾薬には、やはり曳火はなくて、瞬発と遅働の切り換えのみだ。タマには軽いのと重いのとがあり、前者は茶褐薬2・77kgが入っていて4200m飛ぶ。後者は炸薬は5・32kgも入っているが、2500mしか飛ばせない。

迫撃砲よりもさらに生産容易な決戦兵器として、四式噴進砲、つまり、使い捨ての巨大ロケット弾が造られますよね、昭和一九年に。

ほとんど活躍しなかったんだが、フィリピンと硫黄島と沖縄では間にあったようだね。フィリピンの鹵獲品写真を見ると金属製ランチャーの立派なやつで、20cmだったらしい。ロケット弾は噴進砲大隊が1000発持って上陸し、撃ち尽くしたあとは遊撃隊化した。硫黄島のは直径40cmのタイプだと思うが、同時期に8cm〜30cmの異なったいろいろな直径の噴進砲も試作されている。

40cmのもので炸薬はどのくらい入っていたのですか？

100kgといわれているね。これがどのくらいすごい数値かというと、戦艦『大和』の46cm砲弾だって、「零式通常弾乙」の中には61・532kgの炸薬しか詰まっていないのだよ。重巡の20サンチ・50口径長砲の下瀬火薬入り通常弾だと炸薬量は8・14〜11・2kgだ。実際に南方で陸上砲撃に使えた艦砲は、逃げ脚の速い『金剛』級の高速戦艦の搭載した36cmが最大であったわけだけど、36cmの零式通常弾の炸薬だと29・545kgでしかなかった。

その36cm艦砲でガダルカナル島のヘンダーソン飛行場を一時使用不能にできたのならば、40cm噴進砲をもっともっと造ってたくさん南方の守備隊に送ったらよかったんじゃないですか？

タマだけで500kgもあり、さらにその上、ランチャーとして200kg以上の頑丈な材木を組み立てないと、うまく発射ができないのだ。それを栄養不十分の兵隊の人力だけで、道無きジャングル内を自在に進退させようなんて、ちょっと無理だろう。しかも射程が4kmにも満たないのだから、敵は飛行場に接近するのを簡単に阻めたと思うよ。

となったら、敵が上陸しそうな海岸の内側3kmのところに、予め隠しておくしかないが、ちょうど砂地に落ちれば不発になったりする恐れもある。よほど良い信管を、できればプローブを延ばした先端にでも付けないとね。

でもベトナム戦争では、都市部のアメリカ軍施設に対して、ジャングル内からゲリラ的なロケット弾攻撃が行なわれましたよね。あれは「噴進砲」と同じ、使い捨て発射方式だと思いますが、ああいう戦法を、旧日本軍は、南方の米軍飛行場に対して粘り強く実行できなかったんですかね？

北ベトナム軍がソ連から供与を受けた口径130㎜とか210㎜のロケット弾、あるいは一九八〇年代のアフガン・ゲリラが援助された中共製の210㎜ロケット弾は、コンポジット推薬という、戦後に発明され改善されている火薬を燃やすから、軽量でありながら射程が長いのだ。昭和一九年にはそんな結構な火薬は知られていなかったのだよ。

飛行場に対する島嶼守備隊による妨害砲撃がほんの僅かでも実施できたのは、後にも先にもガダルカナル島だけだったのだ。それは陸軍の最長射程を誇った九二式105㎜加農がかろうじて実施できたのだが、飛ばした弾丸の炸薬はタッタの2・27kg。米兵からは「ピストル・ビート」と嘲笑されたのだよ。

これとは別に海軍が、多量にあった60kg爆弾を、R10またはR11という、重さ12kgで5・5kgの推薬が2秒燃える電気発火式ロケットで、鉄板を表面に張った木の樋から投射する方法を考えていた。たぶん12㎝対空ロケットの転用と思うが、この方式で爆弾を1200m飛ばせたという。また、R20という薬量7・8kgが3秒燃えるロケットだと、250kg爆弾を1000m飛ばせたという。

大本営は、特に海軍側の要請で、自分で建設した飛行場の防衛にこだわりすぎた——という批判がありますね。米軍の上陸前に飛行場を荒らして、廃材を捨てたり地雷を埋めておいた方が、敵の活動を余計に妨害できたと言われていますけれども……？

それは硫黄島と沖縄までも繰り返されてしまった愚劣な判断なのだが、そもそも敵が島に近付いて上陸の態勢を示すということは、その海域の航空優勢が失われているわけで、そんな状態で味方の飛行場の機能維持にこだわることぐらい不明な作戦はない。その時点で問題は、いかに敵にその飛行場用地を利用させないか、に移っているということが分からないのだね。本当に市ヶ谷の作戦参謀――これには海軍もバッチリ含まれていることを強調しておくが――、こいつらのおかげで陣地構築は遅れるは、死ななくて良い労務者は大量に取り残されるは、平豁地が敵の進撃ルートとして利用されてしまうは、結果としてスムースに敵の飛行場に活用されてしまうはで、良いことは一つもなかったね。

もし味方の空輸補給が必要ならば、落下傘投下でいいんだ。文書や連絡員の交通のためには、ゲタ履きの高速機を使えばよいだろう。負傷兵は、舟艇か「海《かい》トラ」で運び出すことだよ。

山砲

日本陸軍の歩兵砲にはもう一つ、７５㎜山砲がありましたね。四一式山砲が主力だと思いますけど。

連隊歩兵砲と名付けられたものだね。歩兵砲の真打は、結局これだった。というのは、あらゆる目的に使えた。昭和九年九月の『連隊歩兵砲教育仮規定』において、敵重火器の撲滅制圧の他に、敵戦車の撲滅も、任務として明記されている。大戦中のビルマでは、なんと臨時に対空射撃までやったそうだ。榴霰弾を使ってね。
爆発威力も射程も、歩兵砲としては最も大きかったから頼りになる。満州で馬賊を追撃するときには、陣地攻撃専用の九二式歩兵砲の射程不足が嘆かれた。

野砲よりは射程を犠牲にしても、分解すれば人間が担いで山の中を持ち運べるという軽さが山砲のウリだと思うのですが、四一山砲の砲身は１５０kgもありますよね？

栄養十分で、よほど鍛えられた農村兵でないと、2人では1歩も搬送できなかったらしいよ。つまり、砲身だけでも、人間なら3人が必要だった。良い馬があれば、1頭で砲身を駄載できたのだけどね。

昭和六年の満州事変では、まだ山砲は連隊歩兵砲ではありませんでしたよね？

事変中の活躍がとても評価されて、昭和七年中に連隊砲となったんだ。各歩兵連隊に4門ずつと少ないのだが、それがあるとないとでは大違いだったようだ。
満州事変で召集されることになる在郷軍人幹部のために、陸軍省徴募課が昭和七年八月に『野戦歩兵小隊長必携』というパンフレットを作っている。
白眉は匪賊討伐の心得集で、「分散は厳禁。単独伝令はやられる」「鉄道利用では敵は捕捉できない。自動車機動でウラをかけ」「村落を遠くから見て、畑で大人が労働し、子供が門前で遊んでいれば、近くに匪賊はいない。男が屋根の上に登っていれば、近くに匪賊がいる。畑にもどこにも人影がなくば、村内に匪賊がいる」「村にこもっている匪賊は、門の外に機関銃を置いて、大砲を撃ち込んで、出てくるところをやっつけろ」「必ず予備隊を控置しておけ。とつぜん背後から襲ってくることがある」「ニセ降伏にはだまされるな」「追撃の深入りは敵の術中にはまる」……等と懇切を極めている中に、「追撃は山砲がベスト。歩兵砲では射程が短くてダメ」と書いてある。これが四一式山砲のことなのだね。

でも、明治四一年の設計なのですよね？

日露戦争後にリセッションが起こった関係があって、装備化が進んだのは大正に入ってからだ。四一式山砲が初めて世間に公開されるのは、大正三年に近畿地方で実施された特別大演習の写真帖でだ。その頃にようやく部隊に行き渡って、慣熟してきたんだろう。大砲が何十年も使われ続けるのは、どこの軍隊でも別に不思議な現象ではないよ。

四一式山砲の前は、同じ75㎜の三十一年式山砲でしたよね。その超オールドタイマーまでもが、後で連隊歩兵砲に仕立てられたと聞きますが……？

歩兵連隊に支給すべき山砲がなくなって、そんな廃品で間に合わせたところが実際あったそうだね。それがビルマ方面でも見られたというから、おそろしい話だよ。

昭和九年には同一口径で総重量も同じながら、各部が洗練された九四式山砲が完成しています。これはなぜ連隊歩兵砲にならなかったのですか？

砲兵連隊の中には野砲編制ではなくわざと山砲編制にしたところもあって、そこに優先的に回されたのだと思う。

しかし、より新しい優れた九四式ができた後で、それより取柄のないはずの四一式を、歩

兵砲としての新需要を満たすためにずっと後まで重複生産し続けたのは、戦争資源の無駄使いではなかったでしょうか？

大砲の製造を全部民間メーカーに委託していたのなら、完全な切り換えは可能だったろう。しかし、官営の大阪砲兵工廠が高射砲から重砲から歩兵砲まで一手に造るという体制では、増産しつつラインの新陳代謝をする早業が、不可能なのだ。「工場経営学」というものの分からない陸軍エリート官僚には、現代の国家総力戦はチト無理だったのだが、その軍官僚に効率的な兵器生産体制について誰も教えることができなかったというところに、近代日本の民間学問レベルの絶望的な低さがあった。東大の造兵学科とか、千葉に「第二東大」を創ったりして、その官立学校でまたテイラー・システムから翻訳勉強していかなくちゃならなかったのだ。幕末と同じレベルだね、まるで。

山砲の発射する弾丸は、野砲と同じものなのですね？

そうだ。弾丸は全く共通で、薬莢だけが短いのだ。それで腔内圧が低いから、砲身は肉薄。反動が小さいから砲架構造もすべて弱くしていい。したがって3つくらいにバラせば、ひとつのブロックを2人の人間の肩、または1頭の馬の背に載せて運んでいくことができるくらいに軽くし得ているものが山砲だ。

野砲は射程は長いが、道がないところには引っ張っていけない。しかし山砲は、野砲より射程が短い代わりに、バラせば道の無い山の中でも入って行ける。だから山砲と呼ぶわけだ。

しかし迫撃砲や九二式大隊砲などのように、弾道が湾曲することはない？

最大仰角は25度までだからね。これは、俯仰角を平射から高角までとれるようにすると、砲架構造を相当に頑丈にしなければならなくなり、まず歩兵が運用できる重量にはおさまらなくなるからで、仕方がなかった。

その代わり、タマは1000mまで3秒、2000mまで7秒で飛んで行った。400m以内であれば、人間の背丈よりも弾薬は高く飛翔しないんだ。

理想的には、そのくらいの近距離で撃つものなのですか？

そうなんだ。そこが砲兵連隊所属の野砲との違いでね。

つまり、我が75㎜山砲が精密照準のできる間合い、1500m以内では、敵は「隊伍」がまったく組めない。各人横一列にバラバラに散開するしか、こちらに近付く方法がなくなるんだ。このクラスの大砲を歩兵砲として使えるのならね。もちろん、タマが十分にないとダメだけど。

これが1500m以上あると、敵は分隊単位で1列縦隊となって、その分隊同士がなるべく横に広く疎開すれば、しのげる。

3000m以上あると、さらに弾着がちらばって、観測してうまく修正することも難しくなるから、敵は中隊ごとの縦隊を作り、その縦隊の間隔を開けるだけでよくなる。タテ方向よりヨコ方向の弾着「ゆらぎ」が大きいのでね。

さらに5000m以上も離れると、もう敵が密集隊形だったとしても直射の山砲では当てられなくなる。そうなると、もう砲兵連隊にやっつけて貰う他に手はない。

するとこ実用最大射程は3000mくらいですか。

3500mくらいと言うね。しかし、届かせようと思えば、たとえば5000m先に榴霰弾をうちこむことだって不可能ではない。

それから、夜も撃つことはなかった。あくまで最前線に出て直接照準する歩兵直協火器なんだ。歩兵が夜に撃って役立つものは、機関銃だけなのだね。擲弾筒も、夜は無効。照明弾や煙幕は別だけど。

山砲は、弾丸を地面で1回バウンドさせて破裂させることもできたそうですね。

その場合の射距離は2500m以下に限られたが、弾頭に短延期の信管をつけ、泥田でない土の上を狙うと、弾丸が跳飛して14m、地面からの高さ2～4mで破裂したというよ。弾片威力は、半径20mまでだ。20m以上ではほぼ無効だったようだ。

1門の山砲を何人で操作したのですか？

分隊長＋砲手×12が基本ユニットで、移動の際はこれに4名前後の馭兵が加わったようだ。

いや、こうして仔細に見てきますと、日本陸軍は第一次大戦を十分に体験しているとは言えないのに、塹壕と重機関銃を組み合わせて防禦する敵軍と戦う方法を、巧みに自家薬籠中のものにしていたのですねえ。

第一次大戦中のドイツ軍参謀総長にしてミュンヘン一揆の鎮圧者でもあったフォン・ゼークトが差配して守らせている上海の陣地を一瀉千里に突破して南京を陥れたのだからねえ。

昭和一二年の中国軍には、何が足りなかったのでしょうか？

日本軍が第一次大戦後に最も頼ろうとしていた小火器間合いの戦闘に、彼らもまた頼ってしまったことだね。つまり、わざわざ同じ土俵に上がってきて負けたのが上海～南京戦の蒋軍だ。

そうなると日本軍には、敵の主火器である迫撃砲より遠くから直接支援できる歩兵連隊固有の山砲もあれば、師団の間接支援野砲もある、さらには軍直轄の野戦重砲も頼めるし、特に頑強な敵陣には飛行機の爆撃も集中できたわけで、絵に描いたような協同攻撃が可能になってしまったわけですね。

ゼークト氏に誤算があったとすれば、第一次大戦にロクに参加していなくても、日本軍には日露戦争の二〇三高地の体験があったので、機関銃陣地対策の必要性はよく分かっていたこと。それから、上海戦線は港からすぐ近くだから、歩兵砲でも野砲でも、弾薬を比較的に潤沢に使えた。この点を過小評価していたことではないかな。

ライフル

次は小銃についてお尋ねしようと思います。

日本軍の三十年式銃剣のモデルは、当時の英国のライフルに付属していたものだといいます。その英軍は、第一次大戦に参戦する前から、歩兵用のライフルをずいぶん短縮していますね。

それに対してどうして日本では、第一次大戦後すぐに、三八式騎兵銃または四四式騎銃によって三八式歩兵銃を更新するという英断が、できなかったのでしょうか？

仮定の上に仮定を重ねることになるが、もし日本陸軍が第一次大戦の西部戦線の塹壕戦に、選抜大隊程度でも参加していたなら、将校の武装としての日本刀はなくなっていただろうし、三八式歩兵銃があの長さでそのまま残されただろうとはとても思えない。殺傷力重視のドイツ軍も、第一次大戦中に、7・92㎜の「1898年式ライフル」を、ずっと短いカービンにしているのだからね。ただし、ロシア＝ソ連軍は、あの長いライフルを改めなかった。これは、日本軍としては、考えさせられてしまっただろうね。

これも仮定の仮定ですが、もし東部戦線に加入して、ロシア軍と日本軍が共同してドイツ軍と戦っていたら、ロシア革命もないし、石油は手に入るし、20世紀の日本の運命はまるで違っていたかもしれませんね。

面白い想像だが、ロシアの弱体化をあれほど望んでいた日本としては、それは乗りにくい相談だったろうねえ。

それで、第二次大戦ですが、アメリカの海兵隊が大苦戦したと伝えられるペリリュー島、そこから生還した日本兵の手記を読みますと、守備していた海軍陸戦隊の歩兵銃は三八式で、軽機は十一年式だったようですね。つまり、6・5㎜体系であれだけ健闘した。

天蓋付き塹壕を確実に準備砲撃で破壊する前に、あまり性能のよくない上陸用舟艇で珊瑚礁を乗り切ろうとしたのが、犠牲を大きくしてしまったと、米軍は後で反省したようだね。

兵頭さんの『有坂銃』によれば、日露戦争の時点では、日本陸軍の三十年式歩兵銃がおそらく世界一弾道性能が良く、命中弾を簡単に得られたということですが、その後、日露戦争直後にドイツのS弾など「尖鋭」で「舟型弾尾」の空力向上型の弾丸が工夫されるようになると、事情が変わってきますよね。

そうだね。尖頭のボートテイル弾は当初はライフリングに食い込む部分が短くて、銃腔内で首を振り、飛翔中の姿勢も安定しなかったんだが、その首振り問題が解決された時点で、7～9㎜径弾丸の弾道を低伸させるのに顕著な効果が見られたから、三十年式/三八式歩兵銃の低伸性の有利はすぐ失われてしまった。そうなると口径の単純比較で、7㎜～9㎜径が上回る。しかし、反動が軽くてガク引きを誘導しないという6・5㎜の長所は、引き続き残っているから、総合命中率では、三八式は最後まで優秀銃と言えたんだよ。

まあ、明治時代を通じて弾薬の設計は水物的なところがあって、たとえばスペイン系の7㎜弾は日本陸軍が採用した6・5㎜と大差がないようだが、米西戦争では7㎜弾はほとんど盲貫に終わっているという。私が有坂成章の評伝を書いてみたかったのは、そのような綱渡りの武器技術開発に興味を覚えたからだ。

ここでまたちょっと基本的な確認をさせてください。対英米戦争中の南方戦線の日本陸軍の弾薬体系は、史実だと、どう統一されていたんでしたっけ？

まず兵站補給を考えるという、軍事指導者に不可欠のマインドが、そろそろ芽生えてきたようだね。

左様、もともと日本陸軍はロシア＝ソ連軍に対抗するのが存在理由だ。それで、昭和一五年時点では、在満州の関東軍のみが、比較的強力な7・7㎜ライフル弾で、小銃と軽機関銃と重機関銃までをぜんぶ統一していたんだ。関東軍以外、つまり北支より南の戦域では、もとからある比較的に弱い6・5㎜ライフル弾を、騎銃と歩兵銃と軽機に使わせておった。ただ、三脚のついた重機関銃だけ、中国戦線でも、7・7㎜の「九二式」で全部隊の統一が進められた。

それは、重機部隊には固有の「段列」、つまり弾薬運送手段があったから可能だったのですよね？

まあそうだ。ちなみに段列という変な名詞は、英語の《Train》を和訳したものらしくて、たぶん野砲や重砲の「放列」に対応するのだ。イメージとしては馬車とか自動車だよね。孤島の独立守備隊によりふさわしいのは「小行李」だな。もともと、歩兵部隊の小銃弾の駄載輸送、つまり馬の背に載せて運ぶ後方兵站を表わしたと思うが、大戦中は兵器も含めた直接戦闘資材一切の補給を含意する。「大行李」は兵器とは関係ない衛生材料や糧秣、雨覆いや自活資材などの家財道具のことで、昔から馬で曳く荷車で輸送したから「大」のイメージも合うだろう。

しかし、昭和一九年頃には、6・5㎜小銃と7・7㎜小銃が、同じ南方の戦域で、混合してしまった……。

そうなんだけど、いちおう戦域別には、統一を図ろうとしていたのだ。つまり、対英米戦争をおっ始めるときには、マレーやバターンの白人軍はやはり手強いんじゃないかとそれなりに予想を立てて、7・7㎜装備の優良部隊をまず満州や内地から送り込んでいる。

ところが、敵がソロモンで反攻を始めて、ニューギニア、マリアナ、フィリピンと迫ってくるにつれて、内地や中国戦線から南方へ6・5㎜部隊を装備更新の余裕もなく続々と増援に出してやる必要に迫られる。それでついにゴッチャになってしまった。

たとえば大岡昇平氏の『レイテ戦記』では、九九式小銃が出てこなくて、三八式小銃の話になっている。「七五ミリ野砲の砲声と三八銃の響きを再現したいと思っている」とある通りでね。75㎜野砲ってことは、三八式／九〇式野砲か、はたまた四一式／九四式山砲のどれでも、という意味だろう。

九九式7・7㎜小銃は、閃光が派手で、音も大きく、そのため十分に距離が離れていても、射点を敵に見つけられるおそれがあった。なによりも、威力の割に軽薄短小なので、一発撃つ毎に激しい反動ショックがあって、肩の骨が痛くてたまらない。平均的日本人の体格では、射撃が苦痛となる銃であった。できればこんなものは撃ちたくないなと思う人がほとんどだったはずだ。

これに対して三八式歩兵銃は、小口径の6・5㎜を発射する割には銃自体がヤケに重くできている。そのため肩への反動はマイルドで、耳も九九式ほどに痛まないので、撃つことへの心理的抵抗はすくない。だからこそ初年兵でも衝撃を意識して引金がガク引きとなることがなく、おちついて狙えて命中率が高いと謳われたのさ。発砲焔も敵方からは目立たぬ。ただし南方戦線についての無数の回想戦記から読み取れることは、食糧も衛生材料もなくヘトヘトになってくると、不期遭遇した敵兵を撃つことよりも、逃げて休むことが優先になる。それを優先しなかった兵隊で生還して回想戦記を書いている人はごくごく稀だってことだ。

レイテ決戦用には、満州から精強の1ケタ師団も送り込まれていますよね。

師団ナンバーが1ケタだから例外なく精強とも断定できないのだが、第一師団に関してはまず精鋭といって差し支えはなくて、満州から内地を経由せずにフィリピンに輸送されているからほとんど7・7㎜ばかりで統一されていたはずだね。また、昭和二〇年一月の北サンフェルナンド港で「揚搭」、つまり輸送船からトラックに物資を移し替える作業をした元兵隊の手記の中に、トラック一杯の九九式短小銃を運ぶ途中に米機から機銃掃射を食らったが弾薬ではないので誘爆は起こさず助かった、なんていう記事も見えるから7・7㎜小銃の追送補給も少しはあったわけだ。しかし内地から直接増援された部隊は6・5㎜の三八式であってておかしくないし、装備が海没して身一つで上陸した部隊もあれば、長く戦っているうちに銃を無くしてしまった敗残部隊もあったというのが、昭和二〇年のフィリピンのありさまだ。

それにだね、ある連隊の歩兵部隊が全員九九式7・7㎜小銃で装備されているといったって、その連隊に協同する砲兵が古い三八式騎兵銃しか持っていない場合もあるわけだ。駁者用の騎兵銃は6・5㎜だからね。だいたい砲兵の自衛用火器などは、更新が最も後回しにされていたから、これはどこでもありえた。どうしたって、異種弾薬の混在となったのだ。

『レイテ戦記』には、増派された第六八旅団は全部兵長か上等兵以上で、歩兵は覘視眼鏡付きの狙撃銃を持ち、火炎放射器も装備していた、と書いてあるのに興味をひかれたのですが、これって本当なんですか？

それは、山内一正氏著『正銘 大東亜戦史――敗戦の真因を探る』の149頁で、事実ではないと指摘されている。現地の「兵隊伝説」の類だろう。ただし大岡氏は、防衛庁の公刊戦史の比島防衛篇が編まれる前に、たった一人で取材して真相に迫ろうとしたのだ。正確でないと言うのは、無いものねだりさ。

大本営は、レイテにはずいぶん力こぶをいれていたのに、サイパンとかテニアンになると、内地からちょっと弱そうな部隊を送り込んでいますね。

そういわれてみると、たとえば福知山の歩兵第一三五連隊は昭和一八年四月の時点で十一年式軽機関銃で教育されているから、6・5㎜で戦ったのかもしれないな。ただし、重機はまず間違いなく九二式7・7㎜なんだよ。だから6・5㎜で完全に統一された日本軍部隊というのも、史実では存在しないのだ。

三八式歩兵銃に怨み事を言う元兵隊は、本当に多いですよね。

最大の理由は行軍中の負担重量だ。大学生への軍事教練で、体力のない者は、三八式歩兵銃ではなく、三八式騎銃を持たされたという。特にインテリで戦後に三八式歩兵銃の悪口を言う人は、入営前からもうその重さが嫌いだったのだろう。

しかし各国の小銃の重さ、それから自衛隊の六四式小銃ともカタログ・データを比べてみるだけで明らかだけども、三八式歩兵銃はなんら他より別格に重いわけじゃないのだ。驚くべきは、当時の日本人の体格や体力がいかに低下していたかということだろうと思う。中でも都市部のインテリが最悪だった。これこそ日本人が気付かない、日本の特殊現象だった。

次に主敵の米軍ですけれども、米軍だって、小銃分隊の火器からして数種類の弾薬が混在してましたよね。たとえば、TV映画『コンバット』を見たって、ヘンリー少尉は.30口径のカービン銃、サンダース軍曹は.45口径のサブマシンガン、他の兵卒は「.30－06弾」（0・30インチ＝7・62㎜で一九〇六年制定のライフル実包）のM1ライフルか、M1ライフルと同じ弾薬を共用するBAR（ブラウニング・オートマチック・ライフル、『コンバット』ではカーヴィー一等兵が持っていた）と、これだけで3種類ありますもんね。これに比べたら、日本には将校が持つ弱装弾薬を発射する専用銃なんて、制定も支給もされてなかったんだから。

しかもM1カービンの弾薬は、拳銃弾よりも大仰な割には、3発以上当てているのにドイツ兵がちっとも斃れなかったとかで、戦後にアメリカ議会で問題になったりしたんだね。あの弾薬がもう少し威力があったら、フルオート機能を付けたパラシュート部隊用の折り畳み式（ピストル・グリップ付き）M2カービンが、今日までも使われていたはずだ。代わりに、ベトナム戦スペシャルのM－16は作られずじまいだったかもしれない。まあ、これは余談だ。

ドイツは9㎜パラベラム拳銃弾と7・92㎜ライフル弾でほぼ統一されていましたね。末期の突撃銃は別あつらえにしていますが……。

そうなんだが、7・92㎜のライフル弾は、日本兵の肩には反動がキッすぎたから真似をするのは無理だった。命中率度外視の中国兵はその強力な弾をモーゼル98k小銃から喜んで乱射したけれども、反動のキツい小銃はどうしてもトリガーの「ガク引き」を呼ぶものだから、東洋人が使った場合の狙撃命中率はまるで悪くて、三八式歩兵銃とは比較にもならない。

それで面白いのはイギリス軍だ。彼らは敵のタマである7・92㎜の貫通力に注目して、歩兵銃とブレン軽機は.303、つまり7・7㎜なのに、戦車に搭載するBESA機関銃だけを、ドイツ軍と同じ7・92㎜としていた。ところが航空用機関銃はブラウニングのライセンスのくせに、タマだけ米式の7・62㎜にはせず、より低威力な.303に固執しているんだからね。

騎兵銃というのがよく分からないんですが、モーゼル98kカービンは、ドイツや中国の歩兵が普通に使ったのですよね？

要するに、歩兵銃の銃身を短くしてしまったものが騎兵銃だ。正しくは「騎銃」というのだが、聞いたときに「機銃」と紛らわしいから、慣用的に「騎兵銃」と称するのだね。英語では「カービン」だ。ドイツ軍のように、カービンを歩兵が主用したって、一向に構わないのだけれども、日本では、7・7㎜ライフル（後の九九式）を開発するときに、最も銃身の短い試作品を制式量産することにして、その代わりに敢えて7・7㎜の「騎銃」はつくらないことに決めた。もし必要ならば、駁者兵も歩兵と同じ「短小銃」を使えば良いというわけだ。だから、「歩兵銃」ではなく「（短）小銃」としたが、実態を見るならば、モーゼルの98kと同じ、カービンのサイズにした歩兵の銃なんだよ。

昔からある6・5㎜の騎銃は、何といっても軽いので捨て難かった。それで日本陸軍では、騎兵が攻撃武器として持つか、さもなくば、輓馬を馭す役の兵が自衛用に携行するかの、どちらかの用途に限定して残すことにしたのだ。

三八式騎兵銃は、銃身が短いのに、実用射距離での弾丸威力はほとんど変わらなかったそうですね。

ほんの少し、歩兵銃よりは弾着が散るというだけで、威力には大差がなかったみたいだね。だから、軽機主義を導入した昭和陸軍としたら、この軽便な騎兵銃をもって歩兵銃に代えてしまってもなんら問題はなく、むしろ理想的だったのだが、惜しいことだ。比べたことのある元兵隊の人は、皆、三八式騎兵銃を絶賛していた。それは故無きことではないようだ。

しかし、四四式騎銃はあまり評判がよくありません。

その理由が、いまだにハッキリとは究明されていない。折り畳み式のスパイク・バイヨネットに原因があることは間違いがない。だって、それ以外は基本的に三八式騎兵銃と同じだからね。しかし、果たしてその取り付け部に内蔵したスプリングの応力とか、銃槍ゆえの重心の変化とかが問題だったのだろうか？

ソ連では1903／30年型ライフルといって、銃口に三角断面のスパイクが固定された古いスタイルの軍用銃が戦後も相当長い期間、使われていたんだけど、そちらはスパイクの位置が銃身の横だ。それで、A・A・ユーリェフ氏著『ライフル射撃の理論と実際』（日本ライフル射撃協会訳、昭和三五年刊）によると、発射をしたとき、スパイクの無い側に、筒先がブレるという現象が起きるらしい。銃口からの膨張ガスが、スパイクと交感して、何らかの作用をするのだ。

そこから類推して、四四式騎銃の集弾性が悪かったというのも、これと同じ機序がありはしないか。案ずれば、四四式の場合、スパイクは銃身の下に展張されるので、その状態で撃った場合は、銃口を上下に振動させる力が加わったのかもしれない。

四四式騎銃のスパイクは血流しの溝がついた金平糖型の断面ですね。

古くは、オランダにボーモン銃というのがあって、このスパイクがシンプルな四角断面だったようだ。ところが、それだと馬に刺したときに抜け難いという欠点のあることが報告されていた。それで溝がつけられたのだろう。ケーキナイフの波状の刃と同じように、摩擦を減らす働きをするのだろう。

ちなみに新品で受領した四四式騎銃の銃槍は先が丸められているため、現地で銃工が改めて研がなければ、使うことはできなかったそうだ。

三八式騎兵銃は着脱銃剣ですが、それに不満があったから、サイズも性能もほとんど違わない四四式騎銃を敢えて制定したのですよね？

騎兵スペシャルだね。まあ、それにはこういう経緯があるんだ。

まず日露戦争中には、三十年式歩兵銃を短くした三十年式騎兵銃が使われていた。ところが、騎兵はサーベルで乗馬襲撃をするのが建て前だ。とすれば、騎兵銃に着剣装置は要らない。腰に銃剣とサーベルを二重に吊るさなくちゃならないなんて、いかにも不都合だからね。それで、三十年式騎兵銃では、銃剣を装着できる部品を省いていた。なおちなみに日露戦争中の騎兵ではない馭者兵には、古い二十一年式以前の型式の歩兵銃や騎兵銃が、多くあてがわれていたみたいだ。

これが、次の三八式騎兵銃では改まった。つまり、やはり着剣をできるように、歩兵銃と同じ構造を残すことにしたのだ。というのは、日本の騎兵がサーベルで乗馬襲撃するなんて事態は、たとい満州だろうと絶対に生起しないと分かった。日露戦争では、日本の騎兵は、敵前では馬を降り、そして歩兵のように銃で戦って、勝ちを収めることができた。だから、銃剣は付いた方が助かる。

ここで、それじゃあいっそ、騎兵は役にも立たぬサーベルは捨てよう、と一決できれば万事はうまくおさまったのだが、どうしても騎兵科としてはサーベル装備を捨てたくなかった。格好が良いからね。そこで、騎兵科における刀剣類の「二重装備」問題を解決する方法として、イタリアの騎銃の方式が参考にされ、スパイク・バイヨネットをあらかじめ銃に固定した四四式騎銃というものを、別に作らせることにしたのだ。

四四式というのは、明治四四年の制定の意味ですよね。

そうなのだが実際の配備はもっと遅い。公表写真では、大正五年度に北九州で行なわれた特別大演習の写真帖に、初めて四四式騎銃が登場する。特別大演習とは、毎年1回、稲刈りの済んだ一〇月頃、天皇みずからが統裁官となって、師団対抗形式でしたものだ。場所と参加部隊は全国の持ち回りだった。開催される地元にとっては今の「秋の国体」のような「巡幸付きお祭り」でもあったから、支那事変前までは毎年必ずその『写真帖』が制作頒布されていたものだ。最新兵器は、そこで初公開されたことが多かった。

往事の共産圏の「軍事パレード」みたいなものですか……。で、四四式騎銃が制定されたあと、三八式騎銃は製造を中止されたのですか？

それが、並行で生産が続くのだ。しかも四四式騎銃は、騎兵以外にも支給された。たとえば、朝鮮の警察官だね。これには、日本人の巡査と半島人の「道巡査」の両方が含まれるのだが、戦前の日本の警官の基本装備はサーベルだったろう。そのサーベルといっしょに、かさばる銃剣を腰に提げられない。だから、小銃にもともとスパイクがついている四四式としたのかもしれん。

しかし、内地の警官は拳銃すら装備していなかったでしょう。それで二・二六事件では警視庁が無血占拠されてしまったのですよね。だのに、どうして朝鮮半島の警官には軍用銃の武装が必要だったのですか？

ワシントン会議で朝鮮の独立が話し合われるのではないかという噂の立った大正一〇年頃をピークに、半島で「不逞鮮人」という言葉が用いられた熱いシーズンがあったのだ。賊はハリントン.32口径8連発自動拳銃や三八式騎銃や爆弾で武装していた。大正一五年にはモーゼル拳銃を持った支那馬賊も越境して来る。北部国境は万年不穏でね。平安北道では山賊が深山でケシを栽培していたりする。だから当地の巡査や警部補は、早くから三十年式歩兵銃や二十六年式拳銃または「スミス式拳銃」、あるいは私物のブローニング中型やモーゼル10連発拳銃を帯びていた。山賊の武装も年々増強され、昭和七年頃になると、迫撃砲まで装備していたというからもう軍閥だね。余談だが、昭和七年には、各地の警察官に初めて「防弾チョッキ」と鉄兜が支給されている。第一次上海事件で、日本陸軍が個人用防弾装具を開発したので、その転用だろうね。昭和九年頃には、地元有志が「防弾鎧」を警察に寄付したものもあったようだ。ちなみに明治四〇年頃はまだスナイドル銃や村田銃さ。

九九式小銃が制定される前に、日本でも「半自動銃」を開発しようとして、そのベースに、四四式騎銃が選ばれていますよね。

あれがもしうまくいっていたら、戦後の中共軍のSKSカービンのようなものが、大正時代にできていたかもしれないのだね。「ピダーセン式」というのは、戦間期の米軍でほんの一時、採用されることになる反動利用機構だが、大正時代の日本陸軍は、案外、米軍を意識していたと思うよ。

『Gun』誌の一九九八年一二月号に、沖縄の飛行場に突っ込んだ義烈挺進隊が、四十四年

式騎銃のピダーセン・セミオート式試製銃を携えていたと書いてあります。しかし、アバディーンにはそれを裏付ける鹵獲品はなくて、代わりに、三八式騎銃または九九式小銃の弾倉部分だけを、20発箱型にした試製銃があるとか……。

結局、すべての歩兵銃を平時に自動銃に換えてしまえるのは、チェコとかスウェーデンとか、「工業力のある小陸軍国」に限られる。そんな予算はどこの「列強」にもなかったのだね。

そうですね。小国は歩兵の員数も少ないものだから、トータルなモデルチェンジが苦もなくできます。

大陸軍国はとてもそうはいくまいよ。それまでの弾薬、部品供給体制、教育体系、戦技研究、どれも厖大な蓄積の上にあるのだからね。簡単に変えてしまうことが許されないんだ。日本陸軍は大正一五年から自動小銃の研究に入った。しかし、その困難なことはよく承知していたから、自動小銃の代わりになる武器として、「自動短銃」、つまりSMGの予備研究も進めている。「自動（働）短銃」というのが最初の訳語だったようだね。

狙撃銃

武器マニア的には、「狙撃銃」にも魅力を感じてしまうのですが、あれは戦争では有効なものですか？

「静」と「動」の折り合わせをどうつけるかだよね。狙撃兵とか狙撃銃は、銃剣格闘にはまったく向かないわけだ。ところが歩兵の本領とは、全員が一斉に突撃できることである。狙撃兵は、そのラチ外に置かれる存在だから、部隊一斉の突撃の迫力を1人分削いでしてしまうのを補償して余り有るほどの「戦果」が期待される。そんな戦果が戦前の単発射撃のライフルで得られるかってことだよね。

日本軍が他国軍にない合理性を示したのは、歩兵銃の一斉突撃にはついていかぬ「重機」に狙撃銃の役割を兼ねさせたことだと思う。さらには九九式軽機にもそれをさせようとした節があるのだが、こちらは合理的でなかった。

米軍は日本兵の樹上からの狙撃を恐れたようですが、あれは有効だったのでしょうか。

あれは、1発だけなら敵に見つからないらしいね。ところが、2発以上撃ったり、あるいは、次弾を装填するときにガチャガチャ音を立ててしまうために発見されて、自動火器でモンキー狩りされてしまったようだ。

しかし、「遊撃的防禦」の段階では、狙撃手や狙撃銃は活躍の機会が増える。砲撃で森林が丸裸になっていない土地で、反撃を受けても安全な距離から、たまに樹上狙撃を試みるのは、敵に対する心理的な牽制となり、有利なのではなかろうか。しかし、常用できない戦法であることは間違いないね。

中国兵の中にも狙撃手がいたそうですが？

あれだけ人が多いと、中にはマークスマン・シューターも出てくる。中国で「老兵」といえば、若いときから一生を軍隊で過ごす兵隊のことで、将校も頭が上がらないんだそうだが、そういう兵隊に狙撃のうまいのがいたら、厄介だったろうね。

しかし、戦場に配した1人や2人の狙撃手に、戦術的な大勢がくつがえせただろうか。そんな可能性があるとすれば、敵国の独裁的な国家指導者にタマが当たったときだけだろう。

大戦末期に、粗製銃が作られますよね。ああいうのの中に、参考になるアイディアは含まれていないでしょうか？

製造資源に困ってから粗製品を考え始めるという泥縄に、何も学ぶべき点はないよ。それは結局、工場製手工業、さらには石器時代にまで戻るだけの退歩だからね。

たとえば昭和二〇年の八月頃、横須賀の造船所で、1発弾を撃ったあとはすぐ槍になる、そういう単発小銃が作られていたというんだ。

銃身の先端が竹槍状に、斜めにスルドく輪切りされていたそうだ。まったく資源の有効活用が分かってないのだよね。

それに比べて、アメリカが占領下のフランス上空からバラ撒いたという「リベレーター」単発拳銃の芸術的発想はどうだ？　米軍のM3グリスガンよりも安価に量産できたという英軍のステンガンの格好良さはどうだ？　これはジープの機能美にも通じるが、彼らは「余裕の節約」に頭を使っている。これぞ勝者の心得でなくてはならない。

再び、軽機について

軽機関銃の歴史について、おさらいをしたいのですが。

日本は第一次大戦の塹壕戦に本格的には参加しなかったのだけど、二脚付きで歩兵1人が持って走れる「軽機関銃」のことは早々とよく承知していた。それは日露戦争中のことでね。一九〇四年九月にデンマークで、箱弾倉で30連発ができる、おそろしく軽い機関銃が発明されたという情報が入った。やがて日本は、翌年の四月に引き渡しの契約で50梃を発注した。しかしその引き渡しは一〇月に延び、日露戦争には間に合わなかった。というのは、じつは先にロシアの方へ渡されていたのだ。これを第四軍が鹵獲し、一足早く東京砲兵工廠に現物をもたらすことになる。

それはマドセン軽機関銃のことですね？　ロシア軍の騎兵がほんの少数、持っていたという……。

当時の日本ではなぜかマドセンとは言わずに、「レキサー銃」と呼んでいたようだがね。邦訳の『クロパトキン回想録（其二）』によれば、ロシアは一九〇五年に、デンマークを含む外国メーカーに、駄載式の機関銃、ということはつまりマキシムのような重機関銃とは異なるものだろうが、246梃を発注した。そして三月以降に16梃が届いたという。これがレキサーではなかったかと思われるよ。

じゃあ結局、日露戦争で敵味方の軽機関銃がバリバリ火を吹くことは、なかったのですね。

重機関銃の「消化」という課題が焦眉の急でね。しかし当時からの研究があったおかげで、第一次大戦中に軽機の開発を始めて、当時としてはなかなか野心的なコンセプトの十一年式軽機関銃を制定できたのだ。

例によって、お手本があるんじゃありませんか？

私が文書資料から得た印象で断定してしまうと、フランスの「Mle 1919」という保弾鈑を使うやつの系統だったのではなかったかと思う。これは米陸軍でもごく僅かながらいちはやく採用して、弾薬を.30のものとして、名称も「Machine Rifle」とし、それを一九一六年の対メキシコ戦争に投入しているようなのだよ。

その名称は、二次大戦中のBAR、つまり「ブラウニング・オートマチック・ライフル」とも相通ずるものがありませんか。

彼ら独特の運用コンセプトが、早くから固まっていたということだね。彼らにとっては、軽機は不要で、全自動ライフルが最適だと判断していたわけだ。

しかし保弾鈑によるフィードはデリケートすぎて、小銃手には使い勝手が悪い。さりとて、第一次大戦で英国が供与してくれたルイスの二脚型軽機じゃ、かさばりすぎて重すぎて「マシン・ライフル」のコンセプトからはみ出す。だから一九一八年に新しい「BAR」を要求したんだろう。

十一年式も保弾鈑ではなくて、ホッパー給弾に改めてますよね。

けっきょく、保弾鈑は重機としては良くても、軽機としては不都合が多すぎるのだ。真っ暗闇の中では1人で連続装塡ができなかったり、泥がついてしまったりするだろう。だから「装塡架」という、ホッパー式フィーダーにした。ただし、ボルトアクションライフルの5発クリップがそのまま使えるという仕組みは、すでにイタリアの重機が採用していたものを南部麒次郎が参考にして改良したのだ。南部さんはまるっきり自分の思い付きのようなことを自叙伝に書いているけどね。

参考元を隠したがる癖が日本人の技術者には共通してあった。これは「参照」の精神とか、それを体現する公共の資料縦覧所が、日本に根付かないことと関係あるかもしれん。そのベースのところは、今も変わっとらんだろう。

あのホッパーには5発クリップが6枚入り、しかも射撃の中断中に継ぎ足せるのですから、BARの20発箱型弾倉よりもずっと野心的だったと思います。それが、次の九六式軽機ではマドセンの上方箱型に改まってしまうのですよね。

日本では実物兵器の動態保存をしている博物館がないので確かめられないんだが、十一年式の装塡架には、最高7枚入れられたという人がいることは紹介しておくよ。

南部麒次郎は村田経芳と違って、戦場でのシューターとしての経験が無いのだ。その結果、おそろしいことが起きた。フランスのMle１９１９は、照準器は銃の左側にあった。しかし、十一年式軽機では、保弾鈑の代わりに、バスケット状の装填架を銃の左側に設けたものだから、照準線が塞がれしまう。そこで南部さんは、照準器を、無造作に銃の右側に移設した。射手は、物陰から大きく頭をハミ出さなければ敵が狙えないことになった。そのための不必要な犠牲は、少なくなかったと俺は思うね。

大正一一年というと、軍縮期ですよね。

だから装備化も遅々としたものさ。昭和四年の『特別大演習写真帖』に、初めて十一年式軽機関銃が登場する。歩兵が網で擬装するようになったのも、この演習からだ。しかし軍縮期でも、「兵隊を減らして新式兵器を増やす」という陸軍の基本方針は、世間には受け入れられていたのだ。

軽機の定数は、大東亜戦争中の日本軍ではどうなっていたのですか？

分隊に１梃だね。１コ小隊は４コ分隊からなっていて、分隊は軽機分隊か擲弾筒分隊かどちらかだ。その比率は３対１が基本だから、まともな中隊なら軽機が１２梃、擲弾筒が４門、運用できたわけだ。しかし、前線では員数外の鹵獲軽機を使っていたし、大戦末期には軽機の支給が間に合わなくなった。１コ小隊の分隊数も２コに減ったりした。軽機の代わりを、より工数のかからない擲弾筒で埋めた場合も多かった。硫黄島はその典型だ。沖縄には、軽機は十分にあったようだ。

南方の孤島の守備隊であれば、軽機の比率は高めがいいだろうね。

日本陸軍の１コ分隊は何人でしたっけ。

田中正人氏著『図解・日本陸軍［歩兵篇］』によると、一九四〇年以降の歩兵の分隊定数は１２名。

中国戦線の戦記を読むと、１５人くらいいたところもあったようだ。南方では、２０名というところもあった。ちなみに、本来その１コ分隊を一度に運べるようにと整備が図られたのが、九四式６×４トラックだ。

十一年式軽機関銃には銃剣も付きませんが、これは日本軍としたら不都合なのではないですか？　静粛夜襲が強調された白兵突撃では、この軽機手はどうすることになっていたんでしょう？

その場合はだね、どうやら、三十年式銃剣を右手で握って、部隊の突撃に参加したらしいのだ。彼らは「銃剣術」ではなく「短剣術」を訓練させられていた。

しかし１０kg以上の軽機を携行したまま、短剣格闘なんて無理でしょう。おそらくは、一番最後から形ばかりついていくことになったと思うんだけどね。これに関する手記の類をまだ発見できていないのだ。要は大正時代の日本陸軍はまだ軽機中心主義に踏み切れてなかったってことだ。

十一年式軽機関銃は、単射はできなかったのですよね。

セレクターは、連射か安全かの択一だね。

薬莢切れなどの故障が多かったという説と、そんなことはないという説がありますが

……？

ノモンハンで軽機の故障が多かったことが、田中栄次という陸軍少尉の『ノモンハン戦記闘魂』（昭和一六年二月刊）という本の中でも正直に告白されている。型は書いてないが、まず十一年式のことだろう。

じつは、強力な連発自動火器では、薬室と薬莢のテーパーを微妙に変えないと、スムースな連発とならないのだ。テーパーは、微妙に2段階に変える必要があった。ところが、マイクロメーターで測らなければ分からないようなそんな微小世界の真理に、日本の技術者は当初、気付けなかったのだよ。気付いたのは九六式軽機の量産をスタートした後で、あわてて薬室の設計を直した後に製造された軽機には、薬莢切れなどのトラブルはなくなった。だから、初期生産分の十一年式軽機と、末期生産分の十一年式軽機では、調子が違うという次第なのだ。九六式軽機でもこれがある。九九式軽機は、初めから新型薬室で、好調だった。

初期ロットに対するレトロフィットの改良はしないのですか？

あとあとまで苦情があることを考えると、しなかったのではないかな。山本七平氏はフィリピンでも1コ小隊が4梃の軽機を全部一度に撃てたためしがないと書いている。

そして満州事変と支那事変の間に、例の「チェコ軽機」が軍閥に売り込まれて、各地で日本軍を苦しめるようになるのですね？

日清戦争で、こっちが単発の村田歩兵銃を持って行かざるを得なかった時に、むこうにはGew88という連発の強力な軍用ライフルがあった。それに近いものがあるね。

しかし、チェコ軽機はドイツ商社の取扱いではないでしょう？

昭和一三年までに鹵獲された中国兵の7・92㎜弾の刻印を調べたところ、英、独、ベルギー……、あらゆるところから輸入されていることが分かったそうだよ。だから、あるいはドイツ商社が仲介輸出した「チェコ軽機」もあったかもしれない。だって、ドイツのメーカーは、MG34を完成するまでは、輸出できるような国産の軽機は持っていなかったからね。

ひとつ確かなことは、中国の武器市場は、日清戦争前から昭和一二年まで、まるっきりドイツ系武器商社の「商圏」、ナワバリだってことだ。ドイツ製戦艦の『定遠』と『鎮遠』が日本を脅威した時から、ずっと続いている「コネクション」があるのだよ。

チェコ軽機に関しては、中国国内でも製造されていますよね。それはいつからですか？

それもハッキリとしないのだねえ。だれか物好きな研究家が中国に渡って、当時の武器生産事情をすっかり明らかにしてくれんかなあ。台湾にはそういう史料は残っていないかなあ……。

ともかく、支那事変勃発時には、漢陽兵工廠と太沽造船所とで大量生産されていて、もう輸入品を見ることは少なかったようだ。その量産品の中には、なんと日本の6・5㎜弾仕様としたものすら混じっていた。私は漠然と思っているのだが、この中国製チェコ軽機の6・5㎜仕様型が何らかのルートで早々と日本にもたらされて、わが九六式軽機関銃の設計上の参考になった可能性がありはしないだろうかねえ？

でもチェコ軽機には単発射にできるセレクターもついていますのに、九六式軽機にはトリ

ガーガード前に「火」↓↑「安」のセレクターがあるのみで、3点射や5点射をするためには、十一年式と同じ、指による「切り撃ち」しかなかったのではありませんか？

現物を手にとって仔細に比較できれば、気付くことも多いと思うのだが……。どなたか旅費に不自由をしない、熱心な研究家の調査にまちたい。

自動火器の開発では日本は日露戦争前からさんざん苦労しているのに、中国ではアッサリと模倣生産ができているその理由は何ですか？

チェコ軽機の基本機構が「ガス利用式」といって、これはたとえばマドセン軽機やマキシム水冷重機やブラウニングやMG34の「反動利用式」よりも製造公差がうるさくない。手入れもほどほどにしておけば、中国の砂塵、満州の極寒にも関係なく無故障で作動してくれるというスグレモノなのだ。それでイギリスやカナダも自国口径仕様の「ブレン」軽機として国産をした。

おそらく日本人のように意地を張らずに、素材や工作機械は全部上海から輸入し、最も難しい薬室テーパーなどのミクロな勘所については外国人技師を雇って治具を整えさせ、とっとと工場を立ち上げさせてしまうという速断力が中国人にはあって、チェコ軽機はまさにそれにピッタリな設計だったんだろう。

軽機関銃としては先輩格のマドセンが30発バナナ型弾倉なのに、チェコ軽機は、どうして20発入ボックス弾倉なのですか？

BARだって20発箱弾倉じゃないか。

軽機は水冷式にできないから、銃腔焼蝕対策を考えなくてはならない。その方式は2つしかない。銃身を肉厚にした上にさらに冷却フィンをたくさんつけて極力耐熱を図るか、空冷フィンなしで銃身も肉薄に作り、焼けてしまったらしょうがないからすぐに予備銃身と交換できるようにしておくか。

後者の思想を徹底追求して完成しているのが、ドイツのMG42だ。予備銃身があるうちはベルト給弾でいくらでも連射していい。他方のフィン空冷式だと、射手がインターバルを見計らいつつ弾数を加減してエロージョン（焼蝕）を防ぐ。第一次大戦以降の戦訓から、軽機で30連発なんて絶対にしないことが分かっているので、弾倉も20発で十分だ。で、弾倉が湾曲するかしないかは、実包のテーパーのキツさ、特にリム部が出っ張っているかどうかによって変わってくる。イギリスの.303、つまりは日本の初期の7・7㎜弾でもあるが、これと、ロシアの7・62㎜弾は、「起縁」といってリム部の出っ張りがある実包だったから、弾倉は、必ずバナナ状か円盤状になるわけだ。

それでも、九六式軽機も九九式軽機も、30発弾倉を付けていますよね？

純民営の巨大鉄鋼メーカーを育成し損なった昭和前期の日本では、情けないことに弾倉すら消耗品と考えることはできず、弾倉の準備数を少しでも節約しようという考えになったんじゃないかな。

それから、軽機手の教育が行き届いていたから、日本兵に使わせる限りは、無我夢中で連射しまくって銃身を傷めてしまうような恐れはなかったね。

同じチェコ軽機のコピー生産だったのに、日本の九六式軽機は、当初はよく射撃中に故障したそうですね。しかも、弱装の6・5㎜弾を使っていながら……。

同じ大陸の砂塵の中で使用して、中国製よりも故障するんだから、誰だっておかしいと思うよね。それで造兵関係者が調べているうちに、さっきも言った、チェコ軽機の薬室テーパーが、使用するカートリッヂとは微妙に、しかも2段階に違えてあるという「ミクロの秘密」に遅れ馳せながら気付くわけだ。それにより、ガス圧で膨らもうとするカートリッヂが薬室にへばりつかず、スムースに後退してくれるとね。かくして、九六式軽機は、後期生産型から俄然調子がよくなる。

それでも、九六式以前の悪名高い「塗油」頼りは、残ってますよね。

本体機構にも実包にも常に油を塗りまくって故障を防ごうとする思想は、もともとイタリアの自動火器を参考としたものなのだが、伝統というやつは、すぐには廃止ができないね。

日本は後にドイツから7・92㎜の航空機関銃を輸入しますよね。

その通りだけど、その前にすでに「智式」と称して7・92㎜弾は内製していたんだ。鹵獲軽機への弾薬補給をちゃんと配慮してね。

英国規格の7・7㎜ではなく、ドイツ規格の7・92㎜に切り換えるという選択はあり得なかったのでしょうか?

そうすると小銃との弾薬共用は絶対に無理となる。日本兵の体格では7・92㎜弾を使うモーゼル98kカービンは、反動がキツすぎて、当たらなくなるから。これは、強い反動を身体が予期して固くなり、引金の最後のコンマ１㎜をどうしても「止水明鏡」の境地では落とせないという現象が起きるためだ。７・７㎜の九九式短小銃でもこれがあった。狙って当たらない槓桿式小銃なんて、資源の無駄でしかないからね。この逆が三八式歩兵銃だけど、世界であれよりも反動がマイルドで弾道が直進した制式銃はなかったはずだよ。

逆に、軽機と小銃だけ６・５㎜にし続けるという選択はなかったのですか？

参謀本部に千里眼透視術があって、次の戦争は南方ジャングルが戦場で相手は米軍になると分かっていたなら、射距離は中国よりも近くなるのだから、６・５㎜の九六式軽機で、十分に米兵を追い払う威力はあったんだ。これはフィリピン戦に参加した日本軍将兵の回顧録によって、確かめられる。

できれば「小火器の間合いに入りたくない」と考えている相手なのだから、７・７㎜の音であろうが、６・５㎜の音であろうが、関係はなかった。

米軍の「軽機」がよく分からないのです。ブラウニングの７・６２㎜軽機は、分隊用兵器ではないのですよね。

そこは注意すべきところで、ブラウニングの二脚と肩当てのついたＭ１９１９Ａ６は、一九四三年四月以降に供給され始めたが、大戦中は僅かしか使われなかったのだ。Ｍ１９１９シリーズは、主として航空機関銃か、車載機関銃か、さもなくば、三脚と、しばしば水冷筒もついた「重機関銃」として用いられた。機動力の無さは日本の九二式重機と似たようなものだ。それで、遠距離狙撃力は九二式にくらべてほとんど無い。取柄は、無故障でバリバリ撃ち続けられるということだが、ウォータージャケットの無いタイプだと、そのメリットも発揮できなかった。どちらも第二次大戦では数も少なく、しかも水冷式は水の蒸発が多くて、水を大量補給できない環境ではもう使えなかったという。二脚のA6だって、重さが17・2kgだよ。しかも給弾はベルトのみで、MG34／42のようなドラムも用意されてない。これを1人で担いで戦場を走り回れといっても無理だろう。

だから、米軍の分隊軽機は、重さ9・1kgのBARしかないのだ。まあ、日本軍相手の場合は、それで何も気にならないが、ドイツのMG42と対決するときは、困った。MG42は、銃身交換を瞬時に行なえる重機なみの持続火力を、あの軽さで実現してしまっているだろう。九二式重機のような狙撃力はない代わりに、ホースで水をかけるように射弾を修正してくる。米軍もこいつには手を焼いて、けっきょく戦後になってM60という、本格的な軽機を開発し直さなければならなかったのさ。

これは、宗像和広さんの調査なのだけれども、MG42を有するおかげで、ドイツ軍歩兵部隊は、米軍歩兵部隊を単位時間あたりの火力発揮では上回っていたということだ。それならば、なんでドイツ軍は負けたか？　この答えは、序章で出したよな。

戦車をバックに、火炎放射器と爆薬を担いで我が生き残りのトンネルを潰しにくるような米兵を、遠くからＭＧ４２で薙ぎ倒してやったらスカッとしたでしょうね。

第二章

輸送と補給はどうしたらよかったのか？

よく、ソロモン諸島とニューギニアの要地争奪戦は、補給力の限界を超えていて、それで負けてしまったのだと言われていますが、本当に戦時中の大本営にはそんなことも予見できなかったんですかね？

大きな謎だね。

ラバウルやガダルカナル、タラワなどの「海軍南東方面作戦」には絶対につきあってはいけないという陸軍参謀もいたにはいた。しかし、なし崩し的に派兵が決まっている。

現代史家の鳥居民さんが一九九一年刊の『日米開戦の謎』の中で、当時の日本海軍の本音をいろいろと推理されているのだが、それを俺の言葉で勝手に言い直してしまえば、旧海軍は国家総力戦体制の進展の過程で海軍の組織としての権力が陸軍に呑み込まれるようなことを絶対に許してはならないという、官僚自存の本能に基づいて暗黙の大方針を立てていた。それで陸軍に対ソ戦を考えさせないために、自分たち海軍が対米決戦の方向にグイグイ引っ張って陸軍を終始海軍のペースに巻き込み続けた。南部仏印進駐から台湾沖航空戦のディスインフォメーションまで、全部その暗黙の大方針に基づいていたとすれば、フィジー、サモアどころか、イースター島、ガラパゴス諸島まで出て行くと言い張ったって不思議じゃないのだ。

鳥居氏説では、海軍高官が木っ端役人化し、その「省益至上主義」が日本国の自衛目標を破壊した——と総括されるかもしれませんね。

そんな大枠も頭に入れておいた上で、これから純戦術的な話に没入していこうと思うのだが、ガダルカナル作戦についての悪口は、もう戦時中の内地にもあったんだ。

えっ、あれは戦後に田中隆吉の『敗因を衝く』で分かった「真相」じゃないのですか？

私は国会図書館で、大東研究所というところが昭和一八年一一月に出した『世界補給戦』という薄っぺらい本を見つけて読んだのだが、なんと驚くじゃないか、ガ島戦は補給能力ゆえに勝つことができなかったと、ハッキリと酷評しているのだよ。それも、この失敗は、モスクワに進攻したナポレオンや、日露戦争の時のロシア軍と同じだ、とまで示唆してあるのだぜ。

戦時中の日本の書店でそれが市販されているのですね？　では「ガダルカナルの反省」は、もう戦時中から語られていたのですか……。

当時の事前検閲制度は現代の物好きにとっては有難い面もある。戦時中に公刊された本の中に、もし軍にとってマズイことが書いてあったら、それは軍の検閲官も認めていたことだと分かる。ついでに、軍事に関する素人の大きな思い誤りがそのまま活字になって書店に出てしまうようなことも、まずなかったと考えてよいのだね。

なるほど、……ってことは、軍がガ島失陥の原因は補給であると、公式に認めたことも意味するんですね。一方では退却を「転進」と言い替えさせたりしているのに、それは面白いですね。

ひとつ余計な注意をしておくと、奥付頁にある発行部数は検閲の対象外だ。この数字の大きいものは、鵜呑みにしてはいけない。特に小出版社の場合だね。『世界補給戦』の奥付には「七萬部」発行と書いてあるが、紙が配給制であった当時、絶対に嘘だろ。

そもそも奥付は、出版取締りの手段として江戸幕府が版元に課して始まっている制度だが、戦時中にはこんなあからさまな嘘の表示も許していた。日本人の役人が考える検閲なんてフアジィなもんだよ。

今の雑誌の「公称部数」と同じ慣行ですね。それで、ガダルカナル戦の補給でいちばん足りなかった要素は、輸送船でしたよね。米軍が最低300隻の輸送船を準備して1回分の上陸作戦を考えていたのに、日本では、5隻かき集められれば上々だったという話ですが……。

数もそうだが、日本の場合は、脚の速い貨物船を開戦前に造らせておかなかった。ニューギニア作戦のころ、日本の1コ師団は1日200トンの補給が必要だったが、夜のうちに敵の空襲圏内を往復してくるなどという「ねずみ輸送」のオペレーションは、戦前には想像もできなかったのだね。やむなく、6ノットとか8ノットしか出ないボロ船を投入したが、どうしても戻り道の途中で夜が明けてしまうから、たちまち敵機に喰い付かれ、無事な帰港は至難だったわけだ。

するとどうなんでしょう、戦時中、日本の戦艦はほとんど作戦の役に立たずにブラブラしていたわけですが、これを海上輸送に活用する道はなかったんですか？　戦艦は、一番ボロい『山城』でも24・5ノット出たでしょう。

ふむなるほど。『扶桑』級、『伊勢』級、『長門』級、『大和』級の鈍重な戦艦を陸軍の兵員輸送に繰返し用いれば、空襲にもある程度強いから「300対5」の輸送力の懸隔が埋められたかもしれない——という着眼だね。しかし戦艦の輸送任務転用には、幾つかの不利な点もあってね……。

船を動かす人数が多すぎて、コストの無駄である……とか？

いや、それは頭を抱えるような大問題じゃない。「人」こそは当時の日本で一番潤沢な資源だったからね。そのせっかくの「人」資源を、ぜんぶ「歩兵」に転換して己れのポストを増やすことしか考えつかなかったのが、陸軍という役所で育ったエリートの限界なのだ。

キミの案の難点は、燃費さ。同じ16ノットくらいで巡航するにしても、重い船ほど、重油を余計に消費する。輸送船に比べれば、戦艦はバカ食いだろう。ただし、重くて強力な戦艦は、荒天時にスピードが落ちず、揺れも少ないから、そのメリットを活用すべく、わざと嵐の時を狙って輸送させるという方法はあったかもしれないが、こんどは搭載・卸下《しやか》の問題がある。

荷物を積んだりおろしたりすることですね。たしかに、デリッククレーンで出し入れするような「船艙」はありませんが、最上甲板が広いので、そこに火砲、弾薬、車両、築城資材、馬、糧秣を並べていけるのではないですか。

それで低気圧の中に突っ込むわけにはいかないよ。みんな流出してしまう。小型爆弾が当たってもすべておジャンだ。

それから、喫水が11mもあるような戦艦は、フィリピンやシンガポールの第一級の港でない限りは、接岸作業は不可能だ。沖泊して、大発を使ってシャトル揚陸するしかない。固有のクレーンがないから、これは大変な手間だよ。乾舷も高いしね。

台風の時に行かないとすれば、敵は魚雷艇を出してくるぜ。今のガスタービンの巡洋艦でも、停止状態から最高速度まで加速するのに、10分近くはかかってしまう。戦前は5000トン級の軽巡が、停止状態から12ノット出すまでに6～7分もかかったのだ。戦艦なら、40分前後ではなかったか。私は大正七年の改装前の『比叡』が、24から26ノットまで6分、26ノットから28ノットまで8分かかったというデータぐらいしか正確に知らないが、まさに魚雷艇の餌食になりに行くようなものじゃないかな？　ハワイに向かう途中の機動部隊は、「28ノット20分待機」の状態を維持したという。つまり16～17ノットで巡航していて、何かあったときはそこから28ノットまで加速する、しかし、馬力のある空母ですらそれには20分が必要だったわけだろう。

主砲塔をいくつか撤去して、風波よけの囲いをつくり、クレーンを増設したらどうでしょう？　軽くなるので、だいぶ燃費も改善します。魚雷艇には、副砲や増設機銃で応戦すれば良いのではないでしょうか？

大工事になるね。「みっともない仕上がりでもいいから早くやる」という決断が技術系の軍人に出来ればなんとかなったけど、日本の職人の美意識を持った「公務員」には最も応じ難い相談だ。

「1門でも多く主砲を残せ」という砲術士官の抵抗もあるだろうしね。たぶん、フィリピン失陥までに間に合わないような気がする。

そうしますと、やはり「大発（大発動艇）」による機動でしょうか。60馬力ディーゼルで、8ノットしか出ませんけれども、最大で貨物2トンとか、兵員70名しか乗せないわけですから、被害は分散できたでしょう。

大発は日本が一九三〇年に「発明」して、終戦までに陸軍と海軍で、鉄製、木製、あわせて1000隻弱を建造したランプドア付きの上陸用浅喫水舟艇だね。細かいことを言うと、最初は6トンの105㎜砲までを載せられる自重8トンのB、C型、8トンの戦車まで載せられる自重9・3トンのD型があって、どちらも16・5ノット前後を出せた。

基本構造は、船首の下のみ双胴となっていて、岸に乗り上げたときに傾かないようになっていたり、スクリューがスパイラル・プロペラで、砂をかじっても傷まないという使い勝手の良かったもので、本来はこれを貨物船に数隻ずつ積んで、島の沖合いでデリックで卸して使うのが正式なのだが、陸軍では実際に島から島への舟艇機動や物資補給にこれを使おうとした。「あり輸送」というやつだ。問題は、10トン未満の舟艇なのに、構造が少し凝っていた分、量産数が少なかった。戦車なんか造らずにこれを造ったら別だったかも知らんが。

でも、甲板はありません。

そうだね。長距離航海は考えてなかったから。雨が降ったり波が高くなると大変なことになるから、けっきょく大発で輸送船や「ねずみ輸送」用の駆逐艦を代替すべくもなかったのだ。

もっともその対策がゼロだったわけじゃない。万一の悪天に備えてシートで覆ったという。また、帆を立てて現地人の釣り舟か雑用船に擬装し、さらに、指揮官艇を先頭に、ロープで数珠つなぎにして、1艇がエンジン不調を起こしても曳航していけるようにしたそうだよ。

それから、大戦末期になると、四式中戦車を載せて9・5ノットで2日間航海できる「五式大型発動艇」なんてのも試作だけはされている。

大発を護衛できる戦闘ボートも造ったのではありませんか？

その種のものは何種かあった。

ひとつが「四式2型駆逐艇」といって全長18m、満載22・45トンのベニア製モーターボートだが、650馬力の九七式航空ガソリンエンジンを搭載し、バーベット型の37㎜砲とピントルの20㎜機関砲と「二式水圧式爆雷」（直径32㎝×長さ775㎜）で武装していた。対PTボート専用だね。

もうひとつが、「波号戦闘艦2型」という、全長16mで満載18トンのもの。こちらは高速性を狙わず、ディーゼル120馬力で100時間航続できる。武装は上記四式と似たようなものだ。

三つめが、木鉄交造の「五式半潜攻撃艇」で、これはエンジンが大戦後期の大発と同じ60馬力ディーゼルで、航続力も30時間しかない、まさに大発護衛専用。全長10m、自重4トンの2人乗りだ。ふだんは乾舷が30㎝あるのだが、敵PTボートが現われたら、乾舷をゼロにする。そして、300㎏の火薬の推力で水上を滑走して行く「簡易魚雷」を2発放つ。敵PTボートは曲射火砲を持っていないから、半没状態のこちらは撃たれない。敵の魚雷もこちらの1・5mの吃水は潜り抜けてしまう。一方こちらは、滑走式魚雷を使って敵を攻撃できるという寸法だ。味方艇同志は、赤外線応用の「不可視信号機」で通信した。

ただしどれももう実戦には間に合わなかった。

大発がダメだとしますと、やっぱり輸送船か駆逐艦の二者択一ですか。

「輸送艇」という専用艦種を制定しておけばよかったんだ。じっさいに旧陸軍では「五式高速輸送艇」というのを建造させようとしている。

その計画諸元は、敵の制空下に、約40トンの物資を、夜中に巡航16ノットで送り届け、空荷となる帰路は最大19ノットを出して逃げて来られる。合板製で全長33mしかないから、満載でも106トンの小さなものだ。

ここにオレの意見を付け加えるなら、船の後ろ半分を低乾舷として、そこに舷外機付きの筏を乗せておき、それを、デリックではなく、滑り台式に泛水《はんすい》させるようにしたら、上陸地を前にしてモタつくことがなかっただろう。

106トンじゃ、護衛役についてくる駆逐艦の方が20～30倍も大型ということになりますね。

そうとも。敵の潜水艦も、まず大きな駆逐艦を狙うだろう。ところが、大きな駆逐艦の方が敏捷ときているので、魚雷はかわしてしまえる。これは駆潜艇だとしても同様だ。間違って輸送艇の方に魚雷が来ても、まず船底を潜り抜けるだけだし、命中しても、100トンなら兵員の脱出はすぐできる。兵員輸送のときは大発を積んでいるから、それに乗り移れる。なにしろ史実では第二次大戦の海没日本兵は40万人にも達するんだ。ここに頭を使えなかった軍の上層部にエリート面する資格はなかろう。

すると兵頭さんの判断では、駆逐艦の「ねずみ輸送」の強化でもダメなのですね。

日本の実施した南方への輸送の最大のネックは、途中航海で敵潜に待ち伏せされることもだが、なによりも「水陸遷移段階」の作業がモタついたことなんだよ。

つまり、船が目的の島の沖に着き、そこから物資を海岸に揚げるのが遅かった。次に、海岸に並べた物資を島の奥に移して敵航空機の目から隠すのが遅かった。それで翌朝の空襲で海岸に残っている物資が全部やられた。何の意味もないわけだ。

もしも海岸荷揚がサッとできるならば、脚が遅い輸送船でも問題はなかったんだ。夜明けまでに安全圏に逃げ戻れる。

駆逐艦は脚は速いけど、ドラム缶を海に投げ込むことしかできない。それでは夜明けまでに陸揚げは完了しない。翌朝、敵機が来襲してプカプカ漂っているドラム缶を機銃掃射すると、1コが沈めば、他も数珠繋ぎなので沈む。相互に結ばずに流せば、どこへ流れるかも分からず、回収はいよいよ面倒臭い。

どうしても、荷物を筏か小舟に載せた状態で甲板から水面に卸してやれる船でなければならなかったね。その小舟は、大発が望ましいが、水陸両用トラックならば理想的だった。すぐに陸岸に着達して、そのまま対空遮蔽された密林の奥まで搬入してしまえるから。戦車の量産数を減らせば、水陸両用トラックは十分に製造できたよ。

それは米軍のDUKWとか、日本陸軍の「スキ」車ですね。スキ車は昭和一九年初めには間違い無く存在したと思いますが、ダメだったのですか?

トヨタの68馬力トラックをパートタイム4×4にし、さらにエンジンからスクリューにもパワーを伝達できるようにし、1・5㎜厚の軟鋼鈑を張って水密ボディにしたのがスキ車だね。基本諸元は、自重が4・1トン、全長7・6m×幅2・2m×全高2・5m、最低地上高23㎝、軸間4m、前輪轍間1・15m、後輪轍間1・65m、タイヤは32×6インチ。標準2トン、最大4トンの荷物を載せて、水上を7ノットで巡航した場合、手動ビルジポンプを回しながら、理論上は9・7浬航続できる。最高では9ノット出せた。前輪が岸につくと4×4にして乗り上がる。乗り上がれないときは50人がかりで引っ張り上げるが軽荷のときに限られる。そしてそのまま2㎞内陸へ走り込める。なぜ2㎞かというと、水上にある間はエンジン冷却を海水でできるのだが、陸に上がると、あちこちの水密鈑を取り外さない限り、ラジエターにうまく風が当たらず、そのうちにオーバーヒートしてしまうからさ。

スキ車の問題点は「低馬力」に尽きる。米軍は戦後、DUKWの後継として、LARC-5という4×4を造っているが、DUKWのガソリンエンジンをディーゼルの270馬力にパワーアップし、空重量は8・6トンから7・2トンに減量し、搭載量は水上4・5トンでほぼ同じだからね。しかしそれでも、スキ車を戦車の代わりに多数造っていたら、事態は全く変わっていた可能性がある。

たとえばですよ、親船から臼砲やロケットを利用してロープを岸に飛ばし、それを岸で引っ張るとワイヤーが繰り出され、そのワイヤーを人力ウインチで巻き上げると丸木船のお化けみたいな荷物満載のバージが親船を離れて岸に向かい、そのまま森の奥まで引き込まれる——というシステムは不可能だったのでしょうか？

アメリカのコーストガードは、すでに大正時代から、射程695ヤードの Line Projecting Gun だとか、やはりワイヤーを飛ばすための射程1000ヤードの「カニンガム・ロケット」なんてものを装備していた。それは日本でも可能だったろうが、問題はバージのサイズだ。積荷2トンを越えるバージを人力だけでとても砂浜を引きずれるもんじゃない。相当の動力ウインチがあっても難しいよ。だから、スキ車なんだ。

「海《かい》トラ」と呼ばれた300トン級の、○○丸なんていう名を残したまま陸軍で徴用した船を、はじめから軍需で量産させたら良かったのでしょうか。

「海トラ」は陸上輸送のトラックから連想した「海上トラック」の短縮称であり、水陸両用トラックとは何の関係もないことはひとつ強調しておきたいね。

「ヤンマー船」というのは何だったのですか？

それは中国の河用の小型動力ボートだ。V底木造で、せいぜい歩兵が20人とかそのくらいしか乗れない。機関銃より重い火器も搭載できない。焼玉またはヤンマーディーゼルエンジンで走ったから「ヤンマー船」と呼んだのだ。しかし焼玉エンジンは音が大きいので、近付く前にゲリラが逃げてしまって、討伐には向いてなかったそうだ。もちろん海でも使うものではない。操船は、陸軍の船舶工兵が当たった。ちなみに、陸軍で徴用した海トラも、指揮は船舶工兵がとった。

史実の確認をしますが、昭和一九年に使えた日本の輸送船は、1隻にどのくらい載せたんですか？

昭和一八年一一月の優良な輸送船で陸兵1000名、というデータがあるね。

6000トンの貨物船の場合、トラックや戦車や牽引車や重砲や高射砲などの重装備と弾薬と築城資材を一番低い船艙に積み、兵隊は一番上の船艙に3段の蚕棚をこしらえて詰め込み、将校は船員室に入れ、その他に馬や糧秣なども積んだ。

その3段蚕棚だが、計画では1坪に3名を収容する建て前だったようだけど、じっさいには10名くらい押し込んだようだ。

当時の「陸式」のことだから人はどうにでもなるわけだが、荷物をたくさん積むと面倒だ。接岸できないところだと、固有のデリッククレーンを使って沖合いで荷物をまず大発に移し、その大発が海岸にのしあげるという面倒な手順を踏まなければならないから、これを全部揚陸し終わるまでに2、3日かかったそうだ。

それでは人間は全員上陸させたものの、まだ兵器と資材を三分の一も陸揚げしないうちに、船がとっとと逃げ帰ってしまったという話も、納得できますね。

昭和一九年に大連からパラオに移駐することになった第一四師団基幹の守備隊は、敵空軍の脅威下で揚陸作業は最大で50時間しかとれないものと予想を立てて、優先順位を決めた。それは、(1)舟艇、(2)個人装備と4日分の糧秣、(3)戦車と自動車、(4)緊急度の高い通信機と衛生材料、雨覆い材料、(5)弾薬、燃料、(6)現地自活のための物料、(7)築城材料、(8)糧秣、(9)その他——というものだったそうだ。

それらはアイテムごとに船を決めて運ぶことはしなかったのですか？

それは、輸送計画を落ちついて事務的にやっていた支那事変初期の場合を見たら、日本陸軍の考え方が良く分かると思う。当時は、船舶による軍隊輸送は、ご丁寧にも必ず「混載」にしたんだ。つまり、わずかな航海距離でも、海没危険の分散のため、1コ中隊すら半分に分け、2隻に載せるようにしたのだ。しかも、1隻には必ず、歩、工、砲、輜などが混ぜて載せられた。

後で港の担当者が面倒になって「混載なき分散」をやるようになり、この方式のデメリットが出てくる。たとえば築城資材だ。つまり、セメントを積んだ船だけが届いて、砂を積んだ船は沈められてしまったという場合が生じ、島ではコンクリートを練りようがない。

また、分乗だとどうしても船内の将兵の団結力が弱くて士気も低くなるから、被雷時の退船行動は整然とはいかないし、漂流中の生存率も低下してしまったそうだよ。

馬はどうしたんでしょうか?

馬はたいていは船底だ。喫水線より高い場所に積むことは、たぶんなかった。その上に人員だから、航海中は馬の熱気と臭気が上がってきて大変だったというね。

こんな記録も残っている。

8152トンの『白鹿丸』は、昭和一九年九月一日の午前中に、釜山港において重砲兵連隊の1500頭以上から選りすぐった軍馬200頭を、第2船艙の3層目、ちょうど水線より1〜2m低いところに積み込んだ。他に5000名以上の人員を載せ、台湾に寄港したりしつつ、1ヵ月後の一〇月二日の夕方に、すべての馬をルソン島の北サンフェルナンド港に陸揚げし終えた。

この途中、馬たちはほとんど運動ができず、湿度100%、気温30〜40℃の船艙内にずっと閉じ込められていた。そこで、どんなことが起こったか?

まず、14日目で最初の病死馬が出た。高雄までの3週間に、これを含めた計2頭が熱中症による肺炎で死亡したという。そしてそのころから、船艙内には蠅が大発生したという。高雄から北サンフェルナンドまでの最後の1週間に、さらに21頭が病死。生き残った軍馬も、体力の快復には、上陸後2ヵ月間を要したという。

重砲兵用の輓馬は、軍馬の中でも最高に頑健なものが充てられている。しかも、1500

頭の中からの選りすぐりだ。獣医ももちろん付き添っていて、薬もある。それでも、貧弱な通風装置しかない夏の船内では、10％以上の斃死馬が出て、残りも、上陸直後は使いものにならない状態なのだ。

中国大陸から2ヵ月かけてやってきたという2度目の元寇がなぜ成功しなかったか、これで分かるだろう。

重い機材を輸送船の露天甲板に乗せることはあったのでしょうか？

砲車、弾薬車、観測車などは、甲板と船艙に適当に載せていたというね。しかし、九六式15榴なんてのは、とうぜん一番下でなければダメだ。

絶対に最上甲板に積んではいけないものが、燃料と爆発物だった。航空爆弾は炸裂すると一瞬だが一〇〇〇度以上の高熱を発するから、そんなものを並べていたら、小型爆弾の命中1発で船は火災に包まれてしまう。ボロ船といっても鉄でできた輸送船が、魚雷ではなく瞬発の航空爆弾くらいで沈められてしまったのは、皆、火災が起きたからなのだ。逆にいうと、火さえ消せたら、それらの輸送船は助かった。

1つの船団は、連隊とか師団単位だったのですか？

理想的にはね。

たとえば昭和一九年の1万トン級輸送船は、簡単なレーダーを有していて、下艙にドラム缶、魚雷、弾薬、戦車×8両を積み、中艙には糧秣。上艙はやはり3段蚕棚をしつらえて兵員4000名を載せたという。最上甲板には、自衛用に、軽機、重機、速射砲、連隊砲を並べ、砂糖の袋を土嚢の代用にする。迫撃砲は上には出さないらしい。大発は8隻吊るされていた。

これ1隻で、末期の1コ連隊分だ。つまり、これ2隻で1コ旅団、3隻で1コ師団を運べたことになるね。しかし、もう1万トンの優秀船なんて、そう簡単に揃えられなくなっていた。

8000トン級の輸送船が、中央船艙に火砲と糧秣を収め、その他に2000名以上の陸兵を運んだという例も聞く。これで船団を作って、1コ師団を渡したそうだ。

まあしかし、そもそも対英米戦の第1年目から、2〜3コ師団を海上輸送しようとするには、他方面の作戦終了を待たねばならないほどに、日本は船舶の用意が無かったんだ。その上、次々と敵潜に沈められるようになってはね。

それは戦間期の海運行政が宜しきを得ていなかったということですよね。

そう、政府と、特に海軍省の無責任が大きい。彼らは、日露戦争での日本海海戦のように、敵の戦艦と海戦することしか頭になくて、輸送船の建造とか護衛なんかどうでもいいと思っていたのだ。早くも秋山真之という偉い海軍人が、日露戦後の海軍大学校の講義で、マハンの「コマンド・オブ・ザ・シー」の概念を否定し、主目標は敵艦隊だと言っていたそうだ。

ここで先述の鳥居氏説を思い出したいが、もしソ連が仮想敵ならば、輸送船は足りていたのだよ。しかし敵がアメリカとなり、禁輸された石油を南方に求めなければならないとしたら、対ソ戦の10倍、20倍の輸送船と駆潜艇が必要なのは当たり前だ。それを準備していなかったということは、日本海軍は己れの省が日露戦争後も軍艦の予算を得続けるためだけに便宜的に米国艦隊が敵だとわめいていただけで、少しも本気でアメリカと「戦争」する気なんかなかったのだと批難されても仕方あるまいね。

しかし、戦間期の不況時に民間の船腹を大量に維持するのは、とても難しかったのではないですか？

満州における満鉄のような、国策民営海運会社を1社だけ設けて、外航貨客船と、内航貨物船の大きなものは、全部それに統合してしまうという海運行政が必要だったろうね。つまり、ソ連式に倣うわけ。残念ながら日本の海運会社は財閥の所有で陸海軍エリートとはお友達だから、手など出せなかった。

しかし、日本のような「潜在的飢餓国家」では、鉄道は民営で良くとも、海運のみは絶対に国営か半国営としなければ、生存など期し難い。湾岸戦争のときを見てみたまえよ。日露戦争でもそうだ。

沙河の対陣で陸軍の大砲のタマが全くなくなってしまい、慌ててイギリスとドイツから買い付けることにしたのだが、「途中でロシアの軍艦に沈められたら、今は戦時だからロイズ保険がきかない」と、財閥系の民間海運会社はその輸送を断わった。高田慎造だけが、自分のリスクで引き受けて、砲弾を日本まで持ってきた。それが到着したので、奉天会戦を開始できたと大江志乃夫氏の本から分かる。

ソ連方式なら、ランニングコスト度外視で、優良輸送船を平時から大量に揃えておくことができたわけさ。

もし十分な船舶があったら、日本は米国に宣戦せずに、イギリスを敵としてインドに攻め込むことができたかもしれませんね。

チャーチルは日本軍がそもそもマレーに来ないと思っていたという話もいちおうあるほどなので、第一段階作戦終了後にすぐインドへ進出しても、戦略奇襲になった可能性はあるだろうね。

1隻の輸送力の話に戻りますけど、もし貨物船に物資を積まずに、兵隊だけを乗せたら、最大どのくらい運べたのでしょうか？

輸送船は1トンにつき1名運べると考えていたようだ。つまり、6000トンなら6000名ということになる。終戦後に復員船として利用された2000トンのリバティー貨物船に2000人以上を詰め込んだという話があるので、それは確かだろう。

いうまでもないが、軍艦のトン数は使っている鉄の重さで表わし、貨物船のトン数は最大の積荷量で表わすから、同じトン数でも見た目の大きさの印象は随分違ってくる。

では駆逐艦輸送ですと？

当時の日本陸軍の1コ小隊は40名、1コ中隊は150名くらいと考えれば可《よ》いが、1コ中隊の人間と歩兵砲くらいならば、駆逐艦1隻に載せて輸送することもできたという。米軍は、魚雷艇に200名載せて運んだこともあるというからもっと凄いんだけどね。これはよほど天候の良い時だろうと思うが……。

ともかく小型の軍艦なんて、まるでお客さんを乗せる構造になってないのだ。ミッドウェー海戦で600名を拾い上げた駆逐艦の話があるが、甲板でちょっと動かれると、あわや転覆しそうになったそうだよ。

蒸し返すようですが、戦艦クラスならｰ500名くらい簡単に便乗可能だったわけでしょう？　バルジと水密区画があるので、敵の潜水艦の魚雷で攻撃されても、1本だけなら沈みませんし、水線上はアーマーがあるから、500ポンド爆弾のスキップ・ボミングにも抗堪できるし。それと、輸送船に比べたらやはり高速です。

だから、重油をタレ流すような燃費の悪さを当時の日本が度外視できればね。

速度が、敵潜水艦の待ち伏せを回避するための最重要の武器だったことは確かだ。当時の潜水艦は、水上でも10ノット台のスピードしか出すことができなかった。軍艦はちょっと燃費が嵩むけど、20ノット以上でも巡航できる。ところがここにも落とし穴がある。レイテ海戦では、日本の高速重巡が2隻もアメリカ潜水艦に沈められている。

『愛宕』『摩耶』が、いきなりやられてますよね。

さらに『高雄』も大破させられた。これは信じ難いことだ。だって、巡洋艦は30ノットが楽に出せる艦種だろ。しかも対潜警戒水域なんだから、艦隊が15ノット以下で走っていた筈はないのだ。

これは、常識的解釈では、敵の潜水艦が、よほどドンピシャリに、初めから最適の射点で待ち伏せしていたことを意味する。通り過ぎるのを見かけてから慌てて追いかけてみたって、巡洋艦対潜水艦の競漕では、潜水艦が後落するだけだからね。その前に、連合艦隊の古賀長官機が墜落したときに、米側が作戦計画書を回収していたからだというのが、たぶんは第一の原因だ。

これについて、AFN（米軍放送、昔のFEN）ラジオのミニ・ヒストリーのコーナーでは、何と説明しているか？ レイテ海戦で米軍の潜水艦が日本の重巡洋艦を撃沈することができたのは、当時運用を開始したばかりのLORAN航法システムによって正確に潜水艦を配置できたからだ、と言う。ロランは、今のGPSのハシリだ。くわしくは拙著『日本の高塔』（四谷ラウンド刊）でも読んでくれ。硫黄島に建てられたロラン鉄塔について詳しく述べておいた。

こういう、兵器そのものではないが、兵器の運用効率を何倍にも増す要素、これを「フォース・マルチプライヤー」と言う。教科書まる暗記式の勉強に慣らされている日本人が最も気が付きにくい「秘密」かもね。

で、「ロラン勝因説」は、虚偽なんですか？

1／3くらい本当だろうが、エスピオナージに触れないのはやはり胡麻化しの匂いを感じるね。私が勘繰っているのはそれとももまた別な「真相」で、ひょっとして日本艦隊は、燃費を惜しむあまり、12ノットくらいで進んでいたのではなかろうか。敵の潜水艦が出ると分かっていても、15ノットも出せなかったのが、あのときの燃料事情ではなかったかと疑うよ。

戦前の不定期船の常用速力は8〜12ノットだ。12ノット出せれば「優秀船」と言われたくらい。かりにもし12ノットを越せば、造波抵抗で、船の燃費は幾何級数的に悪化して行った。

経済速度は船体が大きいほど逆に小さくなる。大型軍艦は本当に燃費が悪いのだ。戦後の最新の設計でも、原油タンカーや鉱石運搬船ではせいぜい15〜16ノットが最高速度だろ。これは、戦時中の最も優秀な高速貨物船と同じだ。今のマンモス・タンカーの経済巡航速度だって、やはり12〜13ノットでしかない。コンテナ船や自動車運搬船だけは、常用20ノット以上も出すけど、それは、船会社同士の競争と、顧客の速度要求が高いので無理をして走ってるわけ。

確認すれば、ミッドウェー攻略部隊を乗せた輸送船は10ノット。ガダルカナル支援の輸送船は、ポンコツ船しか集められず、8ノットで進んだんだよ。

「ｉｆ戦記」作家の中には、30ノット近い最大速度で軍艦が何日間も走れると思っている人もいました。

それだと半日足らずで重油タンクが空っケツになってしまうことは間違いない。忘れてはならぬことは、輸送船が独航なら出せる速度も、船団を組めば、出せなくなることだ。ガッチリとフォーメーションを維持しなければならないからね。つまり12ノット以上の輸送船団など当時はありえなかった。

さきほどの「フォース・マルチプライヤー」ですが、軍港の水陸施設もそれになるのでは

ないですか？

船渠、つまりドライ・ドックとフローティング・ドックは特にそうだね。戦艦が1本の魚雷くらいでは沈まないのは事実としても、その破孔の修繕のために、国内に幾つもなかった巨大ドックを長期間占領してしまうことになると、今度はその船渠を使う予定だった空母が完成できなくなったりして、トータルで見ると大きな損だ。この問題からも、戦艦を兵員輸送用に繰返し使おうというのはあまり効率の良い話ではなかったことが分かるだろう。１回勝負の決戦的な輸送作戦ならいいかもしれないけど。

そうしますと、『明石』とか、旧式戦艦改造の『朝日』のような工作艦も、もっとたくさん必要だったのですか。

工作艦などの特務鑑も「フォース・マルチプライヤー」だったね。アメリカ海軍は、極東に遠征するときは、初めから工作艦と航洋型曳船（タグ・ボート）を随伴するつもりでたくさん建造していたものだ。

日本海軍は、新造の工作艦は、『明石』１隻しか造らなかったから、昭和一九年三月三〇日にパラオで沈められてからは、現地の艦隊の活動もガクッと落ち込むことになった。

航洋型タグボートだって、もっとちゃんと造っていたら、団平舟のでかいやつを曳いていって、島に近付いたら後ろから押して海岸にノシ上げて帰ってくるという補給法が可能だったはずだよ。帰路は身軽だから夜明けまでに敵機の行動半径を抜けられる。それで石炭混焼式ボイラーとしていたら、これは救いの神だ。

輸送船が積み荷を全部卸さないうちに逃げ帰ってしまうよりはマシでしょうが、やはり翌朝までにジャングルの中に荷物を移せなければ、同じことですよね。

そうだねえ。

あまり知られていないことなのだが、ニューギニアやビルマとは違って、ガ島には頻繁に補給が行なわれていて、そのうちのほんの僅かでも届いていたから、海岸からちょっと入ったジャングル内には、相当量の食糧が積まれてあったんだ。それを、内陸の部隊にまで届ける手段がまったく無かったのが日本軍だったのだ。

当時の日本では、人はたくさん使えたのだから、輸送兵員を1コ大隊までに限ってしまい、それとは別に、荷揚げ作業専門の「船舶輜重兵」を200人でも400人でも乗り組ませて、これを海岸作業に投入して1、2時間くらいで必要な物資をジャングル内まで移してしまえるようにすればよかったかもしれない。すべての糧食と資材を、空気タイヤ付きの筏に縛着した形で輸送船に積み、沖合いからロープを擲弾銃で岸に向けて発射して、一挙にジャングルまで引き込むのでも良かったろう。筏はその後でバラして荷車に作り変えることができただろう。

輸送船が爆雷で自衛することはできなかったんでしょうか？

目に見えない敵にやみくもに爆雷を落としても、脅かしにしかならんだろうねえ。しかし、磁気爆雷ならば別だったかもしれない。

防研に「JR爆雷」という未完成兵器の資料が残っている。Jは「磁気」だと思うが、R

はよく分からん。航空機用に開発したものだが、こういうやつを船団の一部の商船に積んでおいて、少なくとも船団の中央突破は許さないという手はあったろう。

珍しいものだからここで諸元も紹介しておけば、全長1850㎜、径360㎜の円筒爆弾形で、全備重量300kg、炸薬は130kgだ。空から浮上敵潜を攻撃するために尾部には0・2秒の撃発信管もついていた。頭部には検磁棒があって、それが8m／秒で沈降しながら、130m以内の磁気変化を感じて爆発した。これなら少しは脅しも効くというものだ。

目に見える相手用には、陸軍は「試製三式五十瓩爆雷」という粒状安寧薬37・2kg入りの、導火線に火をつけてから海に投げ込むという簡略な対潜爆雷を造った。深度30mまで26秒で到達して爆発するものと、深度60mまで50秒で到達して爆発するものとがあって、敵潜水艦から6m以内でハゼれば致命傷を与えられる予定だった。しかし、船の行き脚が7ノット以下のときにこれを落とすと、こっちが危ないそうだ。

たしかにソナーも積んでいなくて、爆雷だけ積んでもしょうがありませんね。

見張りをしていた人の証言によると、敵の潜水艦が魚雷を発射すると、航跡の後から「ガーン」という鈍い発射音が追いかけてくるのだそうだ。だから見張りをたくさん置けば、僅かでも生存のチャンスは増すわけで、決して諦めてはいけないのだ。

もうひとつ、敵潜がいそうな海域を通過するときは、指揮官は部下の兵隊を一晩中眠らせてはいけない。これは脱出が一瞬でも遅れると海の藻屑となるからだ。将校もできるだけ兵隊の間に分散して載せる。退船の指揮を機敏に取らせるためにね。

海没しない心得集

潜水艦の魚雷が当たると、輸送船は轟沈ですか？

そうとは限っていないが、被雷1発で船内は必ず停電になるそうだ。真っ暗で何も見えなくなる。だから懐中電灯を身に付けていない兵隊は、まず沈没までに逃げることはできなかったという。

それから、貨物船は客船じゃないから、階段なんてないのだ。兵員がいる船艙は深いところにあり、そこから艙口まで垂直の鉄梯子で昇り降りするようになっている。この鉄梯子が、爆弾または魚雷1発で全部外れて吹きとんでしまうそうだ。そうなったら誰も出られないよね。だから、心得た指揮官は、ハッチから船艙内まであらかじめ縄梯子を何本も垂らしておいた。ハッチの蓋は、空襲脅威がなくとも、生身の兵隊を載せている間は、決して閉めない。シートを被せて雨や波を防ぐのみだ。船の舷側には、やはり救命綱をできるだけ多く吊るしておくのが良い。

大きな船が舵をやられた場合も、致命的ですよね。

それには応急策もあって、ウインチで操作できる「水中凧」を急造して両舷からワイヤーを3本つけて流せば、長時間、舵の代わりになったそうだよ。

乗っている兵隊としては、懐中電灯の他に、何を身につけていたら良いのですか？

細紐だ。それで浮遊物と自分の体とを結べるから。

水筒は常に満水にしておく。漂流用の非常食は竹筒の中に入れておく。指揮官は、乗船時に携行食を全部各兵に分けてしまうことだ。もちろん乗船中は、モノを捨ててはいけない。そのゴミを手掛かりに敵潜水艦が追躡してくるからね。胴衣をつけて海に突き落とす訓練を出港前にやっておいた部隊は、生存率も高かったというね。そして、ドーンときて混乱したときは、指揮官の「船は大丈夫だ」の一言が兵隊を安心させる。

漂流中は、何に気をつけたら良いんですか？

それはサバイバル系のハウツー本に書いてあるよ。ひとつだけ付け加えると、モノにしがみついて漂流すれば、必ず顎を擦りむくそうだ。だから顎髭は延ばしていた方がいいかもね。

機械化によって輸送人力はますます必要になる

陸上輸送についてお尋ねします。

ちょっと調べてみたら、ガダルカナル島には、九六式十五糎榴弾砲まで送られているのですよね。あんな重いものをどうやってジャングルの中を引っ張って行ったのでしょうかね？

もちろん工兵隊が道をつけ、「ロケ」というディーゼルエンジン搭載の6トン・トラクターで運行したのだ。

えっ、そんなキャタピラ付きの立派な車両装備がガ島にはあったのですか？

何を言うか。ガ島には、九七式中戦車も送り届けられたし、重砲隊では砲弾を放列まで推進するために、段列中隊に九四式6輪トラックを各1台ずつ装備していたのだ。だいたい75㎜高射砲とか、十加以上の重砲ともなれば、馬なんかつないだって、不整地を一歩も動かせるものではない。必ず牽引自動車かトラクターがセットのようにくっついて揚陸されるものなのだ。

もともと「トラクター」は、農業用に発明されているのですよね？

うむ。今の日本の耕運機は、動力車体の下に回転するナタ刃のようなものが直に装着されるけれども、もともと大正時代に輸入が始まったときは、もっと大きくて重い車体が、プラウ（鍬）とかハーロー（砕土板）を長いワイヤーで牽引するものだったのだ。その農器具の代わりに砲車を曳かせたのが、欧米の砲兵隊用の牽引車だ。

その昔は、トラクターにもキャタピラ式のものとホイール式とがあったのですよね？

満州開拓の写真などを見れば、軍用に遜色のない装軌式のトラクターを導入していたことが分かるね。ごく僅かながら、内地でも買ったところがある。

ワイヤーで曳くのではなく、プラウが車体に直《じか》に結合された２輪の「自働耕運機」は、大正一二年に初輸入され、８反歩を１日で耕せると民間で宣伝されているよ。日本陸軍に限って見ればだ、まず大正六年に、米国のＦＷＤ社製の４×４装輪式を買ったのが最初で、三十八年式十五糎榴弾砲と、同十二糎榴弾砲を実験的に曳かせてみたのだ。続いて大正七年には、そのＦＷＤと、米キャタピラー社製のＨＯＬＴ４５馬力、また大阪砲兵工廠でベンツのガッゲナウをコピーした４トン自動貨車で、四十五年式十五糎榴弾砲と三十八年式十五糎榴弾砲、同十加を牽引試験した。このホルト社の無限軌道の完成度が高いもので、イギリスで世界初の戦車を誕生させる要素となったのは有名だね。装輪式では接地圧が高くなり、牽引力を上げようとして自重を重くすれば、耕作地の土壌の空隙を潰してしまうのだよ。

そしていよいよ大正一〇年に、日本陸軍は３６馬力のホルト５トン牽引車を三八式１０センチ加農用に正式に採用した。これは米陸軍で一足早く採用していたもので、牽引速度は９km／hくらいだ。もっともせっかく自動車砲兵化された２コの野重連隊は、大阪工廠で国産しようとした５０馬力牽引車が不出来なため、１０年近くも動員計画外だった。満州事変は輸入のホルト３０馬力でのりきっている。自動車の総牽引力が馬を凌いだのは大正一二年だ。

牽引車の自重は、そのまま被牽引トレーラーの重さとつりあっていると考えれば良いのですね？

そうだね。だから十加や十五榴の新型ができると、たいていは旧型よりも少し重いものだから、牽引車もやや重く、かつ大馬力化している。十四年式十加用には、ホルト30馬力型。九二式十加用には、石川島製作所製の九二式5トン牽引車、通称「イケ」。そのあとで九六式十五榴が完成するので、合わせるように開発されたのが、九八式6トン牽引車の「ロケ」だ。攻城砲移動用にはもっと大きな牽引車も造られたんだけど、野重用としてはこれが終戦まで活躍するのだ。いや、終戦後も、農地開墾などに使われたんだよ。ちなみに、ロケの下部転輪は「四式中戦車」と同じものだが、サスペンションやパワー・トレインは別物だ。

信頼性も高かったようですね。小松製作所や三菱などの戦後のトラクターとかブルドーザーが、6トン牽引車の性能標準を超えることを目標にしなければならなかったとか……。

その前の5トン牽引車「イケ」が故障が多くて不評だったようだね。

「ロケ」に定評があったのは、特にそのディーゼルエンジンだね。南方では、代用燃料が使えたらしい。たとえば、船用の重油、航空ガソリンとオイルの混合物、航空ガソリンと現地採取の椰子油の混合物でも走って、椰子油のみでも7割のパワーを発揮してくれたという。

日本は戦車なんか造らずに、「ロケ」だけに生産を集中していたら、島の戦いももう少し楽になったかもしれませんね。

ウインチを使って沖合いのドラム缶を引き揚げられるというだけでも有難いかもね。運送手段としても、米軍のハーフトラックの代わりになったかもしれない。

6輪トラックなんて、道路がなければ、せっかく持って行ってもどうしようもなかったんじゃないでしょうか？

九四式6輪トラックは、6×6じゃなくて、6×4だからね。これは前輪の駆動に必要不可欠な傘形ギアを早くたくさん切削できる工作機械が戦前の日本にはごくわずかしかなかったためだ。もっとも、今の自衛隊の3トン半積みの6×6トラックだって、ぬかるんだ山道じゃ、スリップをして大変さ。

九四式6輪トラックは、ガ島の悪路では九七式中戦車に牽引してもらわねばならなかったそうだ。だったら、初めから南方のジャングルでは、「ロケ」に急造の4輪トレーラーでも引っ張らせた方がよかったのではないか――という後知恵も湧くね。「輜重車」というやつだよ。

まあ、当初の計画では、アメリカ、イギリス、オランダがちゃんとした舗装道路を四通八達させている地域にだけ進攻するつもりだったから、そこまでは考えが及ばなかったね。

英国陸軍も一九二七年頃に採用したモリス6輪トラックは、6×4のはずです。アメリカだけじゃないのですか、前輪まで駆動できたのは？　ドイツのハーフトラックも、前輪は駆動しませんよね。

ところで、九四式トラックの現物は、今、どこかで見ることはできるのでしょうか？

石川県小松市の日本自動車博物館というところに1台ある。営庭に埋めておいたのを掘り出して再生したものだそうだ。残念なことに4×2に改造されてしまっているけどね。

軍の要求にこたえた国産の最高性能トラックとして一時代を代表していた、いわば国民的技術遺産が、実物資料としてはもうほとんど世に残っていないのですか。

その理由は、終戦後に国内で残ったトラックは、進駐軍に焼き捨てられなかったものは地方自治体など官庁に払い下げられて、スクラップになるまで使い尽くされたのさ。なにしろそういう時代だよ。これは、ソ連に援助された何十万台もの米国製、英国製トラックも似たような運命だったろう。

それにしても戦前の日本の自動車工業は不振でしたよね。

今からは信じられないよね。たとえばフランスは、一九一四年にはもう8500台の軍用自動車があった。マルヌ戦では1万台を徴発できた。その後、増産に励んだ結果、『偕行』の760号によれば、戦争末期の一九一八年六月には、航空隊と砲兵隊を除いても5万3835台を保有し、そのうちトラックが3万7457台あったという。

これに対して日本の国産トラックは、第一号が大阪砲兵工廠でエンジンともども手作りされ、28㎝の攻城重砲の弾薬運びのために青島で4台ばかりが駆使されてその価値を認められ、そこから採用方針が固まってゆくというのだから、文字通り天地の開きがあるわけ。一九一七年に国内に存在した自動車の総計がタッタ2600台、昭和二年でようやく5万台に過ぎない。しかもほとんど輸入品さ。

「ああ、日露戦争までは列強についていけそうだったのに、今次世界大戦でとうとう先進工業国の仲間から脱落してしまったか」と呆然とする気持ちが、大正時代の『偕行』などから伝わってくるよ。生産力が2桁違ってしまっており、とても追い付きようがないのだ。

それでトラックでは輸入品がだいぶ使われたようですね。

第一次大戦で所要量が2桁増えたのは車輌だけではなくて、砲弾もそう。たとえば旧式の四年式十五榴は、2つに分けてそれぞれ8馬で運行できる重砲として第二次大戦でも使われたのだが、その弾薬を追送する連隊段列のみは、トラックでなければどうしようもないというので、フォードの1938年型が充当された。

ついでに、昭和一三年での兵隊の評価を紹介しておくと、当時の中国戦線では、隅田→千代田→フォード（特にダブル）→シボレー→日産→豊田の順で好評だった。

スミダというのは、九四式6輪のことですね？

「制式6輪」とも言った。チェコのタトラが参考だ。例の6×4だね。これとエンジン、パワー・トレインが共通であった贅沢な指揮官車、「九四式6輪乗用車」だけが戦車に追及できたという。

とにかく支那事変初期の国産民用4輪トラックはまるでダメだったそうだ。これは、昭和一二年に大陸では30年来の大雨があって、道路が道路でなくなったという事情もあったんだが……。

側車、つまりサイドカーも支那事変1年目でもう「無用の長物」だと酷評されているね。寒冷期に、便乗しているお偉いさんが、凍死しそうになったんだ。

陸軍はいつ2輪車を採用したのですか？

明治四五年春に初の国産2輪車が完成したときに、陸軍は試験用に1台購入している。第一次大戦が始まると、外車が輸入できなくなってしまったので、当時輸入品頼みであった指揮官用の乗用車の代用品として、国産の2輪車や側車の研究を民間に期待した。それで昭和二年に大倉商事系の日本内燃機（株）が蒲田にできる。そこが最初の国産サイドカーを陸軍のために造ったんだ。ここと、陸王の2社が、ガソリン規制の始まる昭和一二年以後も「陸軍納入メーカー」として生き残る。あとは、昭和五年からサイドカー専門に転じた宮田製作所くらいかな。

自動車後進国となってしまった哀しさ、列強の用いているスタッフカー、偵察伝令車、あるいはジープの代わりを、日本ではサイドカーに期待しなければならなかったのだよ。

どうも旧軍の車輌についてはロクな資料が残っていなくて調べにくいのですが。メーカーも、社史には当時のことをほとんど書いていませんね。その時代に必死で外車を研究して自前の技術を蓄積した筈なのに。

私は「過去への投資の欠如」といっているのだが、軍用自動車を製造していたり、活用していた事実を、社史や自治体史で触れたがらない。江藤淳のいう「自己検閲」のこれもサンプルだろうか。

メーカーの場合、それって、先輩技師たちの御苦労を忘れてもいいという態度だからね。困り物だ。私は今の日本の都市美を損ねている余計物はまさに自動車だと考えるから、国内カーメーカーが絶滅して貰っても一向構わないが、技術者は専門家であり専門家は奴隷だとした古賢の定義を実地で見る思いがする。可愛そうだ。

トラックが足りなかったことが2度の大戦でのドイツの敗因と言われていますが、支那事

変が長引いたのもトラック不足からですか？

別宮暖朗氏のHPをみるとよく理解できるが、日露戦争でのロシア軍、あるいはヨーロッパのロシア＝ソ連軍は、鉄道を使って奥地へどんどん退却できた。攻める側が馬やトラックをいくら持っていても、鉄道のスピードにはかなわないはずだ。

しかし中国軍は重慶まで鉄道で逃げたわけではないね。日本軍と同じ2本足だ。考えられるのは、武器も弾薬も残置して、隊も組まずにバラバラになってもよければ、同じ2本足でもはるかに速くなるだろう。しかも、追い詰められたら便衣に更えれば良い。

ノモンハンではソ連軍のトラック輸送力が、関東軍参謀の想像力を凌駕したようですが……？

1・5トン積みの九四式6輪トラックは昭和九年の制定だ。この本格的な制式トラックを中心に関東軍は700輌集めて、鉄道端末のハイラル駅から240km離れたノモンハンまで燃料や兵器や弾薬を輸送した。

これに対してソ連軍は、シベリア鉄道ザバイカル支線のボルジア駅からノモンハンまでは650km離れていたのが、そこに道路を急造して、大型トラック、油ローリーなど4261輌を使って、弾薬だけで日本の10倍運んだ。その弾薬も近くにあったものじゃなくて、シベリア全域から必死でかきあつめたものだ。戦車もそう。関東軍は火遊び気分だったが、向こうは「死生存亡の分かれ道」と認識していた。こんな時期に格好良くないところを見せたりしたら、英仏に頼りない国だと思われてしまって、将来の対独同盟国として見捨てられ、ドイツと日本の膨脹圧力を単独で受け止めなくちゃならなくなるからね。

昭和一五年でトラック輸送力に弱点が露呈したのでは、陸軍はとても一六年末に対英米戦なんて踏み込めた話じゃありませんでしたね。海軍は「海戦」一本槍で輸送船を造っていないし、驚くべき「軍国主義」もあったもんですね。

それに、ビルマ・ルートのような自動車道を建設してしまう能力も、無かったようですけど。

その点はアメリカ工兵隊の勝利といえるよ。アメリカには「インターステイト・ハイウェイ」という国道が多数あるよね。総延長が7万km前後もある。しかしあれは、ただの「州際道路」などではない。正確には Interstate and defence highway なのだよ。初めから、防衛幹線として、主に陸軍工兵隊によって建設されているのだ。だからあの国では、公共土木工事の積算と工期を倍に水増しして、ローテクに税金をバラ撒いて、国全体のハイテク技術競争力を鈍らせても平気という、どこかの国のような自殺的財投は見られないのだ。

そうしますと、大勢の人間が押したり曳いたりして行ける、４輪の空気タイヤ付きの「人力荷車」などで補う必要があったのでしょうか？　これはつまり「山車」の発想ですが。

つまり豊富な人的資源を活用しようというのか。うむ、ソリッドタイヤではなく、ニューマチックタイヤなら接地圧も低いし、馬や牛も使える「大型輜重車」となったかもねえ。

ベトナムの「シクロ・プス」にエンジンを付けるのはどうです？

あれはもともと昭和一三年頃にサイゴン人とフランス商人が、人力車に自転車を結合させ自転車を座席の後ろにつけて、逆3輪にしたものだろう。しかしそのままでは苦力の体臭が客に嫌われるので、荷重を駄馬1頭分に抑えて欲張らず、オートバイとの結合にしたら、かろうじて中国や満州で使えたかもね。しかし、トータルコストを計算したら、たぶん、普通のオートバイにリアカーを曳かせた方がマシだったたろうぜ。

ベトナム人の自転車といえば、オレがいまはなき伝説の月刊誌『戦車マガジン』のヒラ編集員だったころ、三野正洋氏の別冊を見てほとほと感心したのは、北ベトナム軍の末端補給手段として、昔の日本の米屋が配送に使っていたような頑丈な業務用の自転車が活用されていたという事実だった。これはもちろん、人が乗ってペダルを漕ぐのではなく、合切袋に弾薬をつめこんだやつをフレームに荷重限界一杯まで吊るし、兵隊はその横に取りついてひたすらハンドルを押して進むのだ。これならばケモノ道のような狭所や急な山坂も移動できたわけで、ジャングル輸送の決定版だ。なぜ補給器材担当の日本陸軍経理学校にこの着想が無かったか、日本人はベトナム人よりも頭が悪いのか、じつに悔しいことだね。

馬輸送について

日本陸軍というと「馬糞臭い」というイメージがあったようですが。

海軍将校も陸軍の騎兵学校で乗馬を習うのだが、海軍の下士官以下は馬とはまるっきり無縁だからね。

日本の馬は、体格が貧弱なので、重砲の牽引は早々とトラクター化したし、駄馬の小行李、つまり小銃弾の補給も、九四式軽装甲車とトレーラーの組み合わせで置き換えようとはしたのだ。75㎜野砲も、三八式野砲は6馬曳きだったが、九〇式野砲は小型トラクターとセットで開発した。それがうまくいかずに、九五式野砲でまた馬に戻ってしまうのだけどね。これらの駄馬と輓馬は、下士官や兵隊が馭すわけだ。

江戸時代の馬がよくなかったようですね。

大名の馬は良かったのだが、庶民が運送用に使ったやつは、妊娠中にも働かせるものだから、体格がどんどん小さくなっていってしまったのだ。

正徳年間（一七一一〜一七一六）のデータがあるが、駄馬に載せることのできる最大の荷は40貫。標準は36貫としていた。当時の人間の重さはだいたい16貫だ。

それでも問題意識だけは江戸幕府にもあって、なんと文化年間（一八〇三〜一八一七）に、フランスからペルシュロン種の輓曳馬が輸入されて、蝦夷地に導入されているのだ。これは馬体重1トン近くもある足の短いやつで、正味1馬力を半日発揮できる。一九〇六年にキュリー夫人の旦那のピエールを轢き殺した馬車は、ペルシュロンの1頭曳きで、しかも6トン積み馬車だったという。こりゃ戦車だよ。

しかし島国人の発想の貧しさ、ペルシュロンは重大にすぎる、軍馬としてはアングロノルマン種の方が良いと、日本陸軍はあえて軽量化の指導をしたのだねえ。それが支那事変で間違っていたと気付いて、あわててペルシュロン路線に復帰した。

輸送船でもトラックでも貨車でも輸送用飛行機でもそうなのだが、戦争のような非常事態用の輸送力は、なんでも大きく重いほど使えるものなのだ。平時にその選択に迷ったときは、とにかく大きく重いものを選んでおけば後悔することもないのに、島国人にはその度量がないのだね。

チンギス・ハンのイメージから、大陸の馬はすごく良いような気がするのですが、いわゆる「満州馬」は、それほど評価されていませんね。

ペルシュロンと比べたら作業力は半分以下。しかも、馬も人も殺すという厄介な病気まで持っていたそうだ。余談だがこういうのが今後、米国の対中央アジア作戦で生物兵器として使われるかもしれん。

松浪健四郎氏が昭和五三年に書いている本によると、アレクサンダー大王の乗馬も、匈奴の「汗血馬」も、じつはアフガン産らしい。

蒙古馬は満州馬より戦争向きだそうだ。満州馬と、「チャン馬」とか「支那馬」と呼ばれているものとの区別は、よく分からない。

また、昭和一七年の『蒙古の理想』という本によると、蒙古馬は寒さと水の無いのに関して我慢強く、持久にすぐれ、馬小屋と人工糧秣を必要としないとある。モンゴルに馬車はな

自動車も鉄道もない時代の戦争の「動力」は、やはり馬が中心ですよね。

いから、これは駄馬としての能力だね。

メソポタミアあたりの人類最初の「戦車」は、馬より制御しやすいオナジャーという現地産ロバが多用されたらしい。インダス文明は、牛車と象だ。象はタイメン鉄道建設でも400頭も使用されている。

後の古代地中海世界では、ラバ、馬、それからラクダが軍事遠征に使われた。馬を最初に牽引力として使ったのは紀元前2000年頃のユーフラテスで、ラクダが馴らされるのはそれよりだいぶ後だ。

ラバは知ってのとおりロバと馬の1代限り雑種で、両親の良い特長だけが現われる。しかし牧畜文化がベースにない国では、これは戦力として維持できないね。『帝国の進路を西にとれ』という、西部を目指す開拓民の幌馬車隊を一八六一年に描いた絵には、牛と馬の2頭曳きや、馬とラバの2頭曳きが見えて、興味深い。

ラクダは駄載力が馬の1・5倍で粗食にも耐えるというから、輓曳にこそ使えないけれども歩兵の小行李の駄載専用と割り切れば、大陸で作戦する日本陸軍におあつらえ向きだったんじゃないかという気がするんだが、どうも普及しなかったよ。チャハル作戦の報道写真で、ラクダに行李輸送させているものがあるくらいだね。

ロバと牛は軍隊の行軍には不向きなので、ヨーロッパの軍隊ではほとんど用いられない。しかし騎士の従者として乗馬を許されなかったサンチョ・パンサはロバで用が足りたのだ。

一九八〇年代になってもわざわざ米国から多数のロバが、パキスタンから峠越えの輸送を確保するために、アフガン・ゲリラに援助されている。

このロバというやつ、粗食に堪えるが危険にも鈍感で、弾丸雨飛の合間にも交尾をし、すごい声を立て続けるので、生きるか死ぬかの日本兵も、苦笑せざるを得なかったという。

余談だが、ポリュアイノスの『戦術書』（邦訳）に、テッサリアに牛を狂奔させる草があり、その牛肉を食べると人間も狂奔すると書いてあったな。

近代軍隊では、インパール作戦の日本陸軍だけだろう。牛とか水牛を荷役に使って遠征しようとしたのは。もちろん、せっかちな日本兵には、とても使いこなせなかったのだよ。

しかし、馬より牛の方が、駄載量は多いのでしょう。

オッ、詳しいね。その通りで、江戸時代の内地の牛は200貫運べた。蹄が割れているので悪所にも強いんだが、大雨が降ってしまうと、当時の日本の道は泥田状になったので、接地圧の高い駄獣はもう全く通行が不可能だ。

それはともかく、牛は馬よりも安く買えた上、馬より内臓が便利にできており、勝手に道草を食わせておけば良かったらしい。それで飼料代も馬の半額だったそうだ。ということは、中国の都市部のように青草が無い所では困るが、南方戦線では後方の輸送に使いようがあったはずなのだね。しかし不思議なことに、日本の農村出身兵も、現地の牛や水牛を馭する方法がまったく分からなかった。だから、みんな面倒くさがって、殺して食肉にしてしまったんだ。

馬格によって、配備される部隊は違っていたのですか？

うん、基本的に野重の輓馬が最優先で、印象としては「象のよう」に見えたそうだ。いちばん貧弱で良かったのは野戦病院の馬で、みな雌馬だったとか。

砲兵隊のように馬で移動する部隊は、歩かなくて良いから楽だったのでしょうか？

上の方はそうかもしらんが、いちばん下っ端の兵隊は、馬の世話をするので、特に歩兵と比べたときに、自由時間は最も少ないのだ。

つまり、宿営地についたときに歩兵はすぐ武器手入れをしてその後は自分の世話だけ考えればよいが、馭者だとそうはいかない。

「馬係場」という「つなぎ場兼寝床」を設定し、まず多量の寝藁を敷かねばならない。意外なことに馬の皮は傷つきやすいのだ。それが翌日以後、馬具と擦れることで、どんどん拡く深くなり、しまいには骨まで見えてきてしまう。だから船から吊り下ろすときだって、尻餅をつく場合に備えて藁を敷くのだ。

「馬係場」ができたら、蹄掃除と馬体の手入れ。そして豆、秣《まぐさ》を与え、最後に水飼いをする。当然その水は遠いところから桶で汲んでくるのだ。これで馬は寝てくれるが、もし豆などの濃厚飼料だけ喰って水を飲まねば夜中に疝痛という致命的な便秘を起こすから馭者は自分の馬が水を飲むまでそこを離れられない。そしてそののちに厩当番に監視をひきつぎ、ようやく自分のメシと装具の手入れにかかることができる。

馭者は一人一人、担任の馬が定められていたから、歩兵にはない悲劇も起きる。たとえば西南戦争の時、大雨の中の渡河で、多数の馭者が水死した。これは、担任の馬を見捨てることが絶対に許されなかったためだ。そういう苦労をしているから、西南戦争の直後、近衛砲兵隊で馭者を務めた下級兵たちが、自分たちへの恩賞が全く無いことに反発して、あの竹橋暴動を起こしたわけだ。

江戸時代の日本には蹄鉄が無かったそうですが。

だから明治陸軍は、西洋人の下士官を教官にして、専門の「装蹄工」から養成しなければならなかったんだ。

この蹄鉄が行軍途中で脱落すると、馬は教えてくれないから、大変なことになる。自分の体重以上の不自然な荷重がかかっているから、たちまち生の蹄は摩耗しササラ状になってしまって、蹄鉄を打ち着けようもなくなってしまうのだ。この「落鉄」は、泥濘地の行軍でよく起きた。蹄がふやけて釘が弛む。しかも土の粘着力で引っ張られるからね。だから雨中の夜間行軍のときなどは、馭者はしじゅう懐中電灯で馬の蹄鉄が無事かどうか確認していなければならなかったのだ。

それから、中国大陸にも装蹄の文明は及んでいなかったらしい。だから現地徴用馬は蹄鉄を付けずに、軽い仕事のみをさせたようだ。

蹄鉄のついた馬の脚で踏まれると、それだけで兵隊は足に大怪我したそうですよね。そういう信じられない苦労の数々を考えますと、やはり近代軍は馬よりは自動車を使うべきだったと思えますねえ。軽油さえあれば走ってくれたんですから。

秣じたいの運送が大変な手間だったようだね。ナポレオン軍に対するロシアの焦土戦術も、人間の喰うものより、馬のエサを敵に与えないことが主眼だったのではないかと思えるよ。

日本には馬車文化も無かったわけですよね。

その点では、中国が先輩だった。日本兵が「シナ馬車」と呼んだ伝統的な荷車は、大陸の地形風土に最も適合していたのだが、明治時代の日本陸軍は、それを真似するのが一番合理的であるとは気が付かず、何でも西洋標準に造ろうと思って、使い物にならない「輜重車」という木製ソリッド4輪の1馬曳きトレーラーを、日露戦争からずっと使うことになるのだ。

その「シナ馬車」という車輌には、どんな特長があったのですか？

日本式の荷車の轅木《えんぼく》は、何かと折れ易いのだが、そこには現地で天秤棒を3本ばかり巻き付ければ可かった。

補強しようもないのが、車軸だ。日露戦争から終戦まであまり進歩しなかった日本の輜重車は、車軸の端で車輪を承ける構造で、ここが壊れるとどうしようもないのだ。

それがいわゆる「シナ馬車」では、両輪と車軸はガッチリ一体となって回転する。その回転する車軸を車体が承けるので、構造は重たいが、壊れ難い。特に泥濘地をむりやり転がすのに適している。車輪も、放射状スポークではなく、キの字の厚板。これはスポークではダメだという経験から発達した進化に相違ないのに、明治時代の日本人は中国人なんかに学ぶ意思は毛頭なかったのだ。

「シナ馬車」のもうひとつの特徴は、曳いている馬の背に、荷重の一部をかけること。つまり「半駄載」とも言えて、それで悪路に強かったのだ。

ここで、補給組織の基礎用語の再確認をしますけど、小行李というのは歩兵の武器弾薬ですよね。大行李というのは何なのですか?

生活用具を運搬するもので、小行李のような駄載ではなく、輓曳の荷車を使う。本来なら、「輜重車」だね。歩兵科や砲兵科では大隊ごとにあって、他科は連隊ごとにあった。

欧米の軍隊では、輜重組織は、複数の師団をまとめた「軍団」単位で準備していましたよね。

これは、明治一八年にメッケルというプロイセン軍の少佐が招聘されて来て、海外に出ていくための近代日本陸軍の編制の大枠を決めたんだが、中国大陸ではロクな道路を利用できまいというので、日本は師団を諸兵科連合の独立単位とした方がよいと提案して、その通りになったのだ。

だから、たとえば列強陸軍では師団は固有の砲兵連隊などをほとんど持たずに、軍団規模で持つのだが、日本では師団が砲兵連隊を内包する。輜重組織についても同様で、まあ、それだから兵站の規模が弱小となり、中国軍相手にどうしても3コ以上の師団の集中運用は不可能になったんだろうよ。

昭和一二~一三年には、度重なる包囲殲滅の機会が逃されたというし、漢口攻略作戦は、揚子江の増水と食糧の収穫期にあわせて八月下旬に発起したのは良いが、やはり野戦軍を包囲する力がなくて、都市を狙って長期居座りをするしかなかったというのが実状だったらしい。南方作戦になると、つくづく日本陸軍は人間を動かすシステムはあっても、タマや食糧を届けるシステムにはなっていないという欠陥が全部露呈してしまった。

大規模な、あるいは本格的な戦闘行動は、同じ大隊とか連隊は、何日間連続できるように考えているのでしょうか？

人間は、重大な責任が与えられていたり、生命が直接に脅かされる極度の緊張下に置かれた場合には、不眠不休で4日間くらい連続して戦闘ができるらしい。しかし、そこまでが限度だ。そこから先はどうなるかというと、たとえば湾岸戦争での英軍の戦車クルーは、適当に休息は挟んでいたにもかかわらず、4日目になって過度の疲労に起因する凡ミスを連発する危険状態に陥ったという。なにしろ戦車は乗員みずからが日常点検しなければならないだろう。飛行機のパイロットの方が、ずっと楽なわけだ。

旧ソ連軍も同じ結論だったようだね。海軍歩兵部隊では、5日間の戦闘継続が可能な補給を備えることにしていた。つまり、4〜5日で陸軍にタッチできないと、アウト。

そして、アフガンでのソ連陸軍も、4日粘って勝てなければ、5日目には退いたそうだよ。

こうして考えてみると、自衛隊の平時の演習も、勉めて5日間連続してやるようにしないと、実戦のシミュレーションには程遠いものになるかもしれないね。

昭和二〇年八月のソ連の満州侵攻では、関東軍の予想外のルートから極東ソ連軍に攻め込まれてしまったそうですね。

特に人種には関係なく、鍛えられた人間が、普通人には想像できないほどの地形踏破力を発揮することはあるのだ。ソ連の対日参戦が近付いていたとき、関東軍の参謀たちは、ブルドーザーも沈んでしまう湿地帯や急峻錯雑な密林が連続する東部満ソ国境についてだけは安心をしていた。ところが蓋を開けてみたら、ソ連歩兵はそこをあっというまに踏破してきた。歩くことでは人後に落ちぬと自負していた日本陸軍が驚いたのだ。

軍艦の運用法

また、話を海の上に移します。いったい日本海軍は、あの役に立たなかった戦艦をどうしたらよかったのかという、永遠の課題があるような気がするのですが。

それを考えるときに心すべきことは、今ここで自分は、物事をどこまで大きく考えたいのか、どこまで小さく考えたいのか、たとえば民族の問題として考えたいのか、海軍の水上部隊の戦術として考えたいのか、そうしたスタンスを自問自答してからでないと、ただ面白可笑しい馬鹿噺に終わってしまって、何も将来に裨益することがなくなるよ。

私の立場は、「ｉｆ」を論ずるなら、マクロからミクロまで同時に語るべきだというものだ。戦争というやつは、ごくささいな技術とか用法によって戦術が変わり、それが戦略を左右し、外交まで決定してしまうことも無いとは言えない。そこで、論者が常にマクロからミクロまで同時に考えようとする態度を保持している限り、議論や結論の誤りを生じたとしても、その議論は無駄にならず、読者にも必ず有益だろう。しかし、マクロかミクロかどちらかへの目配りが欠けた議論に熱中すれば、僅かな誤りがその議論を無価値化し、読者に有益な何物も与えないかもしれぬ。

戦前・戦中の、英国や米国の海軍縁故の政治家と、日本の政治家たちとの格差は、しょせんはそこに求められるだろう。

で、小結論としてはどうなるんでしょうか？　昭和一九年の日本の戦艦は、どう使うべきだったんでしょうか？

北海道、南樺太、北朝鮮東岸の要港に「疎開」させることだったろうね。「壊れゆく砲台」として。というのも、瀬戸内海や九州や中国大陸沿岸に置いていたら、やがてB－29の空襲が届く。爆撃を受けたら、戦艦も港内で激しく動き回らなければならない。その結果、軍港にストックされている大事な重油を減らしてしまう。その結果、船団護衛に活用すべき中型〜小型艦艇の行動を制約してしまうことになる。そのダメージは、戦艦の喪失そのものよりも大きいからね。

つまり、守備隊のがんばっているどこかの島に突入させて、陸上の米軍を撃ちまくれ――といった選択は排除するわけですね。

それは米軍を喜ばすだけだ。長期持久の方針にまるで反しているじゃないか。

戦艦じたいを輸送船に仕立てるという私の案も、不採用でしたよね。

シンガポールの戦艦に1回だけ、ボルネオから内地に原油を輸送させるのはいいだろう。そのあとは、青森の大湊以北に置いてB－29を避けしめ、かつ、ソ連に対する無言の重石に使ったら良いのではないか。

しかし、仮に小樽港、大泊港に停泊させていたとしても、米軍の艦載機空襲はやって来ますよね。昭和二〇年になれば。

その通りだが、ハワイやマリアナに基地のある米軍から見ると、最も長距離の作戦となるだろう? 戦艦が日本側からノコノコと出向いてきてくれて、それを味方の制空している洋心で迎撃するのとは、心理的な負荷が、比較にならないよ。北海道上空で撃墜されれば、パイロットは捕虜になってしまうのだからね。途中の天候も霧が多くて比較的に不安定だ。

もうひとつ反論したいのですが、昭南、呉、佐世保、横須賀の4大軍港を離れて、空襲を受けた戦艦の完全なメンテナンスは可能ですか? 稚内とか、朝鮮の羅津とか、ロクな修船ドックもなかったでしょう。

いかにも不可能。だから「壊れゆく砲台」なのさ。しかし室蘭には日本製鋼所もあるし、修理用の素材は港ならどうにでもなる。石炭ボイラーを陸上に据えて、ケーブルで給電して砲塔を動かし続けることもできる。

戦艦を瀬戸内あたりの軍港に並べておいて、その修理のためにいちいち貴重な軍港の資源を使わせてしまうことこそ、昭和一九年以降は避けなければならないのだ。その施設や材料は、海上護衛戦力の維持のために役立てなければならないからだよ。

海軍がソ連に圧力をかけるようなマネが、できたでしょうか？

鳥居民氏説によれば、戦前～戦中の日本海軍の大目的の一つが、陸軍の対ソ戦開始だけは妨害するというものであるから、できなかっただろうね。北方の「砲台」を強化したりすれば、「対ソ静謐」という大本営方針にも反すると看做されよう。しかし、大本営に理性というものがあれば、次のことが理解できただろう。満州で陸軍が野戦軍を動かすからソ連も刺激されるので、他国の要塞の強化に腹を立てるロシア人はいないということがね。

もっと遡りまして、たとえば、戦車を支那事変スペシャル兵器にしてしまえば良いという（後で出てくる）兵頭説のように、日本海軍も、中国とかソ連とか、非海軍国に対する「弱いものいじめカード」にしておけば良かったのでしょうか？

基本的にはそれがとても正しいのではないだろうか。考え方の「筋」として。つまり、対抗不能性が歴然としているのだから。

時期を満州事変当時に戻せば、日本海軍は中国大陸沿岸に対しては、圧倒的な強みを発揮できた。沿岸の主要都市を海上から爆撃できたし、ソ連の港湾だって海上封鎖してしまえたのだ。

なぜソ連の脅威には海軍中心で対抗するという考え方が採れなかったのでしょうか？

非海軍国のソ連に対抗できるだけの軍艦があれば良いのなら、日露戦争後の海軍予算はほとんどいらなくなってしまう。それでは海軍省という巨大な官僚組織は、困ってしまう。役所は、とにかく予算とポストをどんどん増やさねばならない。だから、世界で一番大きい米国海軍を無理矢理に目標に据えさせたのは自然だったたね。

海軍には「対ソ戦策」はあったんでしょうか？

日本海軍が対英米作戦進展中に背後のソ連について警戒していたのは潜水艦だけだったみたいだね。そのために、もしソ連と開戦した場合には、対潜用の小艦艇と、高速艦艇でもって沿海州の主要軍港を封鎖し、攻撃は航空機にやらせるつもりだったらしい。この計画は陸軍に海軍の立場を説明するものでもあるから、いかにもヤル気のない消極的な内容だ。『この程度しかお付き合いできませんねえ……（だから対ソ開戦なんて回避しなきゃだめですよ、陸軍さん）』という本音だからね。

とりあえずそのための基地航空隊は北海道と北朝鮮に展開する。また宗谷海峡、津軽海峡、朝鮮海峡を厳重に管制するのはいうまでもない。これには陸軍の重砲兵も協力する。意外かも知れないが、陸軍の沿岸要塞重砲は、アクティヴとパッシヴの2種類のソナーを近くの水中に設けていて、標定した敵潜に向かって重砲弾を撃ちかけると同時に海軍に連絡するという体制を敷いていたのだな。

水中聴音機は海軍では戦前から朝鮮海峡に持っていたが、陸軍は昭和一八年夏から「水中聴測機」として各地に置いた。このオペレーターの下士官を養成するのが「少年重砲兵学校」だったんだ。

戦争の後半になると、海軍の対ソ戦計画は少し本気な内容に変わってきて、もし参戦する場合は米ソの分断を優先するという意味から、ウラジオ占領よりも、オハ油田とかペトロパブロフスク、ソフガワニの奇襲攻略を先にやることになった。もし沿海州にB‐29とかP‐51の基地ができたら、ウラジオ占領作戦どころではなく、万事休すだと思ったようだね。

その際の航空戦力だが、第一航空艦隊の母艦機は北朝鮮に進出させて、鮮満国境に立て籠る予定の関東軍主力をサポートする。第一航空艦隊の基地航空隊は北海道に集める。それから、残余の艦載水上機は、なんと北満の守備隊の支援に全部振り向ける予定だった。

実際に八月九日にソ連が参戦してきたときにはどうしたんでしょうか？

海軍総司令長官は、特攻機×30機を北陸か元山に展開させる命令を下している。しかし、北鮮や樺太を攻撃してきたソ連艦に対する特攻作戦は、実施の前に勅命で中止された。これは、皇室がいかにソ連を恐れていたかのひとつの証拠だと思って間違いないだろう。クラウゼヴィッツは国民総武装について「政治的理由による反対者は、国民戦を革命手段と見なす」と書いている。

明治政府もこれを恐れたし、昭和天皇もそうだ。長期戦は必ず内戦を起こす、とね。それで本土決戦を止めさせるために対ソ防衛も抑制した。開戦の詔勅に、あに朕が志ならむや、とか、それに類するエクスキューズが入れられなかった代わり、「四方の海～」のうたを詠んでおられるその意味を、アメリカ政府はちゃんと理解していたよ。スチムソンが京都を爆撃するなと言ったのは、天皇か皇太子が京都に移ることも期待したものと思う。占守島の6機の天山艦攻がどうなったかは、よく分からない。

もし稚内港や泊港に『大和』以下の戦艦を置いていたら、ソ連軍は南樺太に入って来れたでしょうか?

それこそ、沖縄の日本軍と立場が逆になったようなもので、昼間は観測機を飛ばして艦砲射撃のしほうだいになるからね。ただし、軍艦の弾火薬庫に収められている砲弾の数なんて、本当に1海戦分しかない上に、全体の半分近くが、地上攻撃の役には立たない九一式徹甲弾だからねえ。

でも、室蘭がいきなり米艦隊の艦砲射撃を喰うなんてことは、防げたかもねえ。

航空輸送について

今日のわが国には、船はいっぱいあるし、トラックもいっぱいある。足りないのは航空輸送力だけという気がするのですが。

そうかな。日航は1社としては最多のジャンボ機を所有しているだろう。

しかし、旅客機を空中機動作戦に使うわけにはいかないじゃないですか。

そうだなあ。いちおう、陸上自衛隊の大きなヘリであるCH-47は、8トンの貨物+燃料満載の状態で280km先へ往復ができるのだけどね。高山でしかも夏とか、空気の薄くなるところではこの値はもっと低下するが、北方領土奪回作戦では、関係ないからね。

第二次大戦中に、飛行艇と大発を組み合わせて奇襲的に上陸する、という発想は、無かったんでしょうか？

米軍はやったみたいだね。ＰＢ２Ｙから、超浅吃水の発動艇２隻を卸して、１隻に１５０名くらい乗せて上陸したという戦例を、昭和一八年の陸軍のマニュアル『米軍戦法ノ参考』は載せているよ。

第三章　防空

序章では、独立歩兵大隊はどんな小火器で武装するかを心配するよりも、「大円匙」を各人携行することを忘れるな、とにかく米軍が来そうなときには、塹壕を掘らなければならないのだから、という小結論でしたね。

砲弾と爆弾を凌げば、相手の目論みはまず失敗するわけだ。M－14を手にしたって、AK－47を揃えていたって、何の遮蔽物もない土地で砲爆撃を受けたら、全滅なのだからね。

それを踏まえた上で、第一章では歩兵としての地上作戦につき、第二章では補給と輸送の計画につき、過去の戦訓を学びなおしたところですが、本章では、特に防空用の装備について、別に考えてみたいのです。

またおさらいから始めますけど、ジャングルの中から小銃弾で敵の飛行機を狙うのは、観測機についてのみ、推奨されるのでしょうか？

小銃弾が時速200㎞前後の低速機に当たりはじめるのは、高度1000m以下だ。しかも、その飛行機のコースが、射手の真上を通過するような場合でないと、500m以下でもカスリもしないと思うのだよね。敵の観測員に精神的脅威を及ぼすこともできなければ、リスクを冒す価値もなくなってしまう。

この火器なら、いくら発砲しても上空から射点が見つけられることはない、というアイテムはないでしょうか?

三八式歩兵銃の狙撃銃バージョン用には、銃口焔を特に抑制するために薬量を少なくした減装弾が供給されている。この歩兵銃と特殊弾薬の組み合わせの場合のみだろうね。それでも、射手の身体は、木の幹かなにかの蔭に居てできるだけ動かぬようにしないと、上からは良く見えているという場合もある。

あとは何の小火器だろうが、銃口焔は出てしまう。最も派手なのは、とうぜん、7・7㎜弾を短い銃身から連射する九九式軽機だよ。7・92㎜のチェコ機銃はもっとひどい。しかし、かりにも飛行機のパイロットやクルーを脅威しようというのだから、最低でも7・7㎜の自動火器でなければ、死の恐怖を与え得る可能性はゼロだろうよ。

対空遮蔽は、重畳した木の葉を利用しても可能だ。追随照準はつけにくくなるけどね。たとえば米軍は、さすがにフィリピンや中南米に植民地を持っていただけあって、植生の利用が日本軍よりうまかった。野砲の射界清掃も、樹木を伐り倒すのではなく、砲弾が通過する弾道に沿って枝葉だけを苅っていたという。バターン半島の戦いで、日本軍が上から飛行機で見ても、どこで米軍が野砲を撃っているのか、見つけられなかったそうだ。こういう着眼が日本軍にこそ欲しかったよ。

6・5㎜の九六式軽機は、いちおう対空有効射程が400mとされていたようですが

……。

それも、観測機程度が相手の場合に限られるだろう。昭和一九年に、観測機以上の低空攻撃機、たとえば艦上機や双発の攻撃機を、どうしても下から撃って墜としたいのであれば、やはり12・7㎜の連装以上のファイア・パワーがないとダメだった。しかしそのクラスでは、撃ったあと直ちに陣地を大きく転換できない。すぐに報復の砲爆撃がメチャクチャに集中してくるのに、それでは困ったことになる。やはり「ファイアー&ラン」ができるサイズということで考えれば、九九式軽機が上限だ。Vz26、つまりチェコ軽機なら、対空照門を取り付けるためのマウントもしつらえられている。

その軽機は、分散配置すべきなのでしょうか、それとも集中配置すべきなのでしょうか？

心理的な厭がらせのためには、相互に500m程度の間隔をあけて散在させるのが良かったようだ。

7・7㎜をいくら集中してみたって、グラマンやB-25は落とせない。阻止するのではなく、低空飛行をしたくないという心理的なプレッシャーを敵機のパイロットやクルーに及ぼす。その一事に徹することだ。

でももしパイロットに命中すれば、グラマンF-6Fも落とせるのではないですか？

ビルマで、小銃射撃でP-40を撃墜した例があるそうだ。しかもそれは走っているトラックの上からの発砲で、ちょうど敵機が低空掃射しようと接近して軸線が一致したときに、これは逃げられないと思って反撃したもののようだ。小銃といえども敵機撃墜はできる。しかし確率論の問題として、7・7㎜で観測機以外の米軍機を射撃するのは、心理的な効果以上のものは乏しい。

これは千島とアリューシャンの話だが、PB・24Yが低空に降りてきて12・7㎜機関銃で大発を掃射してくるのだそうだ。それに対して大発には対空銃架に7・7㎜の九二式重機が用意されていた。だが、その反撃の7・7㎜弾は、敵機の表面でピンピン跳ね返っているのが見えたそうだ。

しかし、陸海軍の戦闘機は、7・7㎜で米軍機を結構、撃墜していますでしょう?

100mまで近付いて撃つからさ。

すでに中国上空とノモンハンの空戦で、陸軍の九七戦のパイロットから、こんな報告がされているよ。

それによると、2門搭載している7・7㎜機関銃でソ連製SB爆撃機の翼内タンクを発火させるためには、九七戦が1機ではなく2機分を、全弾消費する必要があったそうだ。そんなわけで陸軍戦闘機は、対爆撃機空戦では必ず2機以上で取りついたそうだ。ではそれならなぜ一機の翼に7・7㎜を4門搭載しないかというと、それでは重くなって旋回性が落ちると、パイロットが反対したんだね。ちなみにイ-16は、操縦者を狙って撃てば、その弾丸がエンジン隔壁前の燃料タンクにも当たって発火するので、7・7㎜×2で十分だったというのだが、これが米軍の観測機に相当するだろうね。

なるほど、それでは九九式軽機かチェコ軽機を2ダースくらい集中して真上を通ったとき

に米軍の戦闘機や攻撃機に撃ちかけても、撃墜という戦果は望み薄なので、それならむしろ間隔を500mくらい開けて、飛行妨害、観測妨害に徹するというわけですね。

そもそも米陸軍は、戦間期に早々と、歩兵部隊固有の輸送トラックに頑丈な高射マウントを載せておいて、いつでも12・7㎜重機関銃で空を撃てる準備をしていた。7・62㎜じゃ飛行機には無意味だと良く分かっていたのだ。

ではやはり、観測機以外に射撃するのは、無駄ですな。しからばですよ、敵が、X島上空を低空飛行するのは危険だと判断したとします。そうしますと、今度は敵は「都市空襲方式」に切り換えてくるのじゃないですか？

そうだね。

その事態を想像できるならば、築城資材として持ち込むべき「燃えない材木」とか「沈まない材木」「耐久性のある材木」等についても予め考えておくべきだろうね。

たとえば、マンゴーは幹が素直ではなく、椰子樹は幹の中がスカスカで、建設資材にはならなかった。

南方で、米軍が毒ガス空襲をしかけてきたなら、どんなことになったでしょうか？

大戦略的にそれが向こうに有利とばかり言えないのは、それをすると、却って日本のスパイによる米本土への生物兵器攻撃への道をひらくことになる。だから実施しなかったのだが、守備隊としたら、もし実施されていたら、対応策は限られていたね。

というのは、西欧式の都市だったら、道路が石畳だから、水をかけて流せば、毒ガスだろ

う と放射能だろうと洗除し易いのだ。煉瓦家屋も、まあ、木造にくらべたら洗い易いといえるだろう。ところが、南方のジャングルでは、毒がすべて地面や植生に染み込んでしまう。地表に溜る雨水、木の葉しぐれが全部毒となる。それが壕内に流れ込んできたり、熱でたえず気化する。気化すれどもなかなか散らない。基本的に毒ガスは比重が大きい上に、ジャングルは湿度が高いからね。とても守備隊はそこにはいられないよ。２０ｍ以上の高低差のある斜面の、できるだけ上の方の風通しのよい場所にこっそりと逃れるしか手はないだろう。そこで何度かスコールが通れば、毒は流されるからね。

具体的にはどんな毒ガスが使われる可能性があったでしょうか。

当時の米軍の主力ガスは、砒素系の糜爛剤であるルイサイトだ。兆候として、ドクダミ臭がするというね。

糜爛剤の最初の発明は、塩素系のイペリットだ。その臭いから、マスタード・ガスとも呼ばれるもの。これはしかし、飲料水であれ食肉であれ、煮沸すれば毒が飛んで安全になる。マスクしてやらないと、揮発分は毒だけどね。

砒素系のルイサイトやクシャミ・ガスは、塩素系と違って煮沸してもダメだから厄介だ。サラシ粉を使って分解するしかない。南方にそんなものの準備があったわけもない。ルイサイトは、第一次大戦末に、米国が大量製造したが、使うチャンスなく停戦となった。だからストックがいっぱいあったのだ。全身作用は、イペリットより強力とされていた。

滴下攻撃されたら、どうしようもなかったでしょうね。全身防護服がないのだから。それ

に、低いところに籠るガスじゃあ……。

今の自衛隊の半長靴も、少なくともいちばん露に濡れやすい爪先の部分がゴムとかプラスチックになっていませんから、ルイサイトでも行動不能になるような気がします。

人間の足の指は汗をかくから、ガスの効果が倍加する。エチオピア兵も足をやられたのだ。イタリアのマスタードで。

「使われなかった毒ガス」から戦訓を汲み取るとすれば、とにかくアメリカ本土に対する報復手段を持っていなかったら、アジア人なんて何をされるか分からんということだ。イタリアのエチオピア攻撃やソ連のアフガン攻撃と同じさ。風船爆弾は、無駄ではなかった。あれが、南方の悲劇を抑止したんだよ。

阻塞気球というものがありますね。

昭和一七年以降には「防空気球」と呼び変えられていたものだね。実用化したのは、第一次大戦中のイタリアの某町で、オーストリア空軍に対してだというが……。

パレンバンの精油所にはこの気球をあげといて、見事にひっかかって落ちた英軍機もあったそうだ。しかしこの場合は、英軍としては艦載機でもってどうしても低空攻撃をしておきたかった。そういう作戦上の必然性がなければ、ひっかかってはくれないのだ。

「打ち上げ筒」という、花火のようなものもあったそうですが。

船舶工兵が持たされたものだろう。高度１２００ｍでワイヤー付きのパラシュートが開く。爆薬が結び付いていたともいう。ただし、単発機が３００ｍくらいの低空で来られると、役に立たなかったらしい。大量生産して島の守備隊にふんだんに補給ができれば、意味もあったかもしれないね。

そうしますと、どうしても高射砲頼みになります。

日本陸軍の高射砲は、案外、当たっていますよね？

遠くの島に持ち込めたのは、ほとんどが、口径75㎜の「八八式野戦高射砲」だ。この火器の口径は制式名では「七糎」と表示されていた。それで、略して「八八式七高」という。たいへんにまぎらわしいことに、その後から、実測口径が88㎜の「九九式」という高射砲も造られている。こちらは制式名では「八糎」なので、略せば「九九式八高」となるが、この呼び名はあまり聞かん。

結局、野戦部隊の主力高射砲となったのは「八八式七高」だが、いかんせん完成が昭和三年だ。附属していた照準目盛りが、P-38以上の高速機に対応していなかったという。それでも指揮官がいろいろ工夫をして、超低空のB-25、P-51や、高空のB-24も撃墜していたのだから、じつに大したものさ。

大型爆撃機は地上からの脅威があるときは、最高で8000mくらいを飛んで来ますよね。我が「七高」のタマの最大到達高度は、どのくらいだったのですか？

射角、つまり砲身の仰角を最大の85度にして撃てば、9100mまでも届いたらしい。

すると、B-29も相手にできたわけですか。

そう単純ではないのだ。

このクラスの高射砲だと、実効があるのは、射角が40度から60度の範囲なのだ。60度以上で撃つというのはどういうことかというと、敵機がまさに高射砲陣地の真上を通過することだ。そんな幸運を実戦では期待してはいけない。敵機は、こちらの最初の発砲焔を見ていて、ちょっとコースを変えてしまえば射角70度の砲弾到達圏内など楽に避けて通れるのだからね。対空射撃は直接照準のみだから、地上から撃てるときは、上空からも発砲焔が見えているのだ。

それにだ、発射後、数十秒が経過して高度9100mに達したときには弾丸の存速はゼロ。ヒョロヒョロ漂っているような状態だろう。誤差の多い時限信管で75㎜程度の弾頭を破裂させてみたって、B-29は絶対にそのスグ隣りにはいないってことだね。

八八式七高の場合、教育では実用限度を高度4600mと言っていたらしいよ。しかし実際に操作していた人の回想では、ふつう命中が期待できるのが高度4000m以下で、撃墜成績の良かったのは高度2000m、つまり射角30度のときだったそうだ。

その弾丸というのは、どのくらいのスピードなのでしょうか。

初速は720m／秒なんだが、計算を素早くするために、指揮官は平均秒速300mと覚えていた。

720m／秒じゃ、いかにも不十分ですね。アメリカの3インチ砲と90㎜砲は853m／秒、ドイツの88㎜は一九四三年型だと1130m／秒もあるでしょう。低腔圧で砲身の持ちは良かったでしょうが……。

弾頭に装着する時限信管の秒時精度はそんなに信頼できないものだったのでしょうか?

「七高」のは基本的に黒色火薬の「火道」が内部で燃えていく古い信管だから、雨が降っている日とかはシケって燃えが遅くなり、古いストック品だとそもそも火が着かないことすらあったそうだ。いちおう、使用直前まで錫箔をかぶせて防湿していたんだけど、現実にはダメだった。

それで指揮官としては、弾丸の飛翔時間が数秒で収まる場合のみ、自信を持って交戦を考えるわけだ。たとえば1コ小隊3門からなる中隊だったら、3門は信管を3秒、別な3門は4秒にして一斉に撃たせる。すると、2000m先を横行するグラマンがうまく包み込まれるという具合だ。

しかし、特にB‐24などが相手の時は、もう時限機能は使わず、ダイレクト・ヒットしたときのみ爆発するインパクト・ヒューズに換えて、撃墜したそうだ。これは、陣地配置と観測手と照準手と装塡手がすべて良好でないと、いくら算定具があったってうまく当てられるものではないよね。

75㎜の野戦高射砲の部隊の構成はどんな感じなのですか。

野戦高射砲の「ファイアー・ユニット」は6門が1単位で考えられていた。上海で鹵獲した中国軍の88㎜砲も、6門を1コ射撃単位として運用されていた。つまり、ドイツも6門で1コ中隊なのだ。

これが正規の「高射砲中隊」だったように思うが、支那事変初期の大陸では、4門ある中隊が優良とされていて、劣悪中隊だと2門しかなかったという。いずれにせよ、1門が分隊になる。

「七高」の場合、1コ分隊12名からなるというのが、まず共通だ。混乱させられるのは、戦記を読むと、2門で小隊を構成するところと、3門で構成するところとがあったようだ。

また、内地の例では、その1コ中隊は総勢300名ほどで、うち、下士官が10名ほどだったという。

高射砲以外の火器の装備は無かったのですか？

これもまちまちなんだが、ある首都防空部隊の場合では、1コ中隊内に、近接防空用として7・7㎜の九二式重機が2梃、それから三八式騎銃が12梃あったという。基本的に小銃は持たないから、訓練では「短剣術」の比重が高まる。

この近接防空火器だが、写真を見ると、ノモンハンの頃はまだ6・5㎜の三年式重機だったようだ。また、「高射砲連隊」になると、専門の1コ中隊が20㎜の九八式高射機関砲を装備する。

これは、炸薬4・6gの入ったタマを2000mまで5秒で到達させることができたんだが、発砲煙と転把式のために追随射撃は不可能で、昭和一九年にはもう時代遅れのシステムだ。

砲の牽引はトラクターですか？

最優良部隊の場合、各中隊、九四式6輪トラックを大砲の数だけ装備し、これで「七高」

の牽引をさせたようだ。そのトラックを、特に「牽引車」と呼んでいた。その他に、同じ九四式6輪トラックを小改造した「観測車」と、やはり九四式6輪トラック、または4×2の民間トラックを徴用した「弾薬車」が付随した。観測車には、測高機などの大きくて重い光学機器が大事に収納されていた。総勢の車輌編制は、どうもハッキリしない。九四式6輪などまったく配備されず、徴用の4輪トラックで曳いた部隊もあった。どの部隊も、現地で適宜にやりくりしていたようだ。

トラックが使えない地形では、もちろん12人がかりで砲を陣地進入させたり、移動させたりしたのだ。

昭和一九年の内地では、ガソリンの無いトラックの荷台に積んで、そのトラックに綱をつけて人力で引っ張ることで「機動」した。もちろんチェーン・ブロックで搭載と卸下をするのだが、重心が高いので輸送は相当に危なっかしかったそうだ。

分隊員12名の受け持ちはどうなっていたのでしょうか。

砲手には1番から12番の番号が与えられていたが、最も重要なのは1番と4番で、照準手だ。それぞれ砲の左右に付いている6倍眼鏡をのぞいて、そのヘアクロスの真ん中に敵機をとらえ続ける。ものすごい音で砲が連射している最中に、それぞれ方向と高低の転把を冷静にまわし続けて、敵機を「眼鏡外」にしないように照準し続けていなければならないのだから、たいへんな集中力と訓練が必要だ。眼鏡内では、爆弾はぜんぶ自分に向かってくるように見えるし、また、頭上を覆う敵機編隊の心理的圧力たるや相当のものだったらしい。だいたい、照空灯で捕捉した単発機は高度3500mで蚤のような大きさだそうだから、これを眼鏡内に捉えることがそもそも大仕事だろう。

次にミスが許されないのが、時限信管を正しい秒時に切る役目の10番砲手だ。新式の高射砲だとこの作業は自動化されるのだけれどね。装薬はすべて強装で撃つから調整の必要はなく、初めから金属薬莢の一体型弾薬だ。

発砲は同じ目標に続けて何発も撃つのですか？

それが基本だ。通常、まず6門が2発ずつ撃つ。これを第1群射といった。「七高」の場合、だいたい3群射めにして仰角85度を超え、撃ち止めになったそうだ。昭和一七年四月一八日のドゥーリトル空襲では、ある4門編成の中隊は、高度500mで来たB-25に4発撃ったところで「眼鏡外」に去られてしまったそうだ。つまり、1群射だね。

1門がもし6発撃つと、もう砲身には触われなくなり、さらに連射すると閉鎖機が焼き付いたという。

いずれにしても、よほど大規模の空襲でもないかぎり、高射砲の戦闘は、通常、5分足らずで終わるものだそうだ。

敵機の空襲を予期した場合、とりあえず何発のタマの準備をするのですか？

内地では空襲警報で1門あたり10発の信管の錫帽を脱し、同時に砲員も耳に綿栓をして準備したそうだ。弾薬は2発入の木箱で、重さ30kgあった。

ちなみに、高射用の75㎜尖鋭弾は、昭和一六年末の価格で、1発が約80円したそうだよ。

離島の場合、弾薬の追送補給など期待はできない。だから、絶対に撃墜できるという自信の無いときは、発砲などしないでジャングル内に隠しておくしかない。撃つならば集中して撃ちかけないと、「七高」なんて花火にすぎなくなってしまう。

炸裂した弾丸の毀害半径はどのくらいですか。

破片は、短径50m、長径80mに拡がったそうだ。ただし、その破片が当たっても屁とも思わん軍用機も多いから、ますます連射の必要があったのさ。

高射砲じたいも、掩体に入れないとやられてしまいますよね。

七高の穴を掘る場合は、深さ1・5m、直径6～7mの筒状にしたそうだ。首都では、代々木公園とか、北の丸公園に、ベトンの永久砲床も造った。この場合は3mも掘り下げる。それから、7階建ての第一相互ビル屋上とか、神保町の共立女子大の屋上など、首都にあっためぼしいコンクリート建物の屋上の多くが、「七高」の砲座として提供されているね。「BMD」を本格的にやるとなると、この時代が再来することになるよ。

高射砲には光学兵器がつきものですが……。レーダーのない頃は、敵機の捜索警戒はどうやっていたのですか？

夜間の場合、聴音器というものがあって、これが最初の警報になる。4管あって、立体ステレオ効果を期した。ただし、雲で反射が変わったそうだ。その聴音機が10秒後の敵機の未来位置を計算して照空灯（サーチライト）に伝える。それで敵機がうまく照らされると、指揮官の指図で、砲側の1番と4番砲手が眼鏡内にその目標を捉えて、照準完了。

このサーチライトは、6億カンデラで「点滅照射」して敵クルーを幻惑させるという手も使ったそうだ。

昼間はどうするのですか?

目の良い監視兵は、コンディションが良い時には、距離2万5000mで敵機を発見した。目標の見え方は、針穴に等しい大きさだという。普通の兵は、1万5000mで発見できれば、優秀だったそうだ。

しかし昼夜ともに、曇り空だったら、どうしようもありませんね。

それで「電波警戒機」、つまりレーダーが開発された。

電波警戒機には甲乙あって、乙は300㎞のアクティヴ・レーダー、甲は2局間を何かが横切るとオシロスコープに乱れが現われるというものだったそうだ。

それは普通のレーダーとは違いますね。

普通のレーダーは「電波標定機」で、「た号」と言った。

「た号機2型電波標定機」は、仕様書によれば、捜索可能距離40㎞、標定可能距離20㎞だ。次の「た号機改4型電波標定機」は、やはり仕様書によれば、捜索可能距離40㎞、標定可能距離40㎞という。

「た号2型」は昭和一七年五月から研究開始して、その最初の10台が、昭和一八年一月に配備された。4型は、昭和一九年一二月に量産に入ったという。

ちなみに小笠原第1回空襲は三十数㎞で探知してるようだね。米軍は、昭和一六年一二月のハワイのときは、130浬で日本機を地上レーダーが捉えている。

「た号」は高度も分かりましたか?

設計上では、分かるはずだったんだが、味方の高射砲が撃ちだすと、その振動のために全く使いものにならなくなったそうだ。台座は、コンクリートにしていたのだが、それでもダメだったみたいだ。

ならばと陸軍は、東京湾上にこのレーダーを有する「防空船」を配置しようとしたのだが、海軍の協力が得られなかった。

南方には、送られているのですか?

なかった。だから、いつも奇襲されてボロボロだ。目視と聴音で警戒する哨所を展開して、発光信号のリレーとか、狼煙で早期警報を入れさせることは可能だったはずだが、こういうシステム発想は、戦国時代以前はできてたのに、近代日本人にはなぜか無理らしい。

すると砲側での警戒だけが頼みだったのですね。

「八九式10㎝対空双眼鏡」という三脚付きで14㎏もあるもので監視をしていた。特に爆弾をよく見ていて、もし投弾したら、「全員伏せ」を命ずるわけ。

それは歩兵の守備隊にも欲しい装備でしたね。

敵機の接近が明らかになったら、「観測車」は何をしたのですか?

とにかく「測高」だ。敵機の高度を正確に測ること。この高度の数値が正確でないと、敵機の速度――これを陸軍では「航速」、海軍では「的速」と呼んだのだが――の正確な値は得られない。というのは、三脚に据えた眼鏡で一定時間敵機を追随して、そこで得られた「角速度」、これをもとに航速を算出するが、その算出式に代入する高度の数値が実際より小さかったら、航速値もまた、小さく出てしまう理屈なのだよ。そうなったら、味方の発射した弾丸は、すべて敵機のはるか後方、しかも、はるか低空で破裂することになってしまうだろう。

だから、観測車の装備品のうちで最も大切にされたのが「測高機」だったのだ。

陸軍では「測遠機」という砲兵隊用のレンジファインダー、つまり海軍では「測距儀」と言ったものを、持っていましたよね？　その測遠機と測高機とは違ったのですか？

格段に測高機の方が高価なものだ。測遠機では、角速度を測る必要はなかったから。

しかし情ないことに、支那事変初期に上海で鹵獲したドイツ製の、4m基線長のものを模倣しようとしながら、終戦までに、2mのものしか完成しなかった。

しかも戦時中、最も貧弱な高射砲部隊では、測高機そのものが支給されず、その代用として、野砲用の旧式の「1m測遠機」で距離を見、角度は別に測って、計算で高度を出さねばならなかったという。この1m測遠機というのも、そもそも第一次大戦の青島で鹵獲したドイツ製の1・25m基線長のものを模倣したもので、日本では技術の未熟から、基線長が25cm少なくされているのだ。

基線長とは、ステレオ式に見るときの、2つの目玉の間隔のことですね。

そうだ。それが離れているほど、正確に距離が測れるのだが、同時に精度も伴っていなければ意味がないため、闇雲に基線長を大きくできなかったのだよ。支那事変当時の最新式は「九三式2m測高機」だった。ある回想記によれば、他に3mのもの、イタリア製の4mのもの、それから、首都防空の重要拠点だった月島陣地には9mのものがあったという。野戦高射砲隊の主用したのは九三式だが、それでも備品一式で419kgもあり、これ以上重ければ野外機動に差し支えるわけだ。測高機が全高射砲部隊に行き渡らなかったのも、あまりに高価だったからだろう。

しかし、中隊の高射砲が2つ以上の目標と同時に交戦するような場合、測高機が1つではおいつきませんね。それに、敵の空爆で壊れてしまったら、どうするのですか?

観測車には、九三式測遠機という機材も1つ収納していたから、それをバックアップに用いたのだろう。

千葉陸軍防空学校では、少年兵のうち、視力1・2以上の者を選んで測高機のスペシャリストを養成したそうだ。まず鉄塔、つぎに九八式直協機をターゲットに見立てて訓練する。訓練弾で実射するときには、九七式重爆撃機が標的を曳航した。ところが現実の米軍の艦上機は九八直協などより大きいし、B-24は九七重より大きかったものだから、この少年兵がせっかく正しい測定をしても、上官がみかけの大きさに幻惑されてしまい、「いや、もっと低く飛んでいる」と、実際よりも低いサバ読み値を砲側の照準手と信管測合手に設定させてしまう。そのため、撃ったタマは全弾、低すぎ、後ろすぎ、というヘマも、よくあったようだ。

Ｐ－５１なんかは、大戦末期の単発機としては逆に小さいですから、グラマンに慣れていると、高めに見誤ったかもしれませんね。やはり、８８㎜をコピーしながら、４ｍ測高機をコピー生産できなかった日本の工業力の未熟さを思わざるを得ません。

ところで、日本独自に設計した算定具というのがありましたよね？　今で言えば、コンピュータのような……。

計算のソフトを随意に変更できないから、「計算機」と言うんだろうね。

最初に完成したのは、八八式高射照準具で、昭和五年から開発を始め、概成したのが昭和一〇年。昭和一四年に九七式電気照準具となる。一ヵ所壊れても予備回路が機能するようになっていたそうだが、なおまだ複雑すぎてどこが故障したのか分かりにくいという欠点があったので、リファインして量産性も良くした。昭和一八年八月九日には、「二式砲側電気照準具」として八八式七高にも取り付けられたという。これらのディヴァイスは、他の高射砲とも共通なんだ。

その導入で、何が変わったのでしょうか。

算定具は、そこに固定付属している眼鏡で敵機を連続照準し、また、ケーブルでつながれた測高機も連続測高すると、火砲の筒先が向くべき方向角と仰角が、大砲にとりつけられたメーターの針で示されるというものだ。つまり、1番と4番の砲手は、そのメーターの針に実際の方向と仰角を合わせ続けるように2つの転把を操作するだけでよい。砲の両側についた6倍スコープを覗き続ける苦行からは解放されたわけだ。そして指揮官は、好機にトリガーを引かせて発射すれば、それで当たる。

ただし測高機と高射算定具の電気的な連動が実現したのは、九〇式電気照準具以降のことだ。また、1つの算定具で同時に3門の砲までしか統御できなかった。これは、高射砲は1門ごとに広い占有面積が必要で、4門以上になると、パララックス（放列位置のズレによる視差）が無視できなかったためだろう。

また、「た号」と呼ばれたレーダーとの協同もできるようになった。

地表の火光に注意して、常に小蛇行とスロットルの開き加減の変化をつけ、高度や速度、飛行コースを連続的に変えているような敵爆撃機にも、ちゃんと追随はできたのでしょうか？

当時の反応の遅い計算機の宿命として、照準の考え方は、目標が、等速、同高度、一直線飛行をするものと仮定するしかなかった。しかし、8㎝とか120㎜にくらべて、「腰ダメ」射撃で低空の高機動目標に対処できたのは、七高だけだ。

七高はビルマでは対戦車射撃をしたりと、南方で野砲的な運用もされたようですが……。

腰高なので火光が目立って敵に真っ先にバレるので、大変だったらしいよ。あと、七高は俯角射撃ができない。ベトン砲床に据えればできたのだが……。これで対戦車射撃は苦しい。稜線を利用できないからね。

やはり対空用だったね。キスカとラバウルでは、空襲ごとに陣地を転換して、最後まで生き残れたのだ。

九九式88㎜高射砲

日本陸軍の、主力高射砲としては、もうひとつ、88㎜砲がありましたよね？

特に、本土防空で、B－29にかろうじて効果のあったのは、九九式88㎜と120㎜だけだった。どちらも、要地防空用の固定式の高射砲で、八八式75㎜のような、野外機動はしないものだ。

でも不思議ですよね。ドイツ軍の88㎜は、あれは牽引式で野戦用でしたでしょう？

じつは昭和一二年の上海には、2種類のクルップ製88㎜があった。機動型と陣地型だ。鹵獲できたのは陣地型の方で、プラモデルにもなっている有名な機動型の方は、取り逃がしてしまったのだ。これが運命の分かれ道だ。

そもそも88㎜高射砲は、第一次大戦後のワイマール時代に、クルップの技師がスウェーデンのボフォース社に身を寄せて完成した75㎜高射砲の技術をさらに洗練し進展させたものだ。とにかく軽くて強力で、おまけにとても量産しやすいように考えられていた。

高射砲は初速が大きいのでそのまま戦車砲にもなる。75㎜から88㎜にするときに、もう対戦車砲弾が開発されていたようだ。

そのクルップ88㎜が、対機甲用としてどのくらい優れた火砲だったかというと、アメリカ陸軍はこの火砲に対抗するために、強力だが洗練はされてない90㎜高射砲を無理矢理に戦車の車体に搭載しようとしたのだが、あまりにも砲が重たくて、重装甲させる余地がなくなってしまったんだ。

この恐るべき88㎜のために、装甲防護力だけがとりえだったマチルダ歩兵戦車やチャーチル支援戦車をやられてしまったイギリス人が戦後その技術を解析して、そうして出来上がったのが「L7」という105㎜戦車砲だ。アメリカ、西ドイツ、日本、イスラエルがこの「L7」をライセンスした。一九八〇年代前半まで西側の主力火砲だったんだから、凄いだろう。

それじゃ、コピーをした九九式八高は、量産性も良いし、本土防空戦に大活躍したのですね。

それがそうはならなかったのが我が祖国の哀しさだ。国産88㎜は、高度6000mまでは何とかなった。本当はもっとポテンシャルがあるのに、八八式七高の古い幼稚な観測・照準機材が準用されていたために、それ以上は役立たなかったのだ。上海でいっしょに鹵獲している照準器具を模倣できなかった。本当は、そっちの方が肝心だったのだねえ……。

長さ3m95・9㎝ある砲身も、昭和一六年頃の量産品はオリジナルと同じく身管を交換できる自緊砲身だったのが、昭和一九年頃には単肉自緊砲身になってしまい、防盾も廃止された。

コピー品の諸元はどのようなものでしたか。

カタログ・データではない実験値を紹介すると、高度7700mに達するのに20・65秒かかった。射角70度で撃ったときは、高度8250mに22秒で達したそうだ。その、高度8250mまで88㎜で撃ち上げたときの計測では、七高と同じ「火道信管」が、破裂のタイミングに最大1・5秒の誤差を見せたという。

この原始的な信管とは別に、高価な「機械信管」というのもあって、これは歯車時計を組み込んだものだ。

初速792m／秒、射角80度で高度6095mに撃ち上げたときに、この機械信管は最大0・56秒の誤差に収まったそうだよ。

弾丸は「一〇〇式高射尖鋭弾」というのがあって、茶褐薬が900g入っていた。

なるほど、その精度の高い時計信管の供給もネックだったのですね。それで、B‐29はなんとか落とせたんでしょうか。

昭和一九年一一月一日に東京に高度1万400mでやってきた偵察のB‐29は、見え方としては、単戦が高度4000m以下にいる感じだったそうだが、七高ではとても届かないので、九九式88㎜で40～50発も撃ったところ、当たらなかったという。

機械信管の場合、秒時は算定具と連動で、高度1万mだろうと、対応して切れる。しかし、測高機の基線長が2m程度だったとすれば、いくら信管が精密でもダメだ。幸い機械信管はダイレクト・ヒットでも作動するものだから、おそらくB‐29に対しては、未来位置より相当高めで爆発するように秒時をセットして、直撃瞬発の破壊力だけを期したのではないか。というのは、手前で爆発すると本当に無意味だからね。

そして機械式時計信管が間に合わぬ場合には、七高用の火道信管などはかえりみずに、地上射撃用の瞬発信管を取り付けたのではないだろうか。正式記録にはないが、これによって地上被害が出てもやむを得ないと考えた指揮官がいたと思う。ちなみに、厳密には、榴霰弾の空中破裂と着発を切り替えられる信管を複働式といい、榴弾の瞬発と短延期を切り替えられるものを二働式と言ったようなのだが、高射部隊では複働式の意味で「二働」と言っていたらしく、史料を読むと混乱する。

とにかく、B‐29に対して七高用の火道信管を装着して射撃することが最も無意味であることは、指揮官にはすぐに認識されたはずだよ。こいつは二働じゃないから。

それじゃ、経済性と在庫の潤沢さを考えたら、野砲用の瞬発信管をとりつけてバカスカ撃つことになりましょうね。その場合、逸れ弾が空中で爆発しませんから、地上に相当な被害が出ますね。野砲と同じになるのですから。

しかし、その措置で確かに撃墜力は改善されていて、実際に落ちているB‐29はほとんどが直撃信管射撃によるものじゃないかと私は疑っている。

それが原因かどうか、真偽も確認できないのだが、北九州に対する最初のB‐29空襲のときから、友軍高射砲の弾丸による味方高射砲兵の戦死が複数生じたとも「噂」されていたそうだ。

８８㎜は旧式の七高と違ってマイナス７度の俯角射撃ができますから沿岸砲にも最適だったでしょう。おまけに量産性も良かったとすれば、これの機動型を七高の代わりに南方に持っていけなかったのはいかにも残念ですね。対戦車用にもなったでしょうに……。

歩兵主義、馬主義の日本陸軍としては、１２人くらいの人力で転がせないサイズの兵器は、大量整備されるはずもなかったんだよ。また、人力でジャングル内機動ができないとすれば、昭和一九年の南方では、早晩、敵の航空機や艦砲の餌食だからね。

あと、砲床式にはひとつ面倒なことがあって、周りの土地よりも低くすると、たちまち水溜りになってしまう。そうなると弾薬の乾燥は維持できない。砲床の排水のために、むしろ周りの地面よりちょっと高くしなければならないんだ。

さらにこの火砲には、水準規正機構が付いていないので、砲床は正確に水平に造らなければならなかった。木材砲床という手もあったんだが、やはりちょっと、南方に持っていって、急に据え付けて撃てるようなものではなかったね。

１２㎝高射砲

九九式八高の1クラス上で、昭和一九年に間に合った高射砲といいますと、三式120㎜高射砲がありますよね。

じつは「十四年式105㎜高射砲」という、大正時代の古い高射砲もあって、これも1万mまで届くには届くのだが、そこまで弾丸のスピードで60秒近くかかった。当然、機械時計式信管でなくてはとても命中は期待できないのだが、金がかかるので誤差の大きい火道信管しか用意してなかったという。サイクルレートも低すぎた。

この後継として開発されたのが十二高だったので、特にB-29を予期してその対策で作ったものではないのだ。とはいえ、結局、首都圏防空で最も活躍したのは、十二高になったんだけどね。

陸軍としては珍しく、海軍の12㎝高角砲を参考にさせてもらったものだそうですね。

陸軍では高射砲の管轄が、初めは野砲の学校だけに任されていた。だから加農として野外機動のできる限度である105㎜までしか研究されなかったのだよ。もし重砲の学校でも高射砲を研究させていたなら、そこで12㎝以上の優れた両用加農が早々と開発され、まとまった数が内地や満鮮の要地に配備されたことは間違いないね。

三年式十二高は「装塡鈑」の助けを借りて連射が効くのがウリなんだけども、信管測合を装塡直前に機械力で自動的に行なう方式のために余分のエネルギーが必要で、実際には、渾身の膂力で叩き込むようにしないと、半閉鎖になってしまった。

それから、設計図では電気発火できるようになっていたが、弾薬側の電気門管が間に合わなかったので、その関連部品は造っただけ全くムダになった。

十二高用の弾丸は「二式高射尖鋭弾」で、茶褐薬が3・1kg入っていた。

米海軍の有名な5インチ（127㎜）両用砲は、VT信管を実用した最初の対空火器でしたよね。これの同格と考えていいのですか。

アメリカでは5インチ砲の実験で、敵機の6m以内で爆発しないと無効だと判断し、そこで近接信管を考えた。初使用は一九四三年一月五日の南太平洋海戦で、軽巡『ヘレナ』が九九艦爆×1機を落としたとされている。残念ながら炸薬量の正確なデータを持っていないけど、初期に自衛隊に供与されたフリゲート艦の5インチ砲用のVT信管付きのタマには、3・5kgのコンポA‐3爆薬が充塡されていたようだ。

三式十二高は高度1万mまで射撃できたのですか。

高度8000mまではなんとかなったようだが、その場合の射撃チャンスは数秒だったという。つまり射角が大きくなるからだね。それから、敵機が成層圏の偏西風であるジェット気流に乗ってやってきた場合の合成スピードを考慮しておらず、その場合には照準の追随すら不可能になったそうだ。

あきれた話ですね。敵機の情報もとっていないのでしょうか。

情報はそれなりにたくさん集めているのだが、集まった情報を少しも活かせないのが日本の官僚組織、人事慣行、教育制度というものらしいのだ。

それに、仮に1万mまで照準できたとして、高度6000〜1万mで弾道に影響を与える風向・風速を下から読む手段がほとんどなかったから、そこを30秒以上かけて飛んでいく我が弾丸を正確にB-29に導くのは、やはり困難だったろう。もう高度6000m以上はインターセプター（迎撃戦闘機）に任せるしかなかったのだよ。

120㎜の加農にもなると、発射の音や衝撃がものすごいでしょうね。

88㎜ですでに苦情があったようだ。だから、昭和二〇年の首都圏でも、八高と十二高は人家の近くには布陣ができなかった。

さらにこんな問題もあった。昭和一九年一一月一日に、B-29に向けて発射した高射砲の破片が皇居に降ったんだそうだ。早速宮内省から苦情が来て、それ以後、東京市内に配備された高射砲は、皇居の森の端から100ミルまで、たとい装塡をしてなくとも、砲口を向けてはいけなくなった。この結果、首都中心部の高射砲部隊は、射撃可能範囲が1／3に狭まったという。

88㎜と120㎜は、騒音公害を慮って「十号埋立地」に多く配していたそうだが、そこからも、敵機の主侵入方向である西向きには撃てなくなってしまった。移転しようとしたが、どこにも人家があって、場所を探しているうちに、終戦になってしまったという。

陸軍はけっこう住民の苦情に敏感だったのですね。

昔から大都市ではね。

それからまた宮内省は、東部軍司令官の発する空襲警報が早すぎるとも文句をつけてきたそうだ。その警報に基づいて陛下を地下室にご案内するのが面倒だからというのだ。

いつの世にも腐れ官僚はしようのないものですね。ところで、大都市の灯火管制は、効果があったんでしょうか?

やはりゼロではなかったろうね。灯火管制では、大都市内にわざと、点々と灯火を残して、むしろ村落に見せかけるという欺瞞方法もあったんだそうだが、これを日本で実践したという話は聞かないね。

15cm高射砲

日本陸軍の高射砲の真打として、「久我山の五式十五糎高射砲」の話が良く語られるのですが、あれは実際にB-29に当たったんですか?

日本陸軍で「十五糎」と言う場合は、それは149・1㎜のことだ。イタリアの口径規格でね。

それで「久我山」の伝説だが、事実としてこれは当たってはいないね。

この十五高は、観測器具や算定具に連動して、旋回・俯仰は電動モーターで駆動される優れ物だったようだが、電気式トリガー(発射引金装置)が未完成で、久我山では手動トリガーで発射したらしい。

それよりも、久我山の十五高の場合、最大のネックは光学式追随照準だったようだ。ちょっと敵編隊が断雲に隠れたりしたら、もう追尾が中断して射撃チャンスは失われてしまうわけだ。来襲高度が増すほどに、途中の雲で視線が遮られる時間も増すだろう。敵は快晴の昼間ばかりやって来ないからね。曇天のレーダー爆撃となったらもうお手あげだった。

でも、B‐29は久我山の上空を避けて飛んだそうじゃないですか。

思い込みだろうよ。

たとえば呉軍港のど真ん中に海軍が高角機銃を据えて、戦艦をエサにして、アメリカの艦上機の空襲を待ちかまえるとする。敵は低空でやってくるから、対空戦闘はそれこそ「八方《はっぽう》的《まと》」の様相を呈するだろう。ところが高度9000m以上が相手になると、もう大砲はほとんど垂直に天を向いたままだ。敵機の方からその真上にさしかかって来てくれないと、照準も発砲もできない。では、久我山という処は、B‐29がどうしても通過しなければならない地点だったか？　空に海峡や峠があるわけじゃなし、たまたま久我山のちょうど上空を飛ぶこともあれば、すこしコースがブレることもあるわけだよ。上では同じように飛んでいるつもりでも、下ではそれはまるで別な「空域」と感じられてしまうのさ。

数の少ない高射砲を活かすには、敵機が最終目標として必ずやってくるその場所に放列を布置しないとダメだ。こんな常識が、陸軍には貫けなかった。住民への遠慮が大きすぎてね。

それじゃ、十五高のようなものを南方に持って行っても、無駄だったのでしょうね。

やはりこのクラスは本土の大都市防空専用だよね。南の小島に送っても艦砲射撃で潰されるだけだし、東京のように絶対に爆撃しなければならない価値のある内陸の「一点」が無いわけだから。

東京防空の場合、この15㎝高射砲が仮に何百門もあって、東京にやってくるすべてのB‐29に高度9000m以上でのアプローチを強いることができていたなら、それはB‐29の燃費を相当に悪くするので、引き換えに敵は爆弾搭載量を減らさざるを得ず、それだけでも大きな価値があっただろう。しかしそうするためには、高射砲の配置も、都心からオフセットした久我山などではなく、大手町や四谷や三田や上野にこそ布陣させなければいけない。大阪や名古屋や広島でも同様だ。

ちなみに、もし「TMD／BMD」というものを本気でやる気があるなら、東京の場合、日比谷公園か、お台場からミサイルを発射するのでない限り、最大の防禦効率は期待できんだろう。

それにしてもなぜ日本は高射砲を大量生産できなかったのですか。まともな物は2000門もなかったように聞きますが……。

日本は戦車や飛行機は民間工場で作らせたのだが、大砲だけは陸海軍の工廠で作っていた。つまりお役所仕事だから、予算や人事に制約が多くて、急な大増産が利かないわけさ。

陸軍工廠と海軍工廠ではどちらがたくさん高射砲を造ったんですか?

海軍工廠だね。ただし海軍では高射砲のことは高角砲と呼んでいたのは知っての通りだ。地上に置けばどっちも同じものだけどね。たとえば海軍で「8サンチ高角砲」というのは、口径が3インチ（＝76・3㎜）もしくは75㎜で、陸軍の「七高」と同格だ。

本土防空担当ではなかった海軍の方がたくさんの対空火砲を製造できたというのは、皮肉ですね。

イギリスは、こっちの首都がやられたら、向こうの首都もやってやれというので、防空資源の多くを4発重爆に割り当てた。第二次大戦中に防空を高射砲に頼ろうとした国はどこにもない。やはり20世紀の国防は、空軍力を第一に重視するのが筋だった。それさえ十分だったなら、南の島の守備隊もいらなかった。

液冷インターセプター

防空戦闘機といいますと、やはり宗像和広さんがさんざん強調していたように、液冷エンジン搭載機でなければならなかったのでしょうか。

それは世界の航空技術界としたらどうも常識だったようなのだが、戦前〜戦中の日本では、液冷の高性能エンジンがロクに造れなかったものだから、戦記でも回想録でも、その事実を確認することを回避している。あたかも空冷エンジンでもなんとかなったような書き方をしているのだね。戦後の航空ライターも、それを否定しなかった。だから、国民にはいまだに日本の「負けぶり」の真相は正しく伝わっていないね。宗像さんの功績は、大きいのだ。

でも、なぜ空冷ではB-29を止められないのでしょう？　B-29のエンジンだって、空冷じゃないですか。

機体サイズがエンジン体積にくらべて比較にならないほどデカくて、高速性とか突っ込みが利くこととかいった要求がなければ、巨大空冷エンジンでもいい。というか、極低温の成層圏では、空冷エンジンの方が、トラブルが起きにくくて好都合だ。しかし、弱者のインターセプター側にはその選択はないのだ。

前面シルエットが小さくなって、戦闘機には致命的な空気抵抗が減ることが、液冷のメリットのすべてですか？

その説明のされ方がどうもよくなかったと思う。インターセプター用の液冷エンジンの最大のメリットは、単純に、エンジン容積あたりの馬力が出ることなのだ。回転数をいくら上げても、液冷式なら冷却してやれる。しかし、空冷式だと、馬力を上げれば、ややもすれば冷却が不十分となりがちなのだ。高度1万mを目指して急ごうとするうちに、火を吹いたりする。

結局は、その前にパイロットが出力を自制しなければならないことになり、それでは馬力が小さいのと同じことだ。実際に出せるパワーが空冷式では抑えられるために、日本の戦闘機ではB-29に食い付くことすら難しかったのだ。

ボアアップよりも筒長を長くする方がトラブルは少ない。V型ならばそれも狙えた。過給をすると筒温も上がる。結局クーリングに尽きる。

つまり、水の密度が空気の800倍、比熱が4倍あるので、ゆっくりしたわずかな水流でも完全均一な冷却ができる。よってシリンダー間隔を詰められ、コンパクト化できるということですね？

そうだ。反対に、空冷の複列エンジンでは、いかに巧妙にデザインしたつもりでも、ガンガン回して空中機動するうちにどこかしら「ホットスポット」という局部的な異常過熱箇所を生じ、シリンダーに穴が空いたり、火災を生ずる。液冷では並の設計であってもホットスポットは絶対に現われない。この安心感は大きいのだよ。

B-29のエンジンのように直径に余裕があって、常に一定の気流が正面から当たり、無理して全力回転させることもないならば、複列空冷でも大馬力OKだけどね。

そう仰る割には、ニューギニアまで進出した三式戦闘機「飛燕」は、ほとんど活躍してないみたいですけど……。

補機を含めてDBエンジンの工作が精密になっておらず、故障と不調に悩まされ続けたようだね。これは、液冷エンジンを量産する前提となる精密工学の条件を、戦前の日本がクリアしていなかったからだ。その責任は、満州事変以降、自国メーカーにDB相当の液冷エンジンを開発するモチベーションを全く与えず、逆に三菱重工にまで空冷転向を促してしまうという近視眼的な指導方針しか持ち合わせなかった、陸軍航空本部にあろう。

ともかく液冷エンジンの戦闘機でなくば、高度1万mを飛んでくる米軍の4発重爆を邀撃できなかったことは、これは何とも動かし難い事実なのだ。

DBエンジン「二重買い付け」の謎

日本陸軍と日本海軍は、メッサーシュミットBf109用のDBエンジンを、別々にパテント料を払って導入し、どちらも量産化に失敗してしまいました。ドイツ人が首をかしげていた、と伝えられていますが。

最後の、ドイツ人云々……の箇所は嘘だね。誰が何の意図でそう伝えたのか、とにかく変な「神話」の一つだろう。古手の航空ライターさんには今更無理だろうから、誰か新進気鋭の研究家が確かめて欲しい。

ドイツ商人は、いかなる意味でも、お人好しではないのだ。相手が間抜けな奴ならば、たとえ同盟国であったって、そいつに損をさせても構わないという連中なのだ。つまり彼らは、これが同じパテントの二重売りであること、日本国はこれに乗ればトータルでは損をすることも認識しつつ、自分のフトコロを暖められるチャンスであるがゆえに、巧みに積極的に二重の売り込みを進めたのだよ。所詮その程度の卑しいさもしい相手なんだが、やはりこの取引、まんまと乗った日本の軍人が馬鹿だったと言うべきさ。

ナチスの貿易は一九三四年から三五年は入超で、その反動で三八年まで売りまくった。輸入品は食料と燃料で、三八年には対ポーランド戦用に買い溜めてまた入超。こういう時期だったんだよ。

日米開戦前に三菱商事から企画院に移った森川覚三という人が昭和一七年の「皐月会」の月例報告の中で語ったドイツ人気質の話が、この背景を理解するのにとても役立つ。

日本では、銀行は9割9分が商人御用だ。しかしドイツでは、銀行とは明確に工業家の御用を務めるもので、銀行重役の半数が技術者出身だ。だがこのことは、ドイツ人がモノ作りで満足する国民であることを、少しも意味していない。その技術の目的とは、徹底して「金儲け」にあるのだから。

彼らは伝統的にパテントを大切にする。モノではなくまず第一にパテントをできるだけ高く外国人に売りつけることを以て商売の最高の成功と考える国民なのだ。

次に彼らは、重さの割に値段が高い工業製品を輸出して儲けようとする。写真機などはその代表格で、重量当たりの小売り価格は、ダイヤモンドやゴールドに次ぐのだ。

「まず紙に書かれたパテント、ついで高付加価値製品を、できるだけ高く外国人に売れ」という大方針が、ドイツでは、銀行家から経営者から研究者にまで行き届いていたのだよ。

そう致しますと、同じDBのパテントを、いっけん少し違ったもののように吹き込まれて、二重売りされそうになった――そのときに、日本の陸海軍は情報交換をして、買い手の立場を強化して、それから交渉に望むべきだったのですね?

それが当然だろう。

森川氏はこうも言っている。――日本には調査研究機関ばかりやたらに沢山ある。官立だけで一〇〇以上ある。が、その仕事振りは一日遊んでいるようなものである。特に女子事務員のペーパーワークの訓練ができていなさすぎるため、男子職員の仕事効率はドイツの1／3である。

また、調査研究所が情報のファイル整理をせず、外部の人に利用させることも頭から考えていないために、研究所同士で必要なデータベースの構築を助け合うことができない。その結果、たとえば外国工場の視察では、日本の各調査機関から毎回たくさんの視察者が送り込まれてくるが、彼らの質問は、一様に皆、イロハのイから始めねばならず、せいぜいロくらいまで理解したところで時間が終わってしまう。それを連年、延々と繰り返していて、何年たってもハニホヘトまで進むことはない。

日本人は、名称だけちょっと変えただけの実質同じ物をドイツ人から二重に買わされることがあまりに多い。その理由も、調査研究機関において知り得た情報を誰でも利用できるファイルに整理しておかず、過去の情報が共用されない結果、金儲け第一主義のドイツ人にまんまとしてやられるのである。他の国では、工業会社の幹部に技術の素養があり、かつ、情報整理を徹底して、売り手の狡猾さに対しては買い手もデータベースの協同利用で対抗していくから、このような二重売りをされることはない――。

ああ、そういうことだったのですか。それじゃ、ＤＢはまさにこの手口にやられたのではないですか。

工作機械の現物だったら、二重に買っても損ではないね。が、パテントは違う。あるいは日本陸軍はこんな感じで過去にもドイツ商社から煮え湯を飲まされたことがあって、そのトラウマから、意地でも陸戦兵器のオール独自設計を目指したのかも知れんのだ。

それともうひとつ。ヒトラーが憎んだのはユダヤ人というより、このドイツ流《悪徳》商人魂だったのではないか。彼が馴染んだ軍隊内部のフラタニティとはあまりに隔たった気風だからね。

空中特攻の現実性

空冷エンジンの飛行機しか造れなかったとしても、奥の手として、爆撃機に対する「体当たり戦法」が有り得たと思うのですが。

対重爆の体当たり作戦は、ソ連が対独戦で先鞭をつけているよね。

そして何と日本陸軍も、戦前から凄いことを考えていた。

防衛研究所にある『飛行集団作戦準備　並ニ開戦劈頭ニ於ケル用法ノ研究』という昭和一四年一月の陸軍史料。タイプ印刷された立派なものなのだが、「當身戦闘飛行隊」という、仰天のアイディアがイラスト付きで紹介されているよ。

イ-16を彷彿させる胴体が太く短い低翼単葉の空冷単発単座機。脚はスパッツ付きの固定、操縦席はアメリカのレーサー機のように尾翼の前縁に接するくらいセットバックして設けてある。そしてエンジンと燃料タンクの間には防弾鋼のバルクヘッドがあり、パイロットは「背負パラシュート」を身に付け、足元に「操縦者脱出窓」もあると明記されている。

こんな国産機を開発した上でだ、これを3機1組とし、ソ連のTB《テーベー》超重爆の尾部を「當身ニ依リ」撃滅する。特に、指揮官機は必すやっつける、としている。

この飛行機は是非実験しておくべきだったかもしれない。B-29迎撃に、少しは貢献できただろう。

無人機を電波操縦でぶつけることはできなかったんでしょうか？

舘山の海軍砲術学校が昭和二〇年三月に作った資料によれば、529・9kgの炸薬を搭載した「特殊小型爆撃機　小型」および「特殊小型爆撃機　大型」という無線操縦の空対空兵器を考えていたらしい。もちろん無人機で、8・3～9・2秒、ロケットが燃焼し、敵爆撃機の編隊の中で炸裂するというものだ。

しかし、昭和一九年の南方には間に合わなかったろうね。敵機をみて、その高度まで持ち上げる手段が無かったよ。固体燃料ロケットではなく、過酸化水素ロケットを使う無人の「コメート」の方が、まだ有望だったかもしれねえ。

総括しますと、防空の基本は、やはり防空壕でしょうか。

そうとも。もしB‐29をバタバタと撃墜できたとしよう。その落ちてきたB‐29で、地上はどうなるんだい? じっさいに、爆弾は1発も当たらなかったのに、墜落したB‐29によって工場が丸焼けになった例もあるんだから。

ちなみに防空壕は、もとは退避壕とか避難壕と言ったのだが、陸軍もしくは内務省が、そんな消極的な名称ではいかぬと、呼び方を変えさせたのさ。

第四章　工兵の役割

独立大隊といえば工兵隊の分属などますないのでしょうね。

まずなかろうね。通常の歩兵分隊では１人が十字鍬を、他は円匙を持つ。どちらも、柄と刃を分離して背嚢に縛着できる、小さいやつだ。工兵隊は、もっと大きなやつを持っている。

工兵の器材には、珍しいものが多いですよね。

そうなんだ。とても紹介し切れないが、面白い名称のものだけ並べてみようか。「八七式地中聴音器」「潜水機」「九三式電動通風機」「九三式動力軌條鋸」「九四式脱線機」「九四式製材機」「九四式コンクリート混合機」「九七式空気釘著機」「九八式梯子甲」「同乙」「九八式掃海立標」「九九式大動力鑿岩機」「一〇〇式二酸化炭素探知機」「一〇〇式線路障害検知機」……等々。鉄道用、坑道戦用など、名称から見当が付きそうだろう。第一次大戦での連合軍側の坑道戦の効果がこの頃やっと学習されたのかもしれない。「三式電気錐」は、４人がかりで押しつけて発破用の孔をあけるモータードリルだ。２０㎝掘ったら岩粉を排出して、また掘る。

潜水機というのはアクアラングですか?

手動ポンプで上からホースを通じて送気してやる覆面付のドライスーツだ。河の中に橋脚を立てるとき、どうしても水中作業が必要なので、もう昭和七年からあったのだね。最大深度20m、命綱はマニラ麻で60m、暖水なら「潜水面」のみで潜水服はなし。ポンプは「2気筒天秤式」。江戸時代の「龍吐水」みたいなものだが、ダイレクトではなく気蓄鑵を仲介させている。

12m以深の作業では潜水病が発症することはもう知られていて、水面付近で5分停止してから船に上がり、その後、血行をよくして「メントル」酒を飲め、とマニュアルに書いてある。

インパール作戦などで大河を大部隊が何度も越さなければならないときも、工兵隊が活躍しますよね。

渡河支援だね。

海とか川などの水障害は典型的なものだろうが、あらゆる障害を克服して工兵が兵站路を作ってくれるから、弾薬が滞りなく推進されていくわけだ。砲兵が弾をじゃんじゃか撃てるのは、工兵が蔭で活躍しているからこそなのだね。

しかし、米軍の工兵隊がニューギニアの急造道路にもアスファルト舗装をしたようなマネは、日本の工兵隊にはできなかった。

渡河用の資材

工兵の渡河材料中隊が持っている「折り畳み舟」とは、何なのですか？

折り畳むというより、正確には「分割&合体」舟だね。橋脚舟や重門橋の橋舟も、ぜんぶ「折り畳み舟」だ。素材は、檜の合板とゴムと金具から構成され、4個、または前後2個に分解して陸送できる。最初は「九三式折り畳み舟」という4分割型で、駄載して運んだ。水に浮かべたら、歩兵10人を載せて櫓で漕いだ。

次にできたのが2分割型の九五式で、量産開始は昭和一一年。昭和一二年の上海戦がデビューで、昭和一四年まで秘密兵器扱いにされていた。とはいえそのモデルは、イギリスのジョンソン式モーターボートだから、同系統のアメリカの「M2」折り畳み舟とそっくりらしい。尖形舟（前舟）と、方形舟（後舟）を結合して、一舟となる。重さ200kg、完全武装の歩兵14名（1コ分隊）と工兵2名を乗せた。

これとセットなのが、九五式軽操舟機で、13馬力のガソリン舟外機だ。「九九式折り畳み舟」は、ちょっと用途が変わっていて、80馬力エンジンを積み、九五式舟を5杯、曳航できる。

「鉄舟」というのは、それらとは別なのですか？

別だが、前後2個、つまり尖形舟と方形舟に分割して運搬されるのは類似といえる。敵前でなければ16名で担ぐものだが、敵前となれば、それを8名で、中腰で担いだり、匍匐しながら引きずって、川岸まで持って行くのだ。

これも、舟外機を使わぬときは、櫓でも漕げる。多丁櫓に竹竿だ。上流へ漕ぐときは、櫓は小刻みに動かすのだ。

櫓はオールと比べて長時間漕ぎ続けても疲れないそうですね。

ただ、台湾と大陸の間のあのへんの海は海流が早いので、櫓ではどうしようもないみたいだね。つまり、櫓というのは、海流の弱いところで発達した道具なのだろう。中国の櫓は、すこし勝手が違うもののようだ。

重門橋などは、渡河材料中隊ではなく、架橋材料中隊が装備するのですか？

そうだね。舟のようにシャトリングするのに、「橋」と名付けている理由もたぶんその辺りにある。英語で言えば「フェリー」だ。

だいたい、八九式戦車を除けば、本体のみ4トンくらいの八九式十五糎加農が、野戦部隊の使う一番重い兵器だった。それで、工兵はこのくらいの重砲と8トン牽引車を通せる橋は簡単に架橋できるようにしていた。しかし八九式戦車の「重量13トン」への対応は、昭和一三年でもまだ完全ではなかったようだね。これと、内地の橋梁が20トンが限度だったので、日本陸軍はなかなか20トン以上の戦車を計画できなかったのだ。

障害突破

水障害の次には、人工障害がありますよね。たとえば、鉄条網の突破も、工兵の役割だったと思いますが。「破壊筒」という装備は、例の昭和七年の第一次上海事変で「爆弾三勇士」が殉職する原因になった、アレですよね？

鉄条網に破壊口を開設する筒、という意味なのだろう。長さ4m、直径15cmほどの太い竹を割って20kgの爆薬を詰め、麻の紐で縛ったものだ。そこに導火線と雷管を挿入して、導火線に点火してから3人1組で抱えて壕を飛び出し、鉄条網の下に差し入れて、急いで走って戻ってくるのだ。

これをもっと改善したのが、「九九式破壊筒」で、深さ6mの鉄条網を鉄片によって断ち切るために、6本を接続して長さ6・9mにして2名で携行して挿入する。点火は、挿入後にヒモを引くと7秒後に轟爆する。その7秒の間に10m離れて伏せれば安全だ。1本だけの場合、長さは1・15m、炸薬量は2号淡黄薬が3・8kgだ。

「軽破壊筒」「急造破壊筒」というのは大戦末期の肉攻資材で、いろいろな爆薬からこしらえたものだ。だいたい2～5・5m、炸薬は3・6～22・8kgぐらいだったらしい。

ちなみに今の自衛隊にも似たようなものがあって、なぜか「バンガロー」と呼んでいる。想像するに、インドのバンガロールで英国植民地軍が製造したのが米国に於いても有名だったのだろう。長さは不定で、どんどん長く継ぎ足して、押し出していける。

爆弾三勇士の事件については、軍人は憤らなかったのですか?

いや、工兵隊というところは、集まってる兵隊は娑婆で荒くれの人夫をやっていた者が確かに多かったのだが、その幹部はおそらく陸軍の中では最も理屈の通った集団で、昭和一二年の上海戦線に「投擲器」が間にあっているし、対ソ戦用には装軌式で有線リモコンで走らせる無人爆破ロボットまで準備したのだ。

もっともこの「投擲器」というやつは、爆薬を飛ばすものなのだが、導火線への着火と、発射薬への点火は別々に行なうために、雨の日など、発射薬が不発火のことがあって、その場合、爆薬がその場で轟爆して、投擲器そのものが消しとんでしまったというけどね。

ネイヴィー・シールズみたいな仕事は、工兵はしなかったのですか?

分からん。しかし「水中破壊艇」というものを昭和一八年に造っていた。これは、渡河しようとする彼岸に水中障害物があるとき、全長10mの薄鋼鈑製の無人爆装カヌーを150m走らせて、115kgの装薬に点火し、水中6・5m以内の杭だの綱だのはすべて爆砕してしまおうというロボット兵器だ。

動力は電気を此岸からケーブルで供給して、スクリューに直結したモーターを回す。それで最大5m/秒を出す。ケーブルのボビンはカヌー上にあって、進むにつれて繰りだされる。

船尾にこちらにしか見えない小さな灯火があって、それを見ながら操縦するので、暗闇でも水流に流されてしまうようなことはない。スクリューにはちゃんと水草まつわり防止ガードもついていた。

そういう良いものを、「震洋」とか「連絡艇」の代わりに実用できなかったのでしょうか？

波高1mまでしか対応できなかったんでね。

ちなみに「連絡艇」はいちおう、正面か側面で体当たりすると、積んである爆雷だけが外れて慣性で放り出される仕組みになっていて、必ずしも自爆艇ではない。まあそれを言えば「震洋」だって、操舵手が衝突直前にハンドルを固定して後方から海中に飛び込み、耐爆も考えてある救命胴衣で生還するタテマエとはなっていたんだけどね。

しかし特攻ボートは、船の周りに材木を投げ散らされると、それだけでも防がれてしまったらしい。今日の駆逐艦長も、知っておくべきじゃないか。

障害構築

障害を突破するのも工兵なら、障害を構築するのも工兵の仕事ですよね。

西南戦争の写真を見たんですが、田原坂で「しがらみ」と呼ばれる、杭と竹で炊をつくり土砂を満たした立派な胸壁構築物があったようです。明治一〇年にです。あれは、江戸時代からの智恵なんでしょうか?

何条もの粗な縦筋材に、S字状に密に横筋材を編みこんでいく細工物は世界中にあるわけだが、それを日本で昔から土止めにも応用していたかといわれると、分からん。一つ確かなのは、この「しがらみ」は西洋の18世紀以前の出版物の挿絵に出てくることだ。工兵がこれで胸壁を作るというのは、雇い教官の教えではなかっただろうか。

フリードリヒ大王時代の戦争では、この土工は当たり前に行なわれていた。つまり、当時は先込め式の小銃だろう。火薬の装塡は伏せていてはできないので、いきおい、立射で早撃ちが基本となるから、塹壕よりも胸壁が有難いわけさ。

もっとも、明治一〇年に政府軍が支給されていたスナイドル銃なら、元込め式ゆえ、伏射が合理的だから、胸壁の必要は少なく、塹壕だけでも良かった。まさに、過渡期の戦争だったと思うよ。アメリカの南北戦争を、日本でも追体験したのだよ。

あの麻袋の土嚢は、一体いつから使われたのでしょうか?

分からん。不勉強で申し訳ない。たしかに、パラオのような珊瑚と燐鉱石の島では、1日作業しても20センチしか掘れない。スラリー爆薬でも持っていないと、築城工事のしようもない。そういうところでは、攻め手の米軍も、砂嚢を使ったようだ。

最も強力な対戦車障害は「崖」だと聞いたことがありますが……。

アッツ島でもそう思っていて、守備兵力を配置していなかった断崖の方から敵の水陸両用戦車が15輛も上がってきたそうだ。敵にも工兵がいるのだよ。

円匙で掘れる、断面がV字形の対戦車壕の最低サイズは、深さ2m、幅4mだそうだ。登り勾配の斜面に対戦車断崖を構築する場合は、垂直面が2・5mないといけない。降り勾配ならば、5mだ。

爆薬で漏斗孔を作る場合は、直径6m、深さ1・5mのものを、10m間隔でやたらに設定する。作り方は、地面に垂直に2mの発破孔を掘り、そこに小型航空爆弾5〜6個と、起爆用の黄色薬2kgを入れてドカンだ。

半島防禦

西洋式の永久築城による防禦というものが、もし真剣に学習されていたならば、たとえば朝鮮半島の全部を占領してさらに満州まで出ていくような必要はなく、どこか適当なところで最新式の「長城」を築くだけで、ロシアの南下はそこで防げたんじゃないですか？

山縣有朋はその可能性を考えたことがあるようだね。

大山梓氏編『山県有朋意見書』に、「縦令一時ニ朝鮮全土ヲ占ムル能ハザルモ、西ハ大同江ヲ限リ東ハ元山港ヲ境トシ、山河ニ従テ区域ヲ劃定セバ、永ク日露ノ争ヲ避ケ北方経営ノ目的ヲ全フスルヲ得ベシ」と出ている。

ちなみに井上毅は、朝鮮半島の保持には不安があるとして消極的で、台湾だけ確保すれば良いという判断だったようだ。

どちらも思い付きだけに終わっているけどね。思い付くことは誰にもできる。実行させるのが大政治家だろ。

満州防禦

「万里の長城」っていうのは、どうして古代の中国にだけあるのか、不思議なのですが。

線状の堡塁は、世界中にある。けれども中国の長城ほど大規模なものは、確かに他にはない。もちろん、歴代の王朝が補修・補強をしてこなかったら、すぐに廃墟化してしまっただろうけどね。

黄土帯には200mの断崖もザラだと、兵隊小説で読んだ覚えがある。おそらく、最初は地震で生じた「自然断層崖」から、天の御告げを受けたのではないだろうか。

天然の風景の中にヒントがあって、それを忠実に実現しようとしたのだ。国土が広いと、いろいろな地相が見られる。それを見るだけでも着想の幅が広くなるのだから、羨ましいや。

トーチカとトンネル

圧倒的な米軍の火力を前にした防禦戦法の考え方として、分散をするのか、それとも頑強なコンクリート陣地などに頼るのか。基本的な方針があろうかと思いますが……?

昭和一九年の南方に関しては、結論は出ていた。徹底的に分散することだ。それは築城よりも有効であった。

たとえば旧来ならば、1コ分隊は、幅50m以上の正面に散らばらせてはいけなかった。同じように、小隊なら200m、中隊なら500m、大隊なら2000mの幅より狭く集まって防禦するのが基本だった。しかし、一九年までの戦訓から分かったことは、米軍の進攻を阻止するものは、こちらの火力の密度なんかではないのだ。日本軍の守兵がとにかく健在の様子ならば、米軍は前進してこないのだ。となると、我が指揮掌握の可能な限り、部隊は徹底的に疎開させた方が良いことになるだろう。

その上で、高度に散開した地下陣地の築城ができたら、一〇〇点満点だ。

ごく簡単な塹壕なら歩兵が自分で掘ると思うのですが、たとえば81㎜迫撃砲弾を防ぐには、掩蓋はどのくらい頑丈にしなければいけないのでしょうか。


30㎝径の丸太を併列して、その上から80㎝の積土をしなければならない。

敵は105㎜野砲、155㎜榴弾砲、さらに艦砲や航空爆弾まで使えるのだから、あまり凝りすぎた永久築城は、偵察機にすぐに見定められてしまい、結局は資材と労力の無駄だ。だが、トンネルの出入口などの要点では、この数値を覚えておいても損はないだろう。

500㎏爆弾に耐えるには、岩盤3mか尋常土18mが必要だ。155㎜榴弾に耐えるには、岩盤1mか尋常土3m。そして土の隔壁は厚さ15mなくば、隣もいちどにやられたという。

ちなみにミッドウェー島を守備した米海兵隊の指揮所は天蓋が厚さ3・5mのコンクリートだったそうだ。


トーチカとトンネルとでは、どちらが有利なのでしょう?


どんな頑丈なトーチカも米軍の火力は破壊できる。抗力大の陣地1コより、抗力小の陣地多数を準備することだ。射撃壕は露天でいい。偽装すれば良いのだ。その分散した射撃壕をできればトンネルでつなぎたい。

日本国内もそうだが、南方でもタテ穴はすぐ水びたしになるから、地下化のコツは、排水の良い横穴トンネルが掘れる土地、山がちな地形を探すことだ。横穴の上に尋常土なら30m、岩盤なら10mの厚みがあるなら、大型爆弾にも抗堪できる。平地にタテ穴を30m掘るのは、容易じゃないだろう。フランスのアルビヨンの核戦争指揮所は地下400mにあるそうだけどね。

陸上自衛隊の方面隊の施設群がもっている「坑道掘削装置」も、軟岩質の山に横穴をうがつもので、そのトンネルに八八式地対艦誘導弾などを隠すことになっている。

トンネルの複数の地上出口の間隔は、どのくらい離すべきなのですか？

岩盤であっても、最低15m以上は離さないと、1発の爆弾で2口とも塞がれてしまうことがあるそうだ。できれば30m以上は離す。

落盤防止や胸壁用の材木は、何でもよかったのでしょうか？

南方材は両極端で、ココヤシの樹などは伐り倒して乾燥してくると、耐弾効力ゼロ。だから、立木のまま利用するしかない。そしてその方が対空遮蔽にもなるし、住民も喜ぶ。反対にやたらに硬いし腐らないのは、フィリピンにあるチーク、マホガニーなどだが、斧でも鋸でも刃が立つもんじゃない。あまりに比重が大なので水に沈むほどなのだ。これらは爆破して倒すしかないが、防禦用とかトンネルの天井を支える材木としては理想的だろう。木が硬いか柔らかいかの見分け方は、昭和一九年六月の『南方視察に基く築城の参考』というマニュアルに書いてあるが、樹液が多く、幹が白いものは脆弱で、板根を有し、幹が赤いものは強度が大だそうだ。

真水が得られないとき、海水でコンクリートを練っても良いのですか？

無筋ならば構わない。骨材として、砕いた珊瑚も利用すると良い。

軽機の射撃用の塹壕は、360度の射界が得られるような径始とすべきなのでしょうか？

ある狭い一方向にしか射撃できない射撃壕を多数造っておき、それらすべてを電光形の交通壕で結んだ方が、安全のようだ。

絶対にこしらえるべきでないのは、敵方の、しかも何百mも遠くから見えてしまう銃眼だ。これは必ず戦車砲で潰される。昭和一二年の上海戦線で敵のトーチカを37㎜歩兵砲で全部潰してやったのと、昭和一九年には立場が逆転していることに気付かなければならない。どうしても銃眼のようなものを造りたければ、本当に小さい、狭いものを1コだけ設ける。複数設けたりしたら、もうアウト。なまじ掩蓋付きにするから銃眼で悩むことになるので、露天にしてなおかつ目立たないような陣地造りを工夫することだ。

露天の射撃壕を偽装しようとしても、被せた植物が枯れてしまったら、却って目立ちますよね？

偽装は生きた草木、たとえばタピオカや芋を植えると、食用の菜園にもなって、一石二鳥だ。サツマイモはニューギニア高地でも育つそうだから、このタネイモを南方に持っていけば良かったのだ。対空遮蔽も、ヤシなどの植樹が最善だ。

冬の北満の凍土となりますと、穴掘りはキツかったでしょうね。

爆薬を使わないと、人力ではまず不可能だったようだね。昭和一〇年になって、その爆薬を挿入する穴を穿つための専用の土工具が開発されている。「九五式凍土破砕機」といい、三脚を立て、火で熱した鉄ノミを鉄ウエイトで連打して打ち込んでいくものだ。そんなもののない明治時代には、雪を水で固めて胸壁ブロックにして、それをどのくらいの厚さに積めば敵の小銃弾を防げるか、なんていう実験もちゃんとやっているんだ。千島列島とかアリューシャンでの防禦工事は満州よりずっと楽だったそうだ。なぜなら、気候が海洋性なので、最低でもマイナス5度までしか下がらない。その代わり、風が1年中もの凄かったらしいけどね。

地雷原

日本陸軍は、防禦ラインの構築のために、濃密な地雷原を用いたことが、一度もないような気がするのですが？

数千、数万の単位で敷設しないと防禦効果はないものだ。トラックのない軍隊には、とても海外で大規模に地雷戦術を採用する余裕などなかったんだろう。しかし、ボタン地雷のような超軽量型を研究するとか、工夫のしようはいくらでもあった筈だね。まあ、工兵セクションの陸軍内での発言権が小さすぎたのだろう。

中国軍は81㎜迫撃砲弾を地雷に転用している。これは、悪いアイディアではなかったと思う。日本軍は、250kg爆弾を転用したりとか、どうも真田幸村の「地雷火」式の一発的

昭和20年に余っていた陸軍の航空爆弾の名称および諸元

（名称の「爆弾」は略す）

名称	中径 (cm)	全長 (cm)	全備重量 (kg)	薬種と充填量 (kg)
92式15瓩	10.0	68.7	14.7	茶褐 or 黄色 2.5
同特	10.0	68.7	14.515	安瓦 2.1　茶褐 0.31
94式50瓩	18.0	107.4	48.430	茶褐 or 黄色 20.185
同特	18.0	107.4	47.985	安瓦 16.180　茶褐 4.220
94式100瓩	24.0	138.2	112.76	黄色 or 茶褐 47.76
同特	24.0	138.2	107.815	安瓦 39.3　茶褐 4.9
92式250瓩	30.0	201.1	250.0	黄色 or 茶褐 107.18
同特	30.0	201.1	240.82	安瓦 91.6　茶褐 7.36
92式500瓩	38.0	261.1	495.0	黄色 or 茶褐 229.5
同特	38.0	261.1	411.87	安瓦 198.4　茶褐 11.31
99式30瓩	15.0	89.7	29.6	淡黄 or 黄色 or 茶褐 11.08
12年式12瓩半	12.5	82.1	12.5	黄色 4.850
12年式25瓩	15.5	100.3	25.0	黄色 8.935
12年式50瓩	21.0	132.4	53.0	黄色 28.962
12年式100瓩	27.0	170.2	113.0	黄色 61.990
2式対架空線竝下	6.0	59.3	5.095	茶褐 0.85
1式30瓩	?	?	31.850	茶褐 or 安瓦 9.970
1式50瓩	?	?	51.06	茶褐 or 安瓦 19.28
3式50瓩	?	?	?	茶褐 or 安瓦 ?
1式100瓩	?	?	110.8	茶褐 or 安瓦 45.0
1式250瓩（改）	?	?	233.01	茶褐 or 安瓦 105.42
3式250瓩	?	?	233.01	茶褐 or 安瓦 105.6
3式500瓩	?	?	?	茶褐 or 安瓦 ?
3式1噸	?	?	?	茶褐 or 安瓦 ?

効果に、期待をかけすぎていたね。その爆薬から10個の対戦車地雷、100個の対人地雷を作ろうとはしなかった。

実は、昭和一九年の時点で、ニューギニアでもフィリピンでも、南方には航空爆弾だけがやたらにあり余っていたのだ。陸軍の飛行機の性能が低いものだから、内地で製造されて送られてきたものを、とても落とし切れぬうちに全滅し、そこへ爆弾だけがまた追送されてきていた。その工業力を手榴弾と地雷と破壊筒に振り向けろ——という指導をできる人材は、日本陸軍には無かったのだね。

じゃあ、どんな爆弾があったか。昭和二〇年三月に印刷配布された『爆薬戦闘ノ参考』という教範の巻末に表が付いているから、データを抜粋しておこう。拙著『日本海軍の爆弾』の巻末表を補完するものとなるだろう。

飛行場建設

陸軍についての本を読むと、重爆撃機の運用のために、最低1500mの滑走路を要すると考えていたようですね。

海軍の陸攻だと1200mだね。もちろん、長い程、使いよくなる。

余談ながら、陸軍の地図では、飛行場は「井」の字を以て表示されている。いかに戦前は油井なんかどうでもいいと考えていたかだよ。

飛行場の建設部隊には、どんな装備が必要だったのですか?

基本手順は、伐開→整地→転圧→舗装。これで設定が終わる。「設定」というのは陸軍用語で、海軍の「設営」と同じだ。

伐開に必要なのは、チェンソー、トラクター。特に根っこを抜く履帯式の車輌が要る。ブルドーザーが理想的だ。

ヤシの木は高さ30mくらいあるが、倒すのは人力でできても、移動は装軌車輌でなくては無理。足場も悪いのだからね。10人がかりでも動くものではない。その根がまた、20人が丸1日がかりでないと抜けないという。ウインチの付いた牽引車か、ブルドーザーが必要なわけだよ。

整地に必要なのは、スクレイパー、ダンプ、自走ショベルといったところ。サイパンの飛行場では、昭南から転送されてきた英国軍のブルドーザー×1、スクレイパー×1を投入したという。後者は、装軌牽引車がワイヤーでブレードを引っ張るものだ。地均し機だね。

転圧に必要なのはローラーだ。スクレイパーで平らにした後を、10トンローラーで数十回転圧しないと、重爆の車輪がめりこんでしまうという。

舗装にはミキサーが要る。南方では、急造飛行場の場合、まずそこまでできなかった。

ちなみに、隠密の飛行場造りは、木を伐採せずに整地を進め、最後に木を伐るのだそうだが、まあ、無理だろうね。

機械力での土工の真相

有名な話で、海軍がウェーク島を占領したときに、初めてブルドーザーというものを見た。そして日本軍の人海戦術を見かねて1人の捕虜がブルドーザーを動かし、たった1日で飛行場を整地して見せた——と伝えられていますね。

「神話」というやつは、どのように出来上がっていくものだろうかね。

ウェーク島の捕虜1名に1日で飛行場を造らせたなんていう事実はない。毎日、捕虜——それも軍人ではなく、人夫——を数人ずつ選抜し、ドレッヂャー、トラクターなど無数の機材を動かさせて仕上げたのだ。これは、海軍報道員の天藤明氏の実見だ。

それじゃ、戦前の日本で、港湾荷役や土木工事の機械化が遅れたのは明治政府の失業対策のせいだった——という通説も、嘘ですか？

「半面の真実」だね。

確かに、明治〜大正にかけて国内の人口が多すぎて「失業対策」の必要があり、輸入機械が会社にあるのに、現場での使用を禁じられた、という事実はあった。これは日本土木史の定説となっている。しかし、根はもっと深いのさ。

考えてみたまえ。機械を使って工期が短縮できれば、政府の金利負担は減るだろう。その節約できた予算を、他の公共事業に投じて、そこでも人夫の雇用を創出すれば、失業対策として何の問題がある？ しかも、国全体としては、少ない税金でより多くの事業ができ、民間の機械力は増強され、国力は増すね。

それをしなかったということは、これはキレイごとで説明して良いことじゃない。政治家と役人と地方の親分が結託し、わざと工期を長引かせて、お互いに不当な利潤を貪ろうという腐った利権構造が、もう日本には明治時代からあったんだ。

余談を続ければ、この構造で一番鈍らされるのはバンカーの眼力だ。今の日本が金融戦争でアメリカに勝てないのはそのためで、言ってみれば、高級役人になれなかった、学校で2番目の秀才を、すべて一流銀行の三流銀行員に仕立ててきたのが、近代日本国だ。これで国際競争力があれば奇跡だよ。


アメリカと違って陸軍工兵隊が自前で工事するという慣習が日本では確立されず、あらゆる公共工事が地方の親分の人夫の手配に依存していたという幕藩時代からの体質がずっと続いていて、土木建設や港湾での機械力の導入も否定されたのですね。


その通りなんだが、その事実説明も、当事者にとっては当たり前で、秘密でもなんでもない。学者が教科書に書かないだけだ。

当事者も学者も分かってない文化的な遠因があるんだ。それは、弥生時代から続いている日本式水田の経営、これが、効率度外視で狭い土地に無制限の人力を投入することを正しいとするような価値観を、何百年も育んできてしまったのだよ。

実際に、日本人はそのような水田農業のスタイルに徹することによって、ライス・アジア圏の中でも最高の反収を手にできた。なぜそれが日本だけなのかというと、中国や朝鮮半島では、水田のある土地の地形がぜんぜん違うのだ。ずっと平べったくて、山によって分断されてもいないのだ。……オット、この話は、第一章の自活用装備のところで、もうしているじゃないか。しかし念を押しておきたい。

馬耕にしてもトラクターにしても、粗放で大面積の畑作が農業の基軸になっていない国では、自然には発達し得ないのだ。

では、日本の農業は支那事変前はまったく機械化していなかったんでしょうか？

そのあたりもひとつしっかりと確認しておく必要があるだろう。

日本に石油（灯油）が輸入されはじめたのは、明治六〜七年で、それはランプの燃料としてだった。つまり、それ以前には、ランプもない。明治二、三年以降の灯火燃料は中国産の大豆油だし、それ以前は、内地産の桐水油、魚油、菜種油などが使われていた。だから、たとえば桐水油を特産にしていた静岡地方では、開港と輸入の自由化によって生計の危機に直面したから、原料の毒荏樹《どくえのき》を全部伐採し、跡地にはとりあえず輸出商品となる茶を植え、なんとかサバイバルができたのだが、これまた余談。

明治三五年六月に、蒸気で動く製粉機、蒸気式揚水機、電動ポンプが輸入された。当時は自動車すら電気で、内燃機関は世界的に未発達だったのだ。

大正五年に、石油発動機が輸入され、北海道で玉蜀黍《トウモロコシ》の脱粒に使用された。「石油」というのは、灯油のことだ。灯油のリッター当たりカロリーはガソリンよりも大きいのだが、内燃機関やボイラーでの使い勝手は、揮発性に反比例するのだ。

ようやく石油の内燃機関を搭載した農耕用トラクターが欧州で普及したのが、第一次大戦後なのだが、日本も大戦後、特に大正末から、多数の機械を輸入した。戦争景気で、農村も好況だったのでね。

その中でも、大正一一年に輸入され、最も日本の水田にマッチしていたスイスのシーマーというトラクターを手本に、大正一二年に日本型「自動耕耘《こううん》機」が考案されて、まず岡山県の児島湾干拓地で使われ始め、昭和五～八年頃にそれが大成、昭和一三年から爆発的に普及し始めた——というのが定説になっている。今も見かける、ロータリー式の爪車で耕起と砕土のできる、アレの祖先さ。

それにしても、なんで岡山だったんですか？

まず二毛作ができる気候で、投資がペイする。さらに、干拓地の土質が重粘で、役畜でもプラウの歯がたたなかったそうだ。

そして、稲の収穫期は同時に麦の播種期と重なり、しかも藺《いぐさ》の植え付け期でもあるから、とても人手では間に合わなかった。

コメ作りでは、プラウ起こしから植え付けまでの時間が限られているのだ。だから、田が

4〜5町あると、もう牛や馬が2頭あったって、植え付けに間に合わない。家畜は1日に4〜5時間しか働かせることはできないし、人力耕起は1日に5畝が限度で、平均は3畝半だ。ところが、耕耘機なら、馬の2〜5倍、人の12〜25倍の急ぎ仕事をやってくれる。だから、10町だろうが20町だろうが経営可能になる。しかも反当たりのその経費は、馬の6〜8割、雇い人の2〜4割だ。もっとも、現実には機械の信頼性がそんなに高くはなかったけどね。

昭和五年に農業恐慌があって、他の県でもとても家畜が保てなくなり、人も雇えなくなって、いよいよ機械導入が全国的に進むことになった。

さらに支那事変で小作人が召集されて、労働力が騰貴して、地主は機械を買わざるを得なかったのですね？

マルクス主義者的な言葉を使えばそうなるが、農村から都市への労働力移動はとっくに始まっていて、支那事変がなくとも農村は人手不足だったんだよ。そこへ事変勃発で食糧が足りなくなり、なんと役畜である牛は缶詰にされてしまったのだ。馬はもちろん徴用されてゼロだ。ちなみに、日本陸軍は明治七年の台湾討伐で樽づめの牛肉を早くも軍糧に用いんとしたのだが、暑さで全部腐ってしまい、かろうじて米国から輸入した牛缶詰を病院食に回したというが、これは余談。

その一方で、事変後は小作人が景気がよくなって、小作人も、トラクターを買ったんだ。それで一挙に普及した。案外、この時代は景気がよかったのだ。

馬力は当時はどのくらいだったのですか？

最初はあの砲兵用の牽引車と同じもので、50馬力の重いクラスが輸入された。装軌式も多かった。しかし、日本独特の棚田間の移動、粘土や深田への対応の必要、燃費の問題等があって、国内の各メーカーが競って軽量・小馬力タイプを開発し、とうとう5馬力以下のものが造られ、それが戦前に最も普及していたそうだ。耐用年数は10年だったそうだ。昭和一四年三月時点の岡山県の統計で、馬力は最大のが3・6馬力、最小のが2・0馬力とある。すべてゴムタイヤか、ソリッドタイヤだ。

普及台数は、どう変化したのですか？

日本全国の耕運機の数は、昭和一〇年一一月末で、222台。一二年一一月末で、569台。一四年一一月末で、2971台。一五年春の推定で、1万台近く。

支那事変がメーカーにも需要者にもモチベーションを与えたことがハッキリ表われているね。昭和一五〜一六年の日本のトラクター製造力は、年産2000台以上と推定されている。メーカーは、ヤンマーヂーゼルとかクボタとかばかりじゃなくて、聞いたこともない会社も多数乱立していた。

昭和一五年の時点で、どんな機種があったか、一部を列記してみようか。「小松式二五型ガソリントラクター」「キャタピラー三〇型ガソリントラクター」「キャタピラーRDAディーゼルトラクター」「ランツブルドック・クローラートラクター」「ランツブルドック・ディーゼルトラクター」「ハノマーグ五〇型ディーゼルトラクター」「インターナショナル・コンバイン」などだ。

特にこの当時は、米国からガソリンを輸入していておもしろくないドイツで、ディーゼル農機が急発達中だった。

アメリカやソ連はどうだったのでしょうか？

これは粗放農業の先進国だから、もちろん比較を絶して多いよ。

アメリカは、一九一三年には7000台のトラクターを作った。第一次大戦中に、欧州向けの農産物増産の必要があって、一九一八年からは急激に普及した。そして、一九三五年には、すでに国内に102万3251台が存在していた。一九三六年では、北西部のが特に大型で、30〜75馬力を使っていた。東部のは、もっと小型という。

ソ連は、一九二四年には農用トラクターは2560台だったが、一九三五年には、27万6427台。一九三七年末には、45万2800台のトラクターと、12万8472台のコンバインがあった。

英国には、一九三六年一月時点で、45万台の農業用トラクターがあった。牽引車メーカーとして有名な、アリスチャルマー社製が多かったようだ。

ソ連と英国のトラクターの数が同じなのを見ると、どっちが凄いのか分からなくなりますね。

ソ連の農業用トラクターは、そのまま軍用にコンバートできるようなものだったのでしょうか？

一九三九年の統計で、ソフォーズ用のトラクターの馬力平均は20・6馬力、コルホーズ用のだと18・9馬力とあるから、これじゃ軍用には役立つまい。

しかし、その多くは無限軌道付きのディーゼル式なので、45㎜対戦車砲くらいは曳っ張れたかもね。


日本も、満州開拓には、さすがに機械力を投入したはずですよね。


そもそもの最初は、一九二〇年代前半にパーマーという米人が満州に初めて機械力を持ち込んだ農場経営を始めたのだそうだが、張作霖時代で、馬賊に襲撃されて死んだという。

だが、日本人の第1期入植後5年で、満州ではトラクターが308台に増えたという。

一九三六年頃、つまり支那事変前の本を見ると、4×2のフォードソン、これはプーリーで15馬力、牽引で7馬力出るそうだが、776円で、日本人開拓者の間に普及していたようだ。ちなみに、同地の馬の単価は120円。

アメリカでは、トラクターが800～1200ドル。馬が50～100ドルという時代だ。

他に、満州には、ガソリン式の「キャタピラ30馬力」、「キャタピラ22型」があって、後者の単価は6500円。このガソリン式というのは、始動時だけガソリンを使い、あとは灯油で動かすのだ。ちなみに当地ではガソリンが高価なので、ハルビンの白系ロシア人などは、木炭ガスを使うトラクター用エンジンを器用に工夫していて、日本人が感心している。

30馬力より大きいものは、ディーゼル。燃料は安いが、機械は高い。さすがに満州にはそんな大きめの機械も普及しつつあったようだ。昭和一五年の時点で、大きなトラクターは単価1万1000円もしているが、昭和八年当時の6輪トラックが1万1500円であったのと比べると、なにも篦棒《べらぼう》な投資ではなかったことが分かるだろう。

第五章　砲兵の支援

第11章　臨床の技術

ノモンハンでは、ソ連軍の大砲の射程が長かったという話を良く聞くのですが、どのくらい長かったのでしょうか？

初めに注意して貰いたいのは、大砲は最大射程で発射すると、命中精度が悪いのだ。つまり、1発目の弾着を見て2発目以降を修正しようとしても、なかなかその弾着が目標の方に近寄っていってくれぬということにもなったりする。

たとえば九六式十五糎榴弾砲は、弾種などいろいろな条件にもよるが、射距離8000mくらいでCEP（半数必中界）はもう90m。前進観測班がパーフェクトな仕事をしたとしても、90m単位での弾着修正しか効かないのだから、トーチカの弱点を狙う「狙撃」などはとても無理なことが分かるだろう。

つまり、ピンポイントの精密射撃なんてことにお構いなく、沢山の弾薬を集積しておいて、とにかく移動弾幕射撃でバカスカ撃って面的制圧を狙うのだという用法に徹していない限り、大砲の射程の長さはフルに活かすことはできない。

だから日本陸軍の場合、多重のハンデがあったことになる。一つは大砲の最大射程が、機械牽引を前提とするソ連の同格砲よりも短かった。次に、日露戦争後は弾惜しみの狙撃主義が定着して、移動弾幕射撃ができるような弾薬集積が初めからされない。そして、もし大量の弾薬をバカスカ撃ってよいということになっても、馬の牽引に合わせるため各部品の強度に無理があり、連射の荷重に耐えられずに、脚が壊れてしまうこともあった。

それじゃ、良いところが一つも無いじゃないですか?

まあな。最後まで造兵セクションを民営化しなかった祟りという他にないよ。「日本のクルップ」を南部か誰かが造るべきだったのだ。さもなきゃ、第一次大戦の直後に、世界中から完成品を買い叩いときゃ良かったのだ。特にフランスは、第一次大戦に勝った国で、大砲もあり余っていたのだから。そうすりゃ、高田商会のような愛国的な武器商社も潰れずに済んだろう。

愚痴を言えば、もうひとつ財閥があれば……となるんだろうか。

日本はドイツよりも人口が多いのに、イタリア並の陸戦兵器生産もできなかったのは不思議だと思っていました。

鉄だ。石油も無く鉄も無い、ボーキサイトも無い、ないない尽くしの大国は日本だけだった。

それで、市場よりもまず、大国の立場を確保するための基本的資源を求めて大陸に、また南方に出て行った。シベリア出兵の時に北樺太に傀儡政権を樹立してコントロールしておけば、石油だけは何とかなったのだがね。

ドイツは、鉄も石炭も、鉄道運河経由の販路もあったのに、さらに石油と食糧の安定確保を欲して対ソ戦を始めた。贅沢戦争であり、掠奪戦争であり、活力もてあまし戦争だよ。レーニンの「帝国主義」解釈は初期のソ連が石油のお蔭で助かったという事実を故意にオミットするから、二度の世界大戦の真相を分かりにくくしている。

しかし鉄鉱石だけ持ち帰っても、高炉設備が小規模なので銑鉄や鋼材を増産しようがない。それで町工場の持っている平炉が活かせる屑鉄の輸入に頼るしか無かったのですよね。

大砲は特殊鋼だから高級な電気炉が必要で、町工場の平炉から鋳造で増産できる武器は、ごく限られてしまうんだけどね。

大正時代に新製された大砲は、ほとんど仏式ですよね。それも自緊法という遠心力を使った砲身鋳造をするのでしたね？

第一次大戦の結果として、模倣相手のリストから一時的にドイツの名が消えたのは当然のことでね。普仏戦争の後は、フランス陸軍の兵器や戦術の評価が失墜した。その反対の現象だ。

日本陸軍と日本製鋼所は大正一三年に自緊法のライセンスを買い、これを海軍も昭和二年から導入する。まあ、パテントを二重売りして平気なドイツ商社と比べたら、戦前のフランスのメーカーはずいぶん下手に出ていたという印象があるよ。実に惜しい。

フランス軍の75㎜野砲は、螺式鎖栓の上、防盾をとりのぞいて軽くしてあり、基本的に人力で推進し易かった。そして螺式なのに発射速度は小さくなかった。クルップ設計の三八式野砲は日本軍にはどうも重すぎたね。

で、ノモンハンの日ソの参加砲の射程の比較をして欲しいんですけど。

わかった。まずソ連側から列記していこう。

小さいところは、４５㎜対戦車砲。これは、最大で７９００ｍ。

次の７６㎜野砲は、１万７００ｍ。スコット夫妻著の『ソ連軍』を見ると、この大砲は一九三六年にＶ・Ｇ・グラビンのチームにより開発され、師団砲であったそうな。

次がソ連軍独特の口径である１２２㎜榴弾砲で、１万１８００ｍ。これもスコット夫妻によれば、一九三八年にＦ・Ｆ・ペトロフのチームが開発した。以上三種は、第一次ノモンハン衝突からずっと使用されるものだ。

次に、後から増援に現われた大砲として、１２２㎜加農がある。射程は驚くなかれ２万８００ｍもあり、その弾頭にはＴＮＴが３・２４kg入っていた。「対砲兵」戦の主役だね。出てきた数は少なかったのだが、ソ連軍の勝因の一つに確実に数えられる。

その他には、射程９３００ｍの７６㎜山砲、射程１万８０００ｍの２０３㎜榴弾砲、射程３１００ｍの８２㎜迫撃砲、射程２万７１５０ｍの１５０㎜加農なんかもあったらしい。

して、関東軍の方は？

まず歩兵中隊装備の５０㎜擲弾筒、射程５５０ｍだ。

次に、歩兵大隊装備の７０㎜平射歩兵砲、射程５０００ｍ。同じく７０㎜曲射歩兵砲、２８００ｍ。同じく３７㎜対戦車砲、６７００ｍ。

次に歩兵連隊装備の連隊砲、これは砲兵連隊の四一式山砲と同じものだが、口径75㎜で、射程6300m。

次に師団砲兵である野戦砲兵連隊装備の改造三八式75㎜野砲、射程は1万4000m。同じく九一式105㎜榴弾砲、1万800m。

たぶん独立の迫撃砲大隊が装備した、90・5㎜軽迫撃砲、射程3800m。

師団の上の軍で直轄する「軍直砲兵」たる野戦重砲連隊の装備する四年式149㎜榴弾砲、射程8800m。同じく120㎜榴弾砲、5900m。

戦車連隊の2種類の中型戦車が搭載した57㎜戦車砲、射程1550m。

以上に加えて、七月二三日以降は、以下の軍直砲兵が増援されている。

機械牽引式の九六式149㎜榴弾砲、1万1900m。同じく九二式105㎜加農、1万8200m。どちらも野重の虎の兒だが、景気よく撃ち始めたら、故障続出だ。たとえば鎖栓のネジ部に付着した土埃が高熱で焼けて琺瑯と化し、蓋が開かなくなる。脚にはヒビが入り、ついには折れた。最大射程で最大発射速度の訓練をしたことがなかったのだね。自衛隊にもこの危険があるから怖い。

さらに要塞砲兵から、トラクターで分解牽引のできる、八九式149㎜加農も参戦している。これは射程1万8100mで、九二式十加よりレンジはむしろ短かった。結局ぜんぶ、撃退されてしまったんだけど。

ちなみにこうした旧陸軍の主要な火砲の呆れるほど少ない生産数を知りたければ、『別冊

歴史読本 第41(140)号 日本陸軍機械化部隊総覧』(平成三年)の中で、佐山二郎氏が書いているのが参照できるだろう。この数字は分厚い事典の『日本の大砲』には載っていないので貴重だよ。

ソ連の大砲が射程がヤケに長いのは、何か秘密のハイテクでもあったのですか?

これは単純な話で、大砲全体を重く作って、命中精度はあまり気にせず、砲身の早期摩耗にも頓着しなければ、射程は延ばせたわけさ。

装軌トラクターによる牽引を前提とすれば、大砲の全備重量にはだいぶ余裕を持たせることができる。すると、脚、砲架、揺架、駐退復坐メカ、砲身、砲尾閉鎖機からなる各部の強度を好きなだけ増せるから、大射角をかけて撃ちまくれる。そのとき強装薬を使うと砲身の寿命が直ちに尽きてしまうのだけれども、摩耗したら、他から持ってきた新品砲を投入する。会戦終了後に、工場で廃品となった砲身は交換する。工業力を「対抗不能性」に転換することに成功した例だ。

日本は馬頼みで、しかもその馬の体格が貧弱なものだから、歩兵師団の砲兵のシステム重量に、ひどい制約があった。しかも砲弾も大量生産できず、砲身を摩耗させることも歓迎されないとくれば、もう手も足も出んわけ。

日本陸軍がその約70年の歴史の中で、最もたくさんの大砲の弾を事前に蓄積したのが、シンガポールと、バターン~コレヒドールの正面だと言われている。しかし、シンガポールでは砲1門あたり2100発用意したのが、たちまち撃ち尽くしてしまった。英軍の降伏が早かったので、馬脚をあらわさずに済んだのだ。

クルップ設計の三八式野砲の後継として、トラクター牽引を前提とした機動九〇式野砲というものを、これはフランスの技術を元に完成しているが、これが馬で曳くには重すぎると文句が出て、わざわざ、九〇式よりもずっと軽量化・短射程化した九五式野砲というしょうもないものをつくらせ、優良歩兵師団の野砲兵連隊に供給したりしたのだよ。九〇式は陸軍に2コしかない戦車師団の機動野砲連隊の装備になった。

しかしノモンハンでいよいよはっきりしたのは、野戦砲は、射程で負けたら、もう勝つ方法がないというシビアな現実さ。

ここいらで、陸軍の大砲の主力だった口径75㎜の野砲を曳く馬と、操作する人についても、学習したいのですけれども……。

では中国戦線でのある部隊の例で説明しよう。

当時の改造三八式野砲を装備した典型的な砲車中隊だが、将兵137名、馬匹106頭からなっていて、自衛用火器としては、三八式歩兵銃×18、同騎兵銃×15、拳銃×6が与えられていた。拳銃は下士官用で、将校はこれとは別に自弁する。

野砲は原則として6馬曳き。これを横2頭×縦3頭に並べてひっぱらせた。前列の2頭を「前馬」といって、発進力が旺盛な馬を繋ぐ。それに続く2頭の「中馬」は協調的な性格の馬。最も砲車に近い「後馬」の2頭は、重く、腰の強い馬を繋いだ。ひっぱるのは砲車だけではない。その後ろに2輪のついた弾薬車も連結されている。

馬の馭者は一番下っ端の兵隊の仕事だ。必ず左側の馬3頭に鞍を置き、そこに乗って右側の馬も同時に操縦しなければならない。つまり、馬6頭に馭者3人が乗って、行軍していくわけだ。これでないと、カーブなどは曲がれないのだ。残りの砲員は、砲車と弾薬車にちゃんと腰掛けの設けがある。

1門の野砲は、1番から9番までの砲員によって操作される。その9人の上に1人の分隊長がいる。つまり、10人で1コ分隊。

各人の役目だが、1番が閉鎖機と拉縄《りゅうじょう》担当、2番が照準担当、3番は弾丸込め、4番は架尾の移動担当、5番は信管担当、6〜9は弾運びなので、2番に最優秀の兵を充てる。すなわちやがて伍長に真っ先に進む一選抜の上等兵であり、しばしば功8級金鵄勲章を生きているうちから持っていたりした。

この2番と分隊長、その上の砲車小隊長の3人がいたら、「砲戦」は可能であったという。作戦が長引くと、人も馬も消耗してくる。作戦が一段落つかないと補充はない。だから、だんだんに、偉い人が馭者になったりする。さらに馬が消耗すると、4馬での牽引を強いられることもあったそうだ。

戦国時代の武将は、馬の手綱の中に鎖を入れて敵に切られないようにしろ、などと細かく注意をしていたそうですが、旧軍の手綱はただの革紐ですか？

馬具は輓革と輓索からなっていた、輓革はただの牛馬皮製で、輓索は麻紐だそうだ。兵隊の夏服も麻だが、この天然繊維、湿気にやや弱いところがあって、2年でボロボロになったそうだ。

それでは、昭和一九年頃の米陸軍の火砲体系について教えてください。

「彼らは何を持っていたか」と、「そのなかから何を持ち出してきたか」の二段階に分けて説明をしよう。

まず昭和一九年には限定せずに、「彼らが持っていたもの」は、こんな感じだ。

75㎜野砲M2（新型）、装輪開脚式、自動車牽引、射程1万3700m。

75㎜山砲M1、単一箭材で方向射界6度、射程8300m。パックハウザーと呼ばれたものだ。

105㎜榴弾砲、射程1万1000m。

4・7インチ（119・4㎜）加農、機械牽引、射程1万8500m。

155㎜榴弾砲、射程1万4600m。

155㎜加農M1、弾重43kg、射程2万3000m。

8インチ（203・2㎜）榴弾砲、十五加と共通構造で、弾重90kg、射程1万7000m。

240㎜榴弾砲、4つにバラして機械牽引し、射程1万6400m。

60㎜迫撃砲、歩兵が1人で運べるもので、射程70～1750m。

81㎜迫撃砲、バラして歩兵3人で担いでいけるもので、射程3000m、重榴弾では1200m。

それから、37㎜対戦車砲、57㎜対戦車砲、107㎜迫撃砲、などなど。

高射砲としては、3インチの野戦高射砲、それを更新した90㎜野戦高射砲、要地高射砲として105㎜もあった。

米軍の大砲には、105㎜加農が無い。これが特徴だと思う。


それで、実際に西太平洋の島々に持ち込んできたものは、どんな陣容だったのですか?


レイテ戦時の米陸軍の師団砲兵は、105㎜榴弾砲×54門と、じゃっかんの高射火砲類から成っていたようだ。これだけでもすごいものだ。日本の105㎜榴弾砲の場合、命中精度の良いのが5㎞まで、精度を度外視すれば8㎞近く撃てるが、米軍はトラック牽引だから、15㎞も飛んだのだ。

しかも、米軍の場合、師団砲兵の単独戦闘はまずなくて、そのバックに必ず軍団砲兵があって、協同で撃ってきた。

この軍団砲兵、155㎜榴弾砲、同加農、203㎜榴弾砲が、計54~72門からなる戦闘単位がそれも3つあるという、とてつもないものだ。つまり、1コの師団砲兵に、最多のケースだと155~203㎜の野戦重砲が180門も加勢することがあるわけだよ。

機械化しているから展開も早くて、貨物船が入港してから27時間後に、荷揚げされた十五榴が初弾を発射してきたと、旧軍が昭和一八年に報告している。


それに対して、昭和一九年の日本の師団砲兵の内容はどうなっていたのですか?

昭和一九年の最後の定数表の上では、75㎜野砲×12門、105㎜榴弾砲×24門、1

49㎜榴弾砲（十五糎）×12門だ。すべて馬で曳く。

もともと十五榴は師団砲兵ではない。その上の「軍直砲兵」である野重連隊の装備だが、野重に新式の九六式十五榴が普及したので、お古の四年式十五榴を師団砲兵の第4大隊の分として下げることになったのだ。この四年式は、砲身と砲架に分解して、それぞれを8頭の馬で曳くことができたんでね。サイクルレートは九六式と互角だが、砲身が短いため、発射ブラストで砲手が痛めつけられる度合は九六式よりも酷かった。

75㎜野砲は輓曳用に軽量に造られた九五式、105㎜榴弾砲も馬で曳ける九一式。馬で曳けるということはこの時期にはもはやハンデで、射程は自動車牽引の九〇式野砲より短い。九〇式野砲を装備したのは、2コしかない戦車師団に所属する機動砲兵連隊などだ。そこでは、すべての火砲がトラクターで機械牽引される。

ともかくこれが、日本陸軍の昭和一九年の師団砲兵の最後の正式編制の姿ということになるが、この程度の改編ですら、完結に近いところまでいっていたのは、フィリピンへ派遣された「野砲第八連隊」のみで、精鋭のはずの「野砲第一連隊」すらこの編制表上の定数には12門も足りない状態でレイテ決戦に投じられた。

米軍の155㎜加農の「ロングトム」なんて、23㎞も先から撃ってこられるのですから、もうノモンハンのアウトレンジなんてもんじゃなかったですね。

ついでですから、英陸軍の火砲体系も説明して下さい。豪州軍や、インパールではそれが相手になった筈ですから。

後にはだいぶ米国から供給されたようだけどね。

口径の珍しいところを挙げておけば、25ポンド（88㎜）榴弾砲、3・7インチ（94㎜）榴弾砲、4・5インチ（114㎜）榴弾砲、60ポンド（5インチ＝127㎜）加農、6インチ（152㎜）榴弾砲、6インチ（152㎜）加農、94㎜高射砲、なんてのがあったようだ。ちなみに94㎜高射砲は、レッチンガム製、最大射高12000mで機動式だった。

同じインチ体系の国なのに、米海軍の艦砲に5インチがあるのを除けば、一致するものがないですね。逆に、メートル体系のソ連で152㎜を採用しているのが面白い。これは戦前にイギリスから大砲を買ったことがあったのでしょうね。

米陸軍は、第一次大戦でフランスの大砲を借りて戦ったために、フランス軍の野砲の口径を引き継いでいるのだ。155㎜とか75㎜というのは、フランスの口径だ。しかし、戦車砲や高射砲では3インチ、つまり76・2㎜があるのだ。

支那事変では、100番台のナンバーが付いた連隊が、歩兵でも野砲でも出現します。あれは急造連隊なのですか？

急造ではなく、予備・後備を召集して集めた、「いぶし銀」連隊だね。

たとえば、東京赤坂の第一歩兵連隊を原隊として、第一〇一歩兵連隊が編成される。同じように、東京麻布の第三歩兵連隊からは、第一〇三歩兵連隊が送り出されるという具合で、戦時には勢力が2倍になる仕組みだったのだ。

師団固有の野砲も同じで、東京世田谷三軒茶屋にあった野砲第一連隊からは、野砲第一〇一連隊が編成されて戦地に送られた。彼らは、第一師団隷下の歩兵連隊を支援するわけだ。その中には佐倉や甲府などを原隊とする隣県の連隊も含まれている。戦闘能力ということで比較すれば、理屈では、現役連隊、つまり、1～2ケタ連隊が強そうに思えるけれども、長期戦になると、差はほとんどないそうだ。これはつまり、全員が小学校を出ている軍隊の強みだ。予備・後備といったって、ヨーロッパ各国が第一次大戦で男子を根こそぎ動員したようなのとは訳が違う。関特演の前まではね。

観測光学機器

射程で負けていた日本の砲兵には、どんな勝ち目があったんでしょうか?

陣地の秘匿、できれば地下化。それから、夜間の砲車推進。

それから「狙撃主義」を採用していた日本の砲兵にとっては、敵よりも良い観測所を確保することだね。もし敵よりも良い観測所を占領できたら、それは砲力の劣勢を補ってくれる可能性があった。放列の位置はその次、段列はさらにその次だと言われたぐらいだよ。

残念ながら、それでも米軍の空中観測には匹敵できないのだけれどね。薄明・薄暮時とか、悪天時には、やはり地上の観測所がモノを言っただろう。

その観測所で使う観測器具にはどんなものがあったのでしょうか？

オレも詳しくないから資料で調べたところを片端から列挙するだけだけど、まず「砲隊鏡」。カニメガネと呼ぶやつだ。10～15倍。これに赤外線写真機を取り付ければ、敵陣地の偽装を見破る手段にもできたという。

観測所では、1秒の隙もなく、この砲隊鏡で敵状を見ていたんだ。そして、砲戦になったら、弾着を判定する。

それから「測遠機」。横長の丸筒のやつ。基線長が75㎝だと、10キロ先では650mの誤差が生じる。100㎝だと、それが485mの誤差に縮まる。この違いは結構大きかったが、なかなか基線長の大きな測遠機は供給されなかったようだ。

「十糎双眼鏡」。これは対空用かな。

将校は出征時に各自の双眼鏡を自弁してくるが、観測車にも数個置いてあった。800m以内の直接照準射撃では、砲弾の軌跡が白い糸のように、双眼鏡で見えたという。

ちなみに将校の七つ道具の一つである双眼鏡、日本軍では6倍だが、フィリピンで鹵獲したアメリカ軍のは8倍だったそうだね。

「十六米観測鏡」。ペリスコープだ。最低でも高さ5m、最大のものでは、なんと地表から20mも屹立するものがあった。作ったのは、今のニコンだよ。もちろん専用車載でね。倍率は7～20倍。

これは北支での戦訓だけど、日射により春から陽炎が立つので、もう水平距離２０００ｍを越すと射弾観測がしづらくなり、６０００ｍ以上は全く不可能だそうだ。だから観測所だけを最低２０００ｍ以上、前に出す。そして、眼鏡類は地上から最低4~5ｍは持ち上げていないと意味がなかったらしい。

「地上標定機」。目標までの高低差、水平角を測量する器具で、１０倍。

「潜望式経緯儀」。わが砲兵陣地と敵陣との平面上の位置関係を測量した。大倍率で、８㎞先までも測れた。

「磁針方位板」。これは潜望式経緯儀の略式タイプだ。コンパスとモノキュラーが組み合わされており、倍率は4~5倍だった。

「砲兵」の名に価するのは十五糎以上

昭和一九年の南方のジャングルに、馬や牽引車でなければ動かせないような大砲を持っていくのは、賢明ではありませんよね？
むしろ、初めから噴進砲だけにした方が良かったのではないでしょうか。

噴進砲は否定しないが、まあ、初めから置いてあるものなら、大砲も使ったら良かったんじゃないか。それが時代の制約だ。
結論から言うと、南方のジャングルで「砲兵」の名に価したのは、15cm級だったと言えると思う。だから、それと同じ威力のある噴進砲ができたかどうか、だね。

それはどういうことですか。

まず、間接射撃で対戦車阻止能力が認められたのは、十五榴以上だった。フィリピンでは、十五榴の弾着が1m以内であれば、M4中戦車を擱座させたという。それがいったん分かると、十五榴で撃たれ出しただけで、敵は動揺を始めるわけだ。
それで比島では、あらゆる前線部隊から、十五榴にサポート要請が来たというが、もっとも至極だろうね。

戦車がひるむということは、歩兵はとても随伴不可能ですね。

随伴など言うもおろか、至近弾によって塹壕がドッと崩されて生き埋めになってしまうという、そういう威力が出始めるのが、口径15cmからなのだ。これは、第一次大戦の緒戦で、75mmの速射野砲ばかりやたらに揃えていたフランス軍が、塹壕地帯への準備砲撃で少しは威力のある十二榴が皆無だったために仕方なくいきなり十五榴を持ち出して支援してみたところ、それが顕著な効果があって、その時から各国に気付かれている真理なのだ。だから、支那事変当時の日本軍が十五榴主義を採用せずに十榴とか十加でお茶を濁していたのは、精神的な「縮こまり主義」と言う他ないんだよ。
例えば、ニューギニア方面の豪州歩兵の場合も、こちらが十五榴を2〜3発落としておいた地点からは、決して浸透してこなかったという。それほどの心理感作力があった。特に、日本軍を上回る砲兵の支援がないときには、前に出る戦意が見られないような相手の場合だけどね。

しかし、これと同じ効果を75㎜の山砲とか81㎜の迫撃砲で得ようとしたら、昼夜ひっきりなしに撃ちまくらなければならないだろう。つまり、十五榴主義は、トータルでタマの節約であったかも知れんのだ。

第二次大戦中のドイツやソ連では、十五榴までも師団砲兵でしたね。

そう。もちろん軍直砲兵に配したやつよりも短射程のものだけども、ドイツは、一九二七年からsIG十五榴を歩兵の連隊砲（重歩兵砲）としていた。最大射程5㎞くらいしかないものだが、仰角を73度まで上げることができた。

弾種は多いし1発の威力はあるしで頼もしいには決まっているんだが、ただし、泥濘地や山の中やジャングルを延々と歩いて行軍した日本軍にこれが使えたかというとたぶんダメだ。トラックを随伴した自走砲とすれば、別だったろうけど。

ちなみに独ソ戦では、重点正面には、1㎞につき野砲以上クラスで80門の火砲が必要だとされたそうだ。ふつう、4門（砲兵1コ中隊）が布陣するだけでも、1ヘクタールの地積が必要なんだけどね。

日本軍で九六式十五榴を牽引したのは何ですか？

まず「イケ」。それに次いで「ロケ」だ。

「イケ」は九二式5トン牽引車のことで、甲と乙がある。甲はガソリン、乙は空冷ディーゼルエンジンを搭載した型だ。九二式十加用に開発されたが支那事変では九六式十五榴も曳いた。その場合、山道は時速10キロ、平地最高瞬間で32キロ、路上平均14キロで運行できるけれども、時速14キロでも燃費はひどく悪かったそうだ。

「イケ」の原型は、昭和八年に石川島自動車製作所で開発された「55馬力牽引車」で、スミダR型省営バスと同じD6エンジンを搭載していた。しかし、支那事変では、この「イケ」で九六式十五榴を曳かせるのは不評で、好評なのは「ロケ」だった。

「ロケ」は正式には「九八式6トン牽引車」。九二式十加も結局これで曳いた。昭和一四年に、初めからディーゼルとして完成したので、甲も乙もない。空冷ディーゼルという困った問題はあるが、装甲鈑を使わないので、量産は軽戦車よりも容易だったはずだ。

優秀車といっても、戦前の日本の自動車技術に共通の欠点があって、すぐにサスペンションの一番頑丈な板バネが折れてしまう。正規の教育を受けた3年兵の路上運転でもダメ。これがネックとなって、「ロケ」でも瞬間時速20キロで自制せざるを得なかったようだ。ただし、工兵小隊がいれば、真の湿地以外のあらゆる場所に、九六式十五榴を進出させることは可能であった。だから、南の島に持って行く価値はあったのさ。

その6トン牽引車に、自重4トンの九六式十五榴を載せて、全備重量10トンくらいの自走砲にはできなかったのですか?

牽引車の足まわりは、上からの衝撃力を支えるような仕組みにはできていないんだよ。まして板バネに弱点があるのではね……。だから、十五榴クラスの自走砲をこしらえるためには、どうしてもコイルスプリングで車体を支えていた中戦車の車体を使う必要があった。それもかろうじて三八式十五榴までで、九六式十五榴クラスになったら、もう発射反動は直接地面にスペードを下ろして吸収させる仕組みにしないと、九七式中戦車の車体でも耐えられなかったろうよ。

イギリスは88㎜級以上の砲を自走化しなかった。また、米軍も十五榴を自走化したことがないが、しかし一九四二年に初めて十五加をM3中戦車のシャシに搭載している。これで25～27トン（※米軍車輛の重量表記はショートトンなので注意を要する）にもなっている。次にM4戦車の車体を使っても、やはり同じくらいになった。

ということは、日本でどうやってみたところで、15トンとか17トンでは、収まらなかったろうね。それは、もう輸送船では運べなかったということだ。

そうしますと、昭和一九年に九七式中戦車の車体に三八式十五榴を積んだ「四式十五糎自走砲」は、異彩を放つものですね。

そうだね。よほどの必要を感じて、十五榴の自走化を敢えてした。

操縦手、一番砲手、二番砲手、三番砲手、四番砲手と無線手の6人が乗り込んだようだ。これは砲兵の節約だ。九六式十五榴の場合、砲手だけでも14名が絶対必要で、それに分隊長、車長、運転手、さらに2人の運転助手がついて1コ分隊だったからね。どうしても、運行姿勢と放列姿勢の転換とか、方向射界を変えるときに、架尾を人力で持ち上げて動かしてやらねばならないからさ。ちなみに今の自衛隊の重砲だって、正規の操作員数は12名くらい要るはずさ。大砲を省力化することはできんね。やはりロケットだ。

で、もともと戦中の自走砲というのは、歩戦分離用に研究されていたものだが、昭和一九年以後は、自走砲だろうと砲戦車だろうと、目的は「対戦車」一本になった。つまり、直接照準眼鏡で敵戦車の中央下際を狙って撃ちなさいというのだ。

その場合、弾種は「破甲榴弾」になるので、三八式用の古いタマだと、炸薬は茶褐か黄色薬が2・6kgに減る。これは九六式用の「九五式破甲榴弾」でも茶褐2・51kgなのだが、そんなもので、75㎜カノンを搭載した米軍戦車とジャングル内で直接照準で交戦できたかといえば、甚だ疑問と言わざるを得ない。7~8kgの炸薬が詰まった普通の榴弾で間接射撃したから、十五榴はシャーマンを恐れさせることができたのだ。

その「四式十五糎自走砲」は、北部ルソンで、いくつか鹵獲されているようですけれども、あの備砲は、射程から言ったらまさに「歩兵連隊砲」クラスでしたよね。

最大で6㎞くらい。ドイツが歩兵砲に仕立てたものと、大差はない。ただし、先にも述べたように、自家観測の限界距離が6㎞弱だから、ジャングル内で支援火力として使うつもりなら、そのくらいでもう十分だったかもしれない。

しかし、敵が近付くと困ったことになる。ドイツのは水平鎖栓式だが、同じクルップ設計の三八式は螺蓋式の砲尾で、毎分2発しか発射ができない。いくら直接照準器が付いたって、至近距離での対戦車戦闘は苦しい。たぶん、敵戦車めがけて最初の1発が撃てたら幸運で、それで以て冥すべし、だったろう。

あと、自走砲は道路のホコリをひどく捲き上げるので、それを砲尾周辺に付着させないように苦労したらしい。37㎜対戦車砲なんてよほど荒く扱っても可《よ》かったそうだが、十五榴はじつは精密機器なんでね。

そもそも自走十五榴が製作された理由は何ですか？

馬で曳くように設計してある三八式十五榴は、昭和一九年にはもう動かす手段がなくなってしまったから。馬も牽引車も足りなかった。もし馬があったら四年式十五榴に充当せよ、牽引車があったら九六式十五榴の部隊に回せとなっていた。しかし対機甲阻止能力のある十五榴への戦地からのリクエストは強い。

そこで窮余の一策で、廃車寸前で工場に送られてきた古い九七式戦車の砲塔を取っ払ってしまい、脚を取り除いた三八式十五榴を上に載っけてみたところ、これが大した重量増にもならず、具合が良かった。「初めからこれを造れば良かった」とホゾを噛んだろうね。ガ島に4両持って行って何の戦果もなく全滅した九七式中戦車の代わりにこれが4両あったらどうだっただろう？

いくら戦車の使い方を知らぬ歩兵科参謀だって、支援砲兵の正しい運用くらいは分かるだろう。

いやその前に、あの戦線、この戦線でこの自走砲が歩兵を支援してくれていたなら……と反省してくれたとしたら上等なんだけど、たぶん前線知らずの造兵当局者にはそんな連想は皆無だったことだろう。

牽引車の優先補給があったということは、対米戦争中の日本軍の十五榴のホープといえたのは、やはり九六式十五榴だったのですね。

そうなんだ。だから大阪砲兵工廠では、高射砲と九六式十五榴と九四式75㎜山砲だけに製造アイテムを絞ったんじゃないかな。昭和二〇年には。

何か特徴はあるものですか?

砲身は23・6口径長の単肉で命数5000発。これは三八式野砲より2000発少ないが、九〇式野砲や九二式十加よりは30000発多い。最強の1号装薬で発射するときの平均腔圧は2400kg/㎡、そのときの弾丸初速は496m/秒だ。最大射角は65度となっているが、43度以上にするときは、後退してきた砲尾が地面に激突しないように、下の地面を40㎝掘る。

参考までに、砲身命数が一番長いものと短いものは何ですか?

長いのは連隊砲の四一式山砲で8000発。短いのは要塞砲の九六式十五糎加農で、タッタの450発だ。それ以上撃つと最大射程は300mも短くなって、しかも弾丸が横に寝て、まったく当たらなくなるのだ。

今日では、自衛隊がアメリカから輸入している203㎜砲身は1万発までもOKだというよ。

たしか九六式十五榴の初陣は、昭和一二年の北支に試験的に8門を送っていますね。

しかし量産体制が確立するのは例によって遅い。ノモンハンでもたった16門しか参加できなかった。そして、四年式十五榴より格段に改善されているといっても、肝心の射程性能ではソ連にも米軍にもアウトレンジされているから、敵が優勢だとゲリラ的な用法しか手はなくなる。

ガ島での話だが、一般に大砲はハイアングルで射撃するほど、ジャングル内での陣地秘匿はしやすく、射界準備も楽になる理屈だが、九六式十五榴の発砲煙は、ガ島の森林の樹冠をはるかに超えてしまって、上空からの秘匿には苦労をしたらしい。「風靡力」と言ったそうだが、偽装天蓋が初弾の爆風で吹っとんで次射以降の照準を邪魔してしまったり、偽装が撃つ度に大揺れして、却って被発見の端緒となったりしたそうだ。

ただし、弱装薬で山裾からハイアングルで射撃すると、敵に射点をまったく悟られなかったともいわれている。

ガダルカナル島での砲兵の活躍なんて、あまり世の中に知られていませんよね。私もそうですが、あれは歩兵が三八式小銃だけで戦ったと思っている人も多いと思います。

防衛庁の公刊戦史も歩兵科エリートの大佐参謀が書いたものだから、砲兵、特に重砲のことを詳しく調べようという意欲が無かったんだろうね。というのは、この大佐参謀の重砲運用は、ノモンハンから沖縄まで、全部失敗の歴史なのだ。ルソン決戦をレイテ決戦に大慌てで変更して、なけなしの自走砲の大半を海没させてしまったなんてのもその一例だが、調べれば調べるほどそんな失敗例ばかり公刊戦史に書き残すことになってしまうから、どうしても「特科」関係の記述を避けようとしたとしても不思議はない。ガ島には、とにかく師団砲兵から軍直の野重、75㎜高射砲、そして中戦車まで1セット送り込まれ、それで惨敗しているのだ。生き残った大砲は輸送船で撤収できないので、結局、全門を現地で自爆破壊して捨ててきた。装軌式牽引車と、6輪トラックも同様だ。

だからもし今、意欲のある陸上自衛官がホンモノの火力戦とはどういうものなのかを知りたかったら、「ジャーマン・リポート」と呼ばれている、戦後に米軍の情報部が独ソ戦の実態について元ドイツ軍将校にインタビューしまくった浩瀚《こうかん》な資料に当たるのが良かろうと思う。といってもこれはオレ自身、まだ見たことがないんだよね。いったい日本のどこにいけばあるのか……。

大砲と戦車の戦いは、何でも独ソ戦に学べというのが、今の米軍でも基本となっているようだよ。

じっさいには、十五榴以上に対戦車阻止能力があるといっても、射撃している場所が分かってしまえば、そこに米軍の砲弾が集中してきますよね？

うまく秘匿に成功できて、しかも長射程砲だったら良いのだが、野砲とか日本の榴弾砲の射程では、だいたい4～5分で新陣地がバレて、そこに大量の返礼が来る。そこで、山砲だったら2、3分くらい撃ちまくって、直ちに人力でサーッと押したり曳いたりして逃げる手を使うのだが、野砲や榴弾砲以上だと、牽引車がなければ、とても急速な陣地変換はできない。馬ではもうダメだ。

つまり、昭和一九年にもなると、トンネル内に隠して発砲できる長射程砲か、人力可搬砲か、自走砲か、使えるのはこの三種だけになったと言えるのだよ。

よほどの長射程砲というのは、存在したんですか？

かろうじて、九二式十加だけがね。ただし105㎜だから、とても対砲兵戦には役立たず、敵が飛行場を使用するのを妨害するための嫌がらせ射撃くらいしか用途はなかった。対戦車阻止は、至近距離で直接照準射撃すれば有効だが、初弾を放った時点で他の敵戦車に発見されて、それでおしまいだったろう。

八九式十五加というのは、射程が九二式十加に次いだそうですが、使えなかったのですか？

シンガポールやバターンでは使えたが、問題は、移動するときに日本で最大級の8トン牽引車が2両も必要なのだ。しかも2つに分解しないと運行は不可能。とうぜん、陣地転換も遅くなる。だからより正確には「野戦重砲」ではなくて、攻城砲だよ。敵が優勢な火力で攻めかかってくるような戦場では使えない。たとえば昭和一四年のノモンハンの後半戦に6門が投入され、八月二六日に、そのうち2コ中隊が全滅して、残りは退散しているようだ。これも、中国戦線スペシャルにするしかなかったのではないか。

十五榴の7kg前後の炸薬で敵戦車は退散し、敵歩兵は前進してこなくなったということですが、そうしますと「7～8kgの炸薬を投射できるジャングル戦向きの火砲を探せ」ということになりますね。たとえば「弾頭炸薬8kg」を、噴進弾で実現するには、口径は何㎜が相

当したのでしょうか？

やはり15㎝前後になるのだろうが、射程との兼ね合いがあるからこれが単純ではない。

当時の日本陸軍の噴進弾は、射程を延ばすには口径も増さねばならなかったようだね。すなわち、四十糎噴進弾は3700ｍ飛んだが、二十糎噴進弾の射程は2400ｍに落ちてしまう。二十糎噴進弾は、弾体だけで508kgもあったのだが、そのうち63kgが推進薬の重量なのだ。当時はコンポジット推進薬がまだ発明されておらず、推薬は「Ｇ無煙薬乙」という、ニトログリセリンを27％含んだ、当時のごく一般的な大砲の発射薬。それが、20糎の場合で2・1秒間燃える。燃え終わったところで175ｍ飛翔しているが、その時点での存速が175ｍ／秒で、また3000ｒｐｍで旋転している。

だから、当時の地対地ロケットは、とても効率が悪かった。あるいは、弾殻を頑丈に造りすぎていたのかもしれないけどね。

ともかく、実用された二十糎噴進砲を基礎として可能性を探ると、6kmとか8kmとかいった山砲並みの射程を求めるのはやはり欲張りということになるだろう。直接照準可能な歩兵砲の射程、3000ｍ弱を目標値に据えるべきかもしれないね。そうすると、二十糎噴進弾は、弾重が83・7kgの中に炸薬が16・5kg、推進薬が10・2kg入っていたのだが、この炸薬を8kgに半減し、その分、推進薬を増量するか、弾体を軽量にすれば、3000ｍの射程は実現できたかもしれない。

発射は電気点火ですか？

発射直前に門管を取り付けて、15㎏の力でヒモを引っ張って発火させた。

しかし、タマ1発500kgもある四十糎噴進砲弾を、ユニック（今の道路工事で使われる、トラックに起重機が付属したもの）も無いところで、どうやって運搬したのでしょう？

大樽に入れてゴロゴロと転がしていった……とか？

まさか。サカナのホネ状の御輿を材木で作り、その「背骨」に革ベルトか何かで吊るして8人がかりで担いだのさ。ちなみに、炸薬は98kgで、黄色薬の小袋をギッシリ詰めて、その周りに茶褐か平寧薬を熔融したものを流し込んでいたそうだ。20糎噴進砲弾の方は、茶褐薬か、その代用の平寧薬の熔塡のみだ。

試験的なものでは、大八車に似た2輪で木製の「輜重車」を改造し、そこに二十糎噴進砲弾を3発並べて、人間が車を押し曳きして運搬し、射点に着いたら轅《ながえ》の下に穴を掘って45度の仰角をとり、そのまま3連射できるようにしたものも考えたようだ。

それは荷車版「スターリンのオルガン」ですね。いや、人間、工夫をすれば何でもできるものだということが良く分かりました。

第六章　戦車と対戦車

手元にある『帝国陸海軍の戦闘用車輌』（平成四年、戦車マガジン別冊号）を拝見しますと、旧軍が営々として建設してきた機甲戦力は、ソ連軍と米軍に対して、ほとんど何の役にも立っていないという印象を受けます。これって「資源のムダ」じゃなかったんですか？

痛いところを衝いてきたね。ルソンの戦いでは、たしかに我が戦車師団は1週間で壊滅している。ほとんど米軍の飛行機によるのだが、もしも悪天候が続くなどして、敵地上部隊との撃ち合いに持ち込めたとしても、結果は同じ一方的全滅に終わっただろうね。

硫黄島でもフィリピンでも、日本軍の戦車や砲戦車は、最終的には半没陣地として利用されて終わっているようですが……？

どうせトーチカにするんだったら、大砲だけ量産しといた方がましだったわけで、砲塔も車体も、クルーも、すべて無駄な投資だったことになろうね。しかし、マレー半島のイギリス軍に対しては、日本の戦車は「投資」を回収してるよ。

そうですね。英軍の装備には、ブレンガンキャリアと、わずかな対戦車砲ぐらいしか無かったので、日本陸軍は、戦車の正面牽制と歩兵の迂回側撃とで、防衛ラインを次々と突破できました。しかし、戦場がビルマ方面に移ると、M3中戦車はおろか、M3軽戦車にも歯が立たなかったじゃないですか。それは、装甲厚32㎜のBT－7Mが現われたノモンハン事件以後は、当然に予測できることだとも思うんですけれども……。

なまじいに「近代西洋軍隊」という模範があったために、日本はなけなしの鉄や製造設備を、疑いも持たずに戦車に注ぎ込むことになった。米軍相手では役に立たない性能の戦車をせっせと量産しては、船で南方に運んだ。確かにそれじたい、敵を利しただけの、壮大な資源の無駄使いだったよ。

宗像和広さんは『陸軍機械化兵器』（平成七年）の中で、昭和一六年に日本陸軍は弾薬に9億6000万円、戦車に2億5000万円、火砲と小火器にそれぞれ1億円使い、昭和一九年にも戦車だけに2億3000万円使っていると数字を紹介して、我われを唸らせています。

この資源を、トラックやブルドーザーにふりむけていたら、ずいぶん助かったのではありませんか？

試算のためのドンピシャリな統計値が得られんので、いささか乱暴な丼勘定をしてしまうけれども、中戦車1両のコストで6輪トラック×10台、軽戦車1両で同×5台が製造できたとみて、たとえば昭和一七年度の戦車予算を転用すれば、最良のトラックが8480台も余計に使えたことになろう。

また同年度の中戦車の単価が6トン牽引車「ロケ」の倍であったとみて、中戦車の予算を全部ロケに振り向けていたなら、南方の守備隊は最低でも1062両の万能トラクターを昭和一八年に貰えたことになる。これは印象的な数字だろうね。

トラックをそれだけ投入していたら、中国では勝てていたでしょうか？

いや分からん。河川系を離れてただ海岸から内陸に向かって攻めるという基本的なトポロジカルな誤りを犯していたので、支那事変の収拾は至難だったろう。小さな島の戦闘の決着性が高いのは、攻防ともに海岸に向かう進撃となるからさ。それに、「機械で人件費を代置する」というウマイ話はないのだ。機械化軍とは、後方支援に手厚く人を配さなければならないので、トータルで人の節約にはならん。ただ前線の兵数は間違いなく減ることになるが、それが陸軍エリートには受け入れ難いことなのだ。それを進めることで、自分たちの政治権力を扶植すべき「師団」というポストの温床が減ってしまうからね。

しかし戦車に使ったカネを、北ベトナムから上海まで貨物鉄道をつなげる、そんな大作戦の費用にまわしていたら、米国を相手とした4年間弱の長期戦が、少しは楽になったかもなあ……。

まあ、造ってしまった戦車は、しょうがないから、中国要地でのゲリラ討伐専用とすればよかっただろう。そうすれば、大陸から南方に兵隊を転出させる一方で、内地では飛行機の増産が可能だったろう。

でも、中国でも、日本の戦車は役立たずだったんでしょう？

いや、役には立ったさ。対戦車砲には弱かったが、対戦車砲は歩兵が逐い散らすことができたから、中国戦線では十分に役立った。その話は『軍学考』でも少し書いただろう。ところがこいつを南方に送ろうというのが間違いさ。途中で1／3も沈められてしまい、到着したものも、相手の火力が優っているから、どうしても歩兵と分離させられてしまう。戦車だけで突っ込んで全滅。さもなきゃトーチカにされて自己埋葬。このパターンの繰返しだった。

その差は何の差だったのですか。

中国軍の主力火砲は、82㎜の迫撃砲だ。この弾丸は、かりにダイレクトヒットしても、八九式／九七式中戦車を破壊できなかった。ただし八九式はガソリンエンジンのものは火災になった場合もある。

しかし、米軍の歩兵連隊の主力火砲は105㎜だろ。こいつがダイレクトヒットすると九七式戦車も中破は免れない。しかも師団以上級の155㎜砲となると、至近弾でも擱座。おまけにガ島以降の敵さんは、爆撃機も兼ねられる戦闘機と、バズーカと小銃擲弾まで持っていやがるのだから、M4シャーマンやM3軽戦車や対戦車砲が出るにも及ばずで、もうどうしようもありゃしないのさ。

それにしても、昭和一五年以前の中国兵は、なぜ日本のヘナチョコ戦車如きを見て、陣地を捨てて逃げ出してしまったのでしょうかね？

爆竹がなぜ中国では魔除けの意味を持つのかということと大いに関係があろうね。中国語には単音節が多い。爆発音というのも単音節だ。それで九七式戦車の、炸薬23g入りの破甲榴弾を発射できる57㎜砲は、対中国兵専用の心理兵器として、妙に威力を発揮できたのだ。大きな音がするほど、良かったのだ。

日本陸軍が、対ソ戦に備える場合、15トン程度の戦車では造るだけ無駄なのだと悟らなければならなかったのは、やはりノモンハン事件でですか?

そうだ。あの武力紛争は昭和一四年五月から九月まで続いたのだが、この年、陸軍は鹵獲したソ連製の45㎜対戦車砲で九七式中戦車の砲塔を撃つ、珍しく科学的な実験をしているんだ。

その結果、敵の対戦車砲、あるいは戦車の備砲で、1500mも先から撃たれても、日本の主力戦車は、砲塔を右から左、完全に貫通されてしまうことが分かった。この45㎜砲は、ソ連軍では、6輪装甲車にすら標準装備させていた。だから、ノモンハンには数百門も投入されていたことになる。

この戦いで、もし将来ソ連とやるならば、日本軍の戦車と対戦車砲はよほど強化しなければならないことが、良く理解された。しかし日本の技術の最大のネックは冶金で、対戦車砲にしろ、その徹甲弾頭にしろ、軽くて強いものができんのだ。しかし手がなかったわけでもない。旧式の三八式75㎜野砲をそのまま無砲塔の装軌車体に積むという方法があり得た。野砲なら、腔圧＝初速を増さずに、弾重または炸薬の力でBT-7Mの装甲に対抗できたんだよ。野砲のタマを1人で片手装填することは難しいから、九七式中戦車のような小さな砲塔は取り払い、ワンボックス車体に搭載することになるけど。

しかしそうすると、当時の日本の船舶のクレーンの能力の限界から、そのワンボックスの装甲厚は、ブリキ張り同然に薄くしなければならなかった。というのは、当時は8000トン以上の貨物船が、ようやく13トン以上の吊上げ能力のクレーンを持つのみ、という有様なのだ。ちなみに、船荷の物流がコンテナ化される直前の一九五〇年代のアメリカの1万トン貨物船の本船デリックだって、5～15トンの吊上げ荷役しかできなかったそうだがね。

さらに参謀本部では、「大陸の橋は15トンの荷重にしか耐えられん」という調査をしていたので、装甲戦闘車輌の重量は絶対に15トン以下に抑えるのが至上命題だった。75㎜砲を搭載した上に、戦車と呼ぶにふさわしい装甲と砲塔を施して、それで15トン未満に抑えるなんてことは、とても不可能だったんだね。

そんな次第だから、日本はソ連と戦う戦車は持てないということは、陸軍省と参本には昭和一四年に結論されなければいけないことのはずなのだが、官僚的な惰性と技術陣への漠然とした期待とで、ズルズルと金喰い虫の戦車が量産され続けたのだ。

昭和一四年七月二四日の『ニューズウィーク』によると、野原博起大尉なるソ連通の参本将校は、ノモンハンでは日本軍の砲弾の3発に1発はソ連軍戦車を捉えることができたと信じていたようだ。

不思議なことに、戦後のソ連のAFVには装甲の弱いものがありますね。BTR装甲車のタイヤハウスの鋼鈑が薄いために、アフガン人の英国製7・7㎜ライフルでも貫徹されてしまったと聞きました。

全周に完全な防護性能を与えることは、無理なのだろうね。それにしても日本戦車は真正面すらダメなんだから、困るのだ。

九五式軽戦車もたくさん造られましたよね。あれは中国戦線での評価が良かったのでしょうか？

機械的信頼性が高かったようだ。それは、全体に軽量だから、エンジン、足まわりに負荷がかからない。

エム・カー・クリスチーという戦前のソ連の戦車技師によれば、乗用車エンジンは平均負荷40%、トラックは60%なのに、戦車エンジンは連続的にその最高出力の80〜90%で使われる。これを国産するのも、内燃機関で遅れをとった日本には大変だったのだが、車体が軽ければ負荷は減るからね。

そして、「豆タンク」と呼ばれた2人乗りの九四式軽装甲車や九七式軽装甲車より、3人乗りの軽戦車は容積に余裕がある。ゆえに、長期の行動が楽だ。あとは、中戦車よりも鉄を使わないので、1両7〜8万円、つまり九七式中戦車の半額で調達できた。メリットはこれにつきていたろうね。

九五式軽戦車に対するクレームを陸軍が昭和一三年にまとめたものがあるのだが、こんな具合だよ。

まず、上海のクリーク戦では、結論として九五式は役に立たなかった。むしろ昔のルノー軽戦車の方が良かった、という。これは機動力のことではなく、第一次大戦を経験しているフランス製の戦車の装甲は厚さ30㎜もあって、小銃弾防護が万全だったということだろう。九五式軽戦車は、主要部の装甲が12㎜、主要部以外だと10〜6㎜しかないから、中国兵の7・92㎜弾が貫通してしまうのだ。敵前100mに近付けば全滅するのみ、とクルーは自覚していたようだ。

神戸製鋼製の九五式の装甲板のボルトは植え込み式にしろ、という注文もある。これは、戦車も複数の工場で量産されたので、細部のつくりがラインによって違っていて、三菱の図面が守られていない製品もあったのだ。

傾斜地になると砲塔が回らないので、対錘（カウンターマス）をつけて欲しい、という声もあった。なにしろ転把式ですらなく、車長が肩で砲尾を押して砲塔を回すしくみなもんでね。

八九式中戦車には無かった伝声管がついているのは、重宝されたようだ。戦車の車内は騒音がすごいから、八九式では車長がドライバーの肩を足でつついて操舵の命令を伝えなければならなかった。

しかし、バッテリーは自家充電できないので困る、と評されている。

してみると「好評」とは言えませんね。九五式軽戦車でそこまでボロクソなら、どうして大砲すら積まない軽装甲車などというものが量産されているのか、よく分からないのですが。支那事変の写真に、最もよく登場する機甲兵器ですよね？

やはり『陸軍機械化兵器』の中で宗像さんが、1両が4万円、4輪トラック×10台分の値段で調達できたと書いているように、安かったからだよね。あれは戦車隊の装備だけれども、戦場では常に少数ずつ歩兵部隊に分属されていて、歩兵の盾になった。

九四式軽装甲車に関する昭和一四年頃のクレーム集があるから、やはり紹介しよう。

この防研史料は日付が不明確なのだが、これまで九二式重装甲車を装備していた「村井部隊」に37㎜砲装備の軽装甲車が4両支給された、とあって、これは九七式軽装甲車のことと思われる。昭和一二年一月から一三年七月まで戦車第四大隊長だった村井俊雄・歩兵大佐の部隊なのかも知れぬ。

で、九四式軽装甲車についてだが、まず機動性は良好である。工兵の助けなしでも独自の工夫でなんとか渡河してしまえるのが最高である。乗員2人で1ヵ月の追撃に従事している。これを見れば、戦車ももっと小型で良い筈だ、などと褒めている。

しかし、武装は評価されていない。6・5㎜機関銃では、陣地に籠る中国兵は逃げない。少なくとも7・7㎜が必要だが、できれば大砲をつけて欲しい。中国兵は戦車砲一発撃てばただちに潰走するからとにかく大砲を積んでくれ、という。

銃塔は傾斜地では旋回不能。理由は、九五式軽戦車と同じだ。

装甲はいけない。ドライバー前の垂直装甲部は最弱点で、機関銃弾によく貫通される。他の傾斜部分でも、100m以内では、7・92㎜弾に貫通されてしまう。なにしろ主要部でも装甲厚は10・8～10㎜しかなかったんだ。

手榴弾や地雷には平気だが、集束手榴弾でドライバーズハッチをやられた例がある。

車体後部ハッチは非常に便利。ここに工兵を載せて行って城壁を爆破できるから、装甲作業機なんていらない、と書いてある。装甲作業機というのは、昭和一四年に装備化された工兵隊専用の戦車改造装甲車だ。

昭和一三年七月から八月まで続いた張鼓峰事件での勝因は、戦車ではありませんよね？

地形と植生、それから本格的衝突に発展した場合の補給線が相対的に日本に有利だとモスクワが判断したことだ。

ソ連軍の陣地周辺には、丈が1・8ｍものコウリャンと、1ｍぐらいの蓬が密生していたという。ちょうど夏草の盛りさ。だから敵戦車、といってもノモンハンの主役のＢＴは無かったらしくて、Ｔ‐26という低速な軽戦車ばかりだったんだが、そいつに10ｍのところまで、1kg梱包爆薬と2kg梱包爆薬を手にした工兵挺身隊がまったく気付かれずに肉薄できたわけだ。Ｔ‐26はこの1キロ爆薬で擱座したり炎上したりする程度の、弱いやつだったらしい。

ところが植生が深いというのは、良いことばかりはない。たとえば、敵戦車が11両しかいないと見て、攻撃目標を11班に割り振って一斉躍進するだろう。ちょっと離れた場所に、12両目がいるのを見逃すということにもなった。これは、機関銃の「側防」と同じで、攻撃側にしたら致命的なんだね。敵戦車はやっつけたが、その直後にこっちの歩兵もほとんど薙ぎ倒されるという結果になったところもある。

爆薬に付けた導火線は10cm、つまり10秒だ。これに一斉に点火してから突撃する。火炎瓶はまだ無かった。歩兵用の火焔放射機はあったが、匍匐前進中に草叢で部品がひっかかって、故障してしまったそうだ。

それで次はノモンハンの対機甲戦闘になりますけれども、日本陸軍には、九四式37㎜砲という対戦車砲がありましたよね。

通称「速射砲」だね。

有り体に言えばラインメタルのコピー品で、しかもそのラインメタルの性能にはぜんぜん及ばなかったものだ。砲身も弾丸も、陸軍砲兵工廠の冶金技術が低すぎた。

九四式37㎜砲は、昭和一一年度の『特別大演習写真帖』で初めて確認できる。この年のは、北海道で行なわれたものだね。

中国大陸から南方に師団を抽出するときに、「甲装備」に切り換えると、歩兵砲中隊にこの37㎜対戦車砲が配備されたという。

畳んだスペードにソリか車輪を現地で縛り付けることにより、3人の歩兵が革紐で引っ張っていくこともできたそうだ。

そのスペックを、中国軍装備のラインメタルや、ソ連軍装備の45㎜砲と比べると、どうなりますか？

まず大もとになっているドイツの3・7㎝Ｐａｋ35／36は、《The Encyclopedia of Infantry Weapons of W.W. II》と《German Tanks & Antitank》の2資料によれば、徹甲弾が重さ0・7kg、初速762m／秒で、200ヤードで30度傾斜の鋼鈑に対し42

㎜貫通、また500m先の30度傾斜の装甲鈑36㎜を貫通できた。

これに対して我が九四式37㎜速射砲は、米軍資料によると、1・54ポンドの弾丸を発射し、250ヤード先で1・9インチ厚鋼鈑を貫徹できる。また、P・チェンバレン&T・ガンター共著の《Antitank weapons》によれば、初速は701m/秒、弾重は0・69kg、1000ヤード先で30度傾斜鋼鈑に対して24㎜の貫通力があった。

ソ連のM32〜M38と呼ばれる45㎜砲は、徹甲弾の重さが1・43kg、初速が760m/秒あり、1000ヤード先の30度傾斜鋼板に対し38㎜の貫通力があったそうだ。


37㎜速射砲は、九五式軽戦車や九七式軽装甲車に搭載された37㎜砲とは別なものなのですか?


そうなのだ。ここが日本軍の兵器技術陣のいかがわしいところで、歩兵用の対戦車速射砲と、戦車搭載砲とは、同じ口径でも、飛ばす弾頭部分のみが共通なので、戦車搭載砲の方が薬莢が小さくされていた。つまり、低威力なのだ。さらに念を押すけれども、対装甲貫徹力は、軽戦車の37㎜砲の方が、中戦車の57㎜方よりも高かった。これでソ連やアメリカと戦争ができるかい? まさに対中国スペシャル戦車だったのを、南方にわざわざ抽出派遣したんだよ。

国民の血税を、サイテーに無能で無気力で倨傲《きょごう》な官僚的技術陣に浪費させてしまったというのが、残念ながら日本陸軍の機甲戦力なのだ。

この技術陣はトップの某中将以下、戦後もそのまま防衛庁に影響力を行使し、朝鮮戦争後、米国が中古の重戦車M46や軽戦車M41を使ってはどうかと言ってきたときに、大反対をして、軽量級の61式という「特車」を国産したのだ。これも「M36」という自走対戦車砲の模倣であることは、いろいろなところにだいぶ書いた。

ソ連軍の場合、歩兵の対戦車砲と、戦車搭載砲は、完全に弾薬や砲身長は同じものですね?

同じもので、弾薬は完全互換だ。つまり、戦車としてはBT-7、T-26、T-36が計186両投入されたけれども、そのうちBT-7のすべてとT-26の多くがこの45㎜砲装備。さらに、266両も加勢したBA3、BA10などの6×4装甲車も、全車がこの45㎜砲で武装していたのだ。

ソ連の製鋼技術、冶金技術は、けっこう凄いのではないですか?

けっこうなんてもんじゃない。日本は逆立ちしても追い付けぬレベルだったのだ。原爆と同じで、「肉眼で見ても分からない技術」では日本のエンジニアはモチベーションが低かった。それで、戦争にも敗けてしまったのだ。

19世紀に渡米した日本女性が、アメリカ製の箪笥は目につかない裏面は仕上げてないが、日本製の箪笥は見えないところも仕上げてある、と記していますが……。

「仕上げない合理性」に気付いたのだとしたら、その人は偉いね。

ロシア人は、冷脆性の宿題があったので、金属研究に関しては戦前から日本のはるか先を行っていたんだ。今だって、研究室レベルでは、ロシアの冶金学には端倪すべからざるものがあるだろうと思うよ。

ソ連は航空エンジンでもパッとした独創はないかも知れませんが、それでもドイツ空軍を押し返していますからね。ノモンハンでも日本陸軍の九七戦を最後には圧倒している。

日本陸軍は、支那事変になってから、同じ口径の対戦車砲なのに、中国軍装備のドイツ製、ソ連製の対戦車砲の貫通力の方が、日本軍のそれよりも高いってことに気付くわけだ。外国製のものは、弾丸の金質がより精密に管理されていた。機関銃やエンジンに至っては、性能と信頼性と量産性のすべての点で、日本製は外国製に劣った。これも、目に見えない精密さに投資し得なかったことのツケなんだよ。

それにしても、戦後のソ連戦車は、うってかわって見かけ倒しで弱かったですよね。

エンジンで負けたのだ。戦中のT‐34のエンジン、つまりBT‐7Mのエンジンと同じだが、ここで進化が止まってしまった。そうなると、逐次にパワーアップした戦後の米軍のM46／47／48シリーズに、負担装甲重量で対抗し得なくなってしまった。そこに、電算機を使って設計した直進性のよい有翼徹甲弾の技術格差が開いてね。

ノモンハンでの日本側戦車の装甲鈑を、もういちど確認したいのですが。

九七式中戦車の最厚部でも25㎜、八九式中戦車だと17㎜、九五式軽戦車は12㎜だ。数的にはノモンハンではまだ八九式中戦車が主力で、九七式中戦車は4両がちょっと顔見世しただけだった。

対するソ連戦車の装甲は、最後に出てきたBT‐7Mが32・1㎜、他は22〜25㎜で、

6輪の45㎜砲搭載装甲車ですら15㎜あった。そして機動力は、ソ連側の方がはるかに上なのだ。

水冷ディーゼル搭載のBT‐7Mが、七月上旬からのガソリンエンジン搭載のソ連軽戦車と交替を完了したのは、八月二五日と言われている。

それでもイーヴンに持ち込めたのは、野砲を対戦車砲として使ったからですか？

砲兵の間接照準射撃は野砲の口径75㎜では効果ゼロだったと思うが、歩兵連隊が持っていた四一式山砲は、直接照準射撃で「破甲榴弾」——つまり徹甲弾を発射すれば、BT‐7に効果があった。ついでながら、山砲よりも長い薬莢を使う三八式野砲の直接照準射撃であれば、T‐34にも有効だ。その実例はないけどね。

あとは肉薄攻撃だよね。

四一式山砲は開脚式ではないと思いますが、それで横行する戦車に照準ができたのでしょうか？　スペード（駐鋤）を打たないうちは射撃ができない構造ですよね？

たぶんソ連側の戦車クルーも、敵に横腹を見せるなという教育が徹底していて、発見した日本軍の大砲にまっすぐ正面を向けて迫って行ったから、四一式山砲の砲手にもチャンスがあったのだろう。それから、ノモンハンでは食糧だけは十分にあった。つまり、砲員8人ぐらいいたら、人力だけで陣地転換をするぐらいの体力は発揮できたのだ。

昭和一九年になりますと、山砲用には「タ弾」もありですよね。

砲口に外装するアレかい？　あれは使えなかったらしいぜ。

というのは、敵戦車に対して50m以遠では、当たる見込みがなかったという。ビルマの方では50m以内に近付こうとしても、敵の砲兵が植生を薙ぎ倒して視界が開けてしまっているし、なおかつ山砲を人力でひきずってその倒木を踏み越えていかなければならぬという、文字通りのハードルがあったんだ。

それなら、火炎瓶の方がマシかしれませんね。火炎瓶の発明は、一九三九年のフィンランド軍ですか?

スペイン内戦時からあったのだろう。皮肉にも、独ソ戦が始まると、そのソ連が「KSびん」という火炎瓶や、集束手榴弾を対戦車戦闘に用いなければならなくなった。どちらも、敵戦車をやりすごしてから投げる、とマニュアルに定めていた。ちなみに45㎜対戦車砲は、距離500~800mから斜射、側射することになっていた。

ノモンハンのときは、日本の参謀が、腐らない飲料水としてサイダーを2本ずつ歩兵に持たせたのが、火炎瓶材料として役立ったようだ。

昭和一八年後半のニューギニア、フィンシュハーフェンには、オーストラリア軍装備のマチルダ歩兵戦車が現われたそうですね。

そう、欧州では、一九四〇年の西方電撃戦の過程で、88㎜高射砲の徹甲弾射撃でさんざんにやられてしまった戦車だね。それが太平洋では一九四三年でも使えるわけだ。防護力は米軍のM3軽戦車以上だが、備砲の2ポンド砲が、米軍の37㎜砲と違って榴弾が撃てないという一大欠点があるので、連中は火炎放射器を付けてきたりしている。

ちなみに、ドイツでは早くも第一次大戦中に、高射砲で英仏連合の戦車部隊の突進を阻止したことがあったので、それで88㎜砲は最初から徹甲弾を持たされていたわけだ。

支那事変ではドイツの一号戦車を鹵獲していますよね。あれはどうやったのでしょうか。

酒井充実著『濁流部隊』(昭和一七年一月刊)という戦記には、徐州会戦の前、つまり昭和一三年五月よりも前の話として、ドイツ製の軽戦車4両を、速射砲で擱座させて歩兵が鹵獲したという伝聞が紹介されている。その場には野重と野砲もいて撃ったという。

しかし、鹵獲された1号戦車の写真を見れば、どれもほとんど無傷なんだよね。真相は、謎だ。

旧軍の対戦車地雷にはどんなものがあったんでしょうか?

九三式地雷、棒地雷、海軍の三式地雷といったところかね。棒地雷は、埋めて踏ませるもので、他に、肉薄攻撃用の刺突爆雷とか手投爆雷、爆薬5kgを入れた急造地雷とか、貼り付けて攻撃する「九九式破甲爆雷」があった。

九三式の炸薬はどのくらいですか?

黄色薬890gで、140kgの重量がかかると起爆したようだ。全備重量1・45kg。開発目的は「履帯破壊用」なのだが、BT戦車の履帯も切れぬことがあった。履帯を切るにはTNTにして2kgが必要だったそうだ。肉薄攻撃の場合は、これを2枚合わせにして、2・5mの木桿に結び付けて履帯の前へ差し出す。ちなみに「人用地雷」もほとんど同じ重さ(1・5kg)で黄色薬900gが入っているが、信管が50kgの圧力で起爆するので、運搬中に何かにぶつければ自爆だから、これは戦車肉攻には使ってはならぬと注意されていた。

てことは、手榴弾を2個くらいまとめて投げつけたところで、軽戦車の履帯すら切れなかったってことですね。九九式手榴弾なら、なんと35個集束しないと、炸薬2kgには届きませんね。

人用地雷が型番がないのは古いからでしょうけど、棒地雷にはなぜ、型番が無いのですか？

理由不明だ。「重戦車」の履帯破壊用として開発されて、昭和一九年七月にはマニュアルが書かれているのだが……。楕円断面（長径８５㎜×短径４５㎜）で長さ９００㎜の鋼筒中に、５００ｇの熔融被包黄色薬４個（計２kg）を押し込め、２〜３個の信管を並べて付ける。被包は防水の黄色塗料で塗られているが、もし炸薬が青黒くなっていたら、変廃していて使えないというサインだ。

ただ、設計者の考えが足りないと思うのは、断面の長径が８５㎜では、口径７５㎜のシャーマン戦車の砲口とかパックハウザーの砲身とか８１㎜迫撃砲には突っ込めない。せっかく２kgという適当な炸薬量でありながら、これでは「斬り込み」に使えなかったわけだ。

米軍の１５５㎜榴弾砲の砲身を破壊するにはどのくらいの炸薬が必要だったのでしょうか？

外から爆破するには５kg必要なのだが、砲腔内に挿入して爆破するなら２kgで用が足りた。７５㎜砲身なら３００ｇ、１０５㎜榴弾砲なら７５０ｇを内部に押し込めば良かったという。

なお、硝安爆薬は猛度が低いので黄色薬の2・5倍が必要だった。

昭和一九年七月の『挺進奇襲／参考』によれば、二十榴は黄色薬8kgを、十五加なら3kgを砲身内で爆発させれば破壊できる。十五加以上は、砲身の外側からは破壊することはできない、としていた。

シャーマン戦車の撃破には黄色薬で何kgあれば良かったんですか？

M4中戦車は、砲塔正面の装甲厚が85㎜、それ以外の要部が55㎜、上面は40㎜くらいという。それを破壊できる数値として旧軍はいろいろと挙げているね。「70㎜装甲を破壊するには黄色薬13kgが必要」「50㎜装甲を破壊するには黄色薬5kgが必要」「50㎜装甲を破壊するには黄色薬10kg、カーリットなら15kgが必要」「中戦車の上面破壊には黄色薬6kgが必要」「下から戦車の車体を壊すには黄色薬10kg以上が必要」「M4の底板を破壊するには黄色薬7kgが必要」「米軍の中戦車の履帯を切るには炸薬4kg、軽戦車の履帯を切るには3kgが必要」「黄色薬3kgでは10㎜の鋼鈑までしか破壊できない」……だいたいこんなところだ。

ここで問題になるのは、人間が投擲できる重量には限界があることだ。最も強力な淡黄薬1・4kgを、鉄では重くなるから球形のアルミ容器の中に溶填した「試製手投爆雷」という対戦車兵器があるのだが、これで全備1・6kgで、しかも瞬発信管が付いている。おそらく、日本兵が10m投げられるのは、この重さまでと考えられていたようだ。ところが、淡黄薬1・4kgでは、破壊できる鋼鈑厚は20㎜までで、M4中戦車には効かない。そうなると、遠くまでポンと放りつけるのはあきらめ、「よっこらしょ」と投げ上げる戦法となるが、装甲の目に見える破壊などという欲をかいていては、その重さにはキリがないわけだよ。

火薬の詰まった木箱を背負ったまま撃たれて戦死している日本兵の写真がありますが、あれは自殺攻撃なのですか？

違うのだ。あれは携行姿勢なのだ。破壊力を欲張って爆薬のサイズが過大となり、背負わないと2本足で機敏な接敵なんかできなかったんだよ。敵戦車に近付いたら、背から卸し、両手で持って押し出すように投擲すれば、手首に結んだヒモの摩擦により導火線が燃え始めるから、すぐに顔を地面につけて伏せる。あくまで兵隊は生還を期すのだ。

同じように自殺兵器と思われているものに、棒の先に逆コーン形の「タ弾」をとりつけ、そのままシャーマン戦車の側板に押し付けて触発信管で爆発させる「三瓩木桿円錐爆雷」、通称「刺突爆雷」がある。これだって、昭和二〇年三月の旧陸軍のマニュアル『爆薬戦闘ノ参考』には、「此際肉攻手ハ危害ヲ被ルコトナシ」……兵隊はそれで死傷することはないと書いてあるのだ。

これが本当だとすると、やはり軍が多用途の爆薬として、1個2kgの使い良いものを早くから準備しておくべきではなかったかな。

タ弾というのはホローチャージ（Hollow charge）ですよね。昭和一七年からドイツ情報で分かっていたものですよね。口径150㎜で全備重量3ポンドのロケット弾が868mも飛んで行く英軍のスピゴットの情報だって一九四一年からあったはずですよね。

それで、炸薬量は2kgで十分だったのですか？

残念だが、英独米と比べると甚だ情けない。民族別の「最悪事態想像力」の差がモロに出ている。「半球爆雷」という幼稚な肉攻用の夕弾があるが、3kgか5kgのを戦車の上面に密着させると、装甲鈑を100㎜貫通したそうだよ。

ところで、日本軍が地雷の洗礼を受けたのは、満州事変でしょうか？

そのようだね。そこで、迫撃砲も体験した。中国大陸では、小火器を除外した日本軍将兵の死傷原因は、満州事変から支那事変の中盤までは「一に迫撃砲、二に手榴弾、三に地雷」の順ではなかったかと思う。

エルアラメインでもクルスクでも、何万もの対戦車／対人地雷が敷設されていますね。ほんらい地雷は弱者に味方する武器という気がするのですが、なぜ日本軍だけが、支那事変から対英米戦争末期まで一貫して、地雷の大規模かつ徹底的な運用を見せていないのでしょうか？

興味深い疑問だね。米豪軍と死闘を繰広げていたニューギニア戦線からは、昭和一八年までに次のような意見が上げられてきていた。敵はじつに多様な地雷を使っている。しかしこの時期になっても、日本軍には古くさい「人用地雷」しか用意がない。これは踏むと爆発するだけのものだから、もし一方の防禦をしようとすれば、一定間隔で2〜3列に埋設していかなければならない。円匙で穴を掘り、信管をセットして、また土をかけるという作業がいかに苦しいものか、東京では理解していない。

そこで、現地部隊は「こういう対人地雷を造って補給してくれ」というリクエストを寄越した。紹介すると、まず、およそ対人地雷は、ただ地面にバラ撒くだけで敷設が完了するものがベストである。しかし、それが不可能だとしたら、セカンド・ベストのものとして、直径5cmの鉄パイプ状で、先が尖っていて、足で踏みつけるだけで地中に刺さり、埋設が完了するようなものが良い。パイプの中には淡黄薬が300〜500g入っていて、信管は絶対にトリップ・ワイヤーでなければいけない。鉄パイプの頭部から、そのワイヤーの端末を約1m離して突き刺した木の杭に結びつけるようにすれば、最も少ない数の地雷と、最低の労力で、一方の防禦が完成できるから——というものだ。

この意見具申は、その後、まったくカタチにされた痕跡は無い。

日本には「ブービートラップ」の伝統は無かったのでしょうか?

幕末から存在していたようだ。「爆薬仕掛け猟」という物騒なもので、記録では、明治一〇年代に行なわれている。たとえば静岡県の人跡稀な山奥で、犬が通りかかっても爆発し、人が通りかかっても爆発したという。

秋熊が拾って口に入れると爆発する「嚙み潰し」という爆弾エサ猟も大正頃まであったようですね。

繭と烏賊皮と爆薬でこしらえたそうだが、そういう方式が、幕末以前には無いことは確かだ。というのも、カンシャク玉のような簡単なものでも、「雷汞」の製法知識か、輸入の鶏冠石なくしては、製作は不可能だからね。

伊豆半島の天城山中にある「いのしし村」内の博物館に、昔の野猪猟用の「掛け鉄砲」が展示してあるんだが、見ると撃発機構は雷管式だ。言うまでもないが、フリントロックは風露にさらしておける機構ではない。幕末に輸入された雷管、つまり雷汞の技術が猟師にまで伝播して、はじめてブービートラップも可能になる。この雷汞の導入についちゃあ、韮山代官の江川太郎左衛門も熱心に研究していたから、静岡県がメッカであったとしても不思議はないと思う。ちなみに昭和二六年までこれは密猟に使われていて、人間がひっかかる事故もあった。全盛期は大正初期で、記録は明治中頃まで遡れるらしいよ。

それで地雷の開発と支給で遅れをとったのでは、ちょっと情けないですね。砲弾改造地雷は、現地製作されなかったのですか？

十榴のタマならば3発結束しないと中戦車の履帯を切れないと大戦末期の教範にはある。その信管はどうするかだが、「八八式瞬発信管」は、分解して安全栓と支筒と遠心子を除去すれば、そのまま地雷信管になったそうだ。「九八式二働信管」だとこの改造は難しく、「一〇〇式信管」では地雷転用は不可能、とある。

それじゃあ、いったい日本陸軍の砲弾にはどのくらいの炸薬が入っていたのか？　これは種類がとても多いので、抜粋して示すことにしよう。詳しくは、防研所蔵の『爆薬戦闘ノ参考』を見るといい。

まず75㎜野砲や山砲や高射砲のタマだと、「十年式榴弾」という古いやつが最も多量で、茶褐薬が930g。最少は「九七式鋼性銑榴弾」で、茶褐薬が420g。75㎜で一番後に制式化された普通の榴弾は「九八式榴弾」で、八八式七高もこれを使ったのだが、これで茶褐薬840g。後になるほど大砲の初速が増すから、弾殻は厚く頑丈にせねばならず、さらに尖鋭弾となれば炸薬容量はますます減ってしまったのだ。

105㎜用では、「鋳鉄破甲榴弾（乙）」というのが最も少なくて、茶褐か黄色薬が540gしか入っていない。これは加農専用で、質を落とした量産品だ。炸薬量が最も多かったのは、榴弾砲と加農が共用した「九一式尖鋭弾」と「九五式尖鋭弾」で、どちらも、茶褐薬か、平寧薬と硝安薬の混合炸薬が2・52kg入っていた。

120㎜用では、三八式12㎝榴弾砲用の「鋳鉄破甲榴弾（丙）」が驚くなかれ、小粒薬43g。しかしこんなのは例外で、三八式十二榴用の「九八式榴弾」には茶褐薬が3・17kg入っていた。

149・1㎜の榴弾砲用では、「十一年式榴弾」が最も炸薬が多量に入っていて、茶褐か硝斗薬が8・8kgだった。最少は「鋳鉄破甲榴弾（甲）」で、茶褐または黄色薬がタッタの1・58kg。しかし、昭和一四年の野重第一連隊による九六式榴弾砲（開発中）の運用研究では「九二式榴弾」と「九二式尖鋭弾」が専ら使われているね。前者は茶褐または硝斗または安瓦薬7・67kgが、後者は茶褐単体、もしくは、平寧と硝斗との混合で6・15kgが、直接熔融されていた。最新鋭の弾丸は「九六式榴弾」で、茶褐か平寧薬が8・5kg。おそらくはこうした炸薬量で、米軍の戦車を間接射撃で阻止したと伝えられているのであるから、我々は6〜8kgというこの数字をよく覚えておきたい。149・1㎜の榴弾砲ではなく加農

（九六式）用では、「九三式榴弾」が7・77kgの茶褐薬か、さもなくば安瓦と硝斗との混合薬を充填していて多いもので、これに対して「九六式尖鋭弾」は射程が延びる分、炸薬は茶褐か平寧薬が5・17kgと少なかった。シンガポールやバターンにはこういうのを撃ち込んだのだろうね。

それじゃあ地雷にし甲斐のあったのはやはり十五榴のタマでしたね。その炸薬量だと少なくともシャーマンの足周りは確実に破壊できたし、弾片は半径70mくらい飛び散るでしょうから随伴歩兵も消えてなくなる。

航空用の30kg爆弾ならば、十五榴のタマと同じ全重で炸薬は11kg強となり、もっと仕掛け甲斐もあったろうけどね。

あと、歩兵用の対戦車火器としては、口径20㎜の九七式自動砲というのもありましたよね？

あらゆる戦記のどこにも「私はこれを撃った」という話がなかなかみつからない、マボロシの対戦車ライフルだよね。

あれはフルオートなのですか？

セミオートのみだ。昭和一七年一月に騎兵学校が、火器開発担当の陸軍「第一研第三科」に意見を提出していて、その中で、九七式自動砲は引金が固すぎる、そのため精度と発射速度を悪くしている、と書いている。つまりは、単射の半自動で、引金ブレが起きるほどに、トリガーが重くしてあったのだろう。

ボルトアクションではなく、自動装塡にした理由は何なのでしょう?

僅かでも、反動軽減になると考えたのだろう。言い忘れたが、この火器はスイスのゾロターン社のS-18型20㎜銃をさんざん研究して遂に模倣を諦め、エリコンだかホチキスだかの折衷構造になっているらしい。

とにかく、9人がかりで運ばなくてはならないような重火器なのに、対戦車威力が甚だ心許ない。それでたとえば九二式重機関銃とどっちが役に立つのかという比較の目にさらされてしまったことは想像に難くない。もうひとつ、これは想像するしかないのだが、この火器の反動は射手が肩で全部を受け止めるわけにはいかず、後脚から地面に反動の一部が伝えられる仕組みになっているが、そのために機敏な高低照準は不可能だったのではないか。そしてこれも想像だが、自分が撃った弾が当たったのか外れたのか、敵もこっちを撃ってくるという戦場の環境下では、判定ができなかったのではないか。砲口爆風も、相当にある筈だからね。

この装備と、7・7㎜の軽機×2梃とどちらを選ぶかと訊ねられたら、断然後者だったに違いないよ。

小銃弾でも戦車の前進を阻止する威力があったのでしょうか?

もちろんだ。まず歩戦分離になるのは言うまでもないだろ。

それから、戦車に7・7㎜機関銃の弾丸がひっきりなしに当たれば、内部の乗員としたら、ドラム缶の中に入って外側を竹棒で殴り続けられているようなものなのだ。冷静な判断や行動はどうしても邪魔される。だから、接近する敵戦車の覘視孔や兵装を狙って小火器で射撃し続けることは、無駄ではなく、弾薬に余裕があったら、是非やるべきなのだよ。7・7㎜弾でも、視察装置や照準装置に命中すれば敵の火力を無力化したのと同じだし、車載機関銃の銃身に当てれば発射不能にしてしまえるし、砲口から小銃弾を飛び込ませることができれば、内部の乗員を殺傷したり、装塡済の弾薬を自爆させたり、次弾が砲身内で潰れた弾丸にひっかかって腔発したりという結果を呼べることもあるんでね。

そして、太平洋での連合軍の常として、先頭の1両が後退を始めると、残りの戦車も退却してしまったのだ。

「歩戦分離」のおさらいをしますが、一流の強い軍隊では、戦車が単独で出てくることはなくて、必ず、戦車と歩兵が一緒に来る。それをまず妨害することが大事なのですね。

その通りだ。銃撃や砲撃で随伴歩兵を追い散らしてしまい、戦車だけがやってくるようなことがもしあったら、我がタコツボ内の歩兵にとっては、まさに好餌と言えるのだ。戦車だけの攻撃は、少しも脅威じゃないのだよ。

ガダルカナルで日本軍の4両の九七式中戦車の逆襲が海兵隊の口径2・36インチの初期型バズーカであっけなくやられているのも、歩兵が伴わずに戦車だけが孤立したからだ。

自衛隊は現在、「パンツァーファーストⅢ」をRAMといってライセンス生産しています。

あれは、旧ソ連のロケット・アシスト付きのRPGを西ドイツで進化させたものだが、元を尋ねれば、ナチス・ドイツが一九四四年に開発した使い捨ての対戦車無反動砲なのだから、50年経ってそのコンセプトを日本が再評価した、という格好だね。

米軍は自国製の軽量なバズーカにこだわったのか、外装式のRPGのメリットを遂に認めようとはしませんでしたよね。

なにしろアルミ・パイプで1・5kgしかないからね。初期型は4・1kgもあったのに。ソ連のRPG‐2は、一九六四年に完成して北ベトナムに供給され始める。片や米軍は朝鮮戦争でT‐34対策としてバズーカの3・5インチ(89㎜)への増口径をほぼ満足いく水準に達成していたし、ベトナム戦争では歩兵が戦車や装甲車を相手にする局面も生起しない。せいぜいトーチカ攻撃用の重火器として役立てばよいのでバズーカで何の不足も感じない。しかし同時にベトナムではRPGによるM‐113装甲車などの損害が増えてくる。

RPGは歩兵が1人で携行して操作できる対機甲兵器であるばかりでなく、ジャングル内の戦闘では一般的な対人用重火器にもなりますよね。北ベトナム側としたら、理想的な「歩戦分離」兵器ではなかったですか?

うむ。バズーカにしろ、ベトナム戦争中の75㎜や106㎜級の米軍の無反動砲にしろ、個人携行可能な型である84㎜カールグスタフ無反動砲にしろ、弾薬を砲尾から装填するものであるから、操作が基本的に2人がかりでなければならない。RPGは前装式で、しかも外装式だから、装塡の補助者が不要な分、本当に小人数部隊には重宝だろうよ。命中率を云々する者がいるかもしれないが、バズーカだって体力の無い者が発射すれば、ランチャーのアルミ・チューブの中をロケット弾がゆっくり加速していく間に筒先が重心移動で下がってしまうことがあるし、フィン付きの低速弾が横風に弱い点はRPGと同じだ。また無反動砲は、知っての通りライフリングに頼るので、成形炸薬のメタル・ジェットが遠心力で拡散されてしまう欠点がある。それを改善しようと工夫すれば、今度は弾頭の実質的な直径を削らなければならなくなったりする。だいいち、カールグスタフ以前には、重いからジープでないと運搬もできなかった。

RPGが世界的に注目されたのは第4次中東戦争で、アラブ側をなめてかかって歩兵や砲兵の支援無しで塹壕に近付いたイスラエル軍のセンチュリオン戦車が、サガーATMとコンビを組んだRPG・7Vの集中を浴びてやられた。RPG・7は一九六八年に完成したもので、筒口径は40㎜だがタマは85㎜、筒の重量は7㎏で弾重は2・25㎏だ。初速300m／秒で、静止目標なら500mまで狙える。とにかく、当たれば威力が大きかった。成形炸薬をコンピュータで設計できるようになる以前、つまり一九八〇年代前半までの話だが、弾頭口径はでかければ確実に貫通力が高かったんだよ。

バズーカは、ポスト朝鮮戦争型の一番口径の大きなものでも89㎜ですよね。

その点、PRGの方式なら、弾頭直径に物理的な制限はない。操作する人間の体力の点から自ずと限度はあるけどね。今のパンツァーファーストⅢは、160㎜くらいかな？　つまり、ランチャーはそのままで、いくらだって新サイズの、より貫通力の期待できる大きな成形炸薬弾頭を導入していけるわけだ。ランチャーや砲身の内径に弾頭外径が規定されるバズーカやカールグスタフでは、そうはいかない。

しかし米軍は逆にベトナム戦争後半で、口径66㎜の使い捨てロケットランチャーLAWを開発しましたよね。

その口径では二重弾頭化してもソ連の新型戦車には効果がないというので、NATOにも広まらず、あとからAT-4やSMAWを追加して補強を図った。LAWは、たとえば南ベトナム兵に北ベトナムの機甲部隊を阻止させようという、第三世界援助用に開発したんじゃないかと思うよ。

むしろ、RPGと同じものを造って第三世界に援助した方が、良かったんじゃないでしょうか？

そこはやはり、西側の雄としての意地だったんだろう。ベトナム戦争中に、RPGは共産軍の一つの象徴イメージとなったからね。そのイメージをアメリカ軍に採り入れるには抵抗があった。西ドイツにはそんなこだわりがないのと、やはりソ連戦車の洪水を押し止めるためには、携行対戦車火器にもできるだけ大きな口径が求められたんだ。

ちなみに、RPGの欠点としては、発射後に展張する放射型のフィンがデカすぎるので、砂漠ならともかく、ジャングルではこれが何かにひっかかることがある。ちょっとボサなどをかすめただけで、横転弾になったり、コースを大きく逸らされてしまうのだ。それから、発射位置が地面に近すぎると、やはりこのフィンが地面をこすって、そのまま近弾になってしまうことがある。PzfⅢなどでは、こうした欠点が是正されているのだろうよ。

大戦中の日本軍には、旧ドイツ軍型のパンツァーファーストのような対戦車兵器システムの着想は無かったんでしょうか?

モンロー効果として知られるホローチャージの原理、それからノイマン効果ともいうメタルジェットの装甲鈑貫徹現象、こうした弾頭部に関する情報だけは、昭和一七年にドイツから潜水艦でもたらされていて、陸軍の各種の「タ弾」というのはその習得なわけだ。しかし、陸軍技術研究本部は、その最善の発射装置は何かを素早く掴み取れなかった。バズーカ型は試作してみたが、とても量産と教育が間に合うものではない。パンツァーファーストは、「金属の使い捨て」という発想が嫌われたんだと思うよ。

しかしパンツァーファーストの代わりに「刺突爆雷」じゃ、あんまりだという気がするのですが……。

昭和二〇年になると、陸軍大学校を出て参謀飾緒を吊ったエリートは、こういう疑いを持った。それは、日本国民には粘り強さは無い、不利な戦場では戦意がすぐに崩壊するだろうというものだ。それならば、戦場から逃げ出さないように、生き残る選択肢を最初から摘んでしまえという気持ちがあって、パンツァーファーストのような兵器には力が入らなかったのだ。前にどこかでも書いたが、棒杭の先端に擲弾筒のベースプレートを縛り付けて、その棒杭を抱えるようにして外装式の「タ弾」を擲弾筒から水平撃ちできるようにするだけで、日本軍として最良に近い対戦車兵器はできたはずなのだ。

江戸時代の「抱え大筒」のように、慣性質量を大きくして、反動を後ろに逃がしてやれば

いいのですね。他には、どんな工夫があり得たんでしょうか？

やはり、総重量２kg前後の「肉攻筒」だね。とにかく、ハッチの隙間とか、車体と履帯の間とか、敵戦車の７５㎜の砲身の中にも楽に突っ込めるような細長い筒型にする。いいかげんな試算だが、断面の対角線長が７３㎜の四角柱に２kgの黄色薬を詰めるとすると、長さは５０㎝くらいになるだろう。直径７３㎜の円筒形なら、長さは３０㎝くらいか。円筒状の場合は、動いているＡＦＶの上に投げ上げたときに転がり落ちないように、使用部隊が棒きれか何かと適当に結び合わせて投げればいい。

外板素材は、金属が無ければ当時の製紙会社で作っていた「ファイバー」、つまり、昔の本屋の配達自転車が後ろの荷台につけていた茶色の頑丈な厚紙のような箱の素材、あれでよかった。あれは水も通しにくいから裏表に漆でも塗れば南方でも使えた。そうすると、重量のほとんどを炸薬にできる。

こういうものなら、珊瑚質の硬い地面にタコツボを掘らなければならないようなときにも発破薬としてそのまま使えたろう。ダイナマイトより太いのと、一酸化炭素が出るから、坑道掘削の蛇穴には使い難いけどね。

いくら当時の日本の工業力が衰えていたといっても、このくらいの単純な爆発物を大量生産して前線に送ることならできた筈じゃないか？

いわれてみればその通りで、米軍は最初の１両がやられればいったん引き退がるのですから、なにもロケット方式とか凝ったものにする必要はないのですよね。物かげから強力な爆発物を何発もなげつけられたら、驚いて戦意が動揺する。こちらは持久ができれば戦術目的は達成されるのですからね。

敵戦車を攻撃してほとんど生還を期せないような武器では、ベテランの兵隊に言わせたら、モラールを阻喪するだけで、喜んでやろうというのは少年兵くらいだ。つまり、陸軍エリートの本音は、兵隊どもは自分の頭で考えようとするな、子供になれ、ってことだったのだろう。誰が考えたって、旗色が悪くなった責任は、陸軍エリートにあるのだからね。

己れの弱点をできるだけ国民には知らせまいとする政策を日露戦争中から採ってきたために、都市部のインテリなどはどうしても歩兵主義には反発することになったでしょうね。

別に歩兵主義でも良かったのだ。官民の才能が遺憾なく歩兵用対戦車兵器の新発明に向かえばね。ところが、そうした課題が日本にあるのだと、指導層がシモジモに知らせずに昭和一四年のノモンハン、昭和一八年のガダルカナルを迎えてしまう。７０００万も人口があっても、その中に埋もれている智恵の動員は、できない体制だったのだ。

また戦車の話に戻っちゃうんですが、すでにある、あるいは今から間に合う資材でベストなものを」という発想が無いですよね。ドイツのヘッツァーとか、イタリアの自走対戦車砲のようなものが……。

確かに、とにかく外国が実現した一番良いものを、国情も無視して模倣をし、できればすべてのパーツを新開発したいと提案するだけなんだから、戦車系の技師たちは、違う世界で生きていたとしか思えないよね。たとえば大阪砲兵工廠に、高射砲と同じ長砲身の７５㎜砲を戦車砲用にも生産させる余裕が昭和一九年、二〇年にあるかないか、そんな判断すらできないのだ。「物動」の統計を省部の高級幕僚だけが知っていたという弊もあっただろうが、ちょっと自分で調べたら分かるはずのことなんだ。おなじ技術研究本部に大砲のセクションもあるのだから。

彼らの念頭には自分たちのポストと待遇の永久確保だけがあって、国家も戦争も無かったと言われても仕方があるまいよ。

第七章　通信と電子偵察

第十章　[illegible]

旧日本軍の通信機器の性能は、やっぱり低かったんでしょ？

一言反論したいところだが、大きな目で見て、その通りだ。真空管などのパーツからして満足いくものはなかった。レーダーの電波を出す部品は「導波管」といって、これもやはり真空管の一種。つまり、家庭用ラジオに良い物が無いとすれば、レーダーや電子兵器でも良いものが出来る道理は無かったことになるだろうね。

なんで戦前の日本の民需用のラジオは、技術的に低迷していたのですか？

それについての大雑把な歴史的把握は、ひとつ拙著『日本の高塔』のラジオ・タワーの項でも読んでみて欲しいが、細かな話をするなら、大いに人口を増やすべきアマチュア無線を、表面的な「防諜」にこだわって規制しすぎた。日本の無線は一九〇〇年から私設禁止で、新聞と通信社に短波が開放されたのが一九四〇年以降だからね。まあ、そこから同盟通信の大活躍も始まったのだが、こういう政策のために「無線人口」「無線技術者予備軍」をガックリ減らしたことは間違いない。一般国民の短波受信機の所持に至っては、国家指導部の言語能力が低すぎて国際宣伝戦に自信が持てないものだから、全面禁止。これでは初めから戦争に負けてるようなものだ。

でもアメリカでも日米開戦前夜から終戦まで、ハワイや西海岸では、アマチュア無線と民放ラジオに相当の統制が敷かれたようですけど。

特にハワイではアマチュア無線が禁止だったから、スパイが日本向けに電波なんか飛ばしたら、バレバレだよね。日本の話に戻すと、真珠湾攻撃がなぜ成功したかというと、D暗号を1年以上使い続けてそれを変更せずに作戦開始する等、あまりにドジなところが逆に相手を油断させたのさ。「まさか」という気にさせちまった。

技術政策という面に焦点を当てても、満州事変以後の政治家に「国際ラジオ宣伝」の着眼が欠けていたね。たとえば、ソ連や中国の中波宣伝放送の混信に、JOAKの大出力化で対処しようとしたのは、発想として防禦的すぎたし、技術的チャレンジとしても無価値だ。大都市のラジオ放送を全部FM化してしまえば、その受信機製造ラインがそっくり航空機用として転用できたし、混信もあり得なくなったんだがね。

でもFMですと「鉱石ラジオ」では聴けませんよ。

なかなか「通」なことを言うね。主として農村部のため、中波AM放送は当然残さにゃならんだろう。

「東京ローズ」をプロデュースしたのはどこですか。

あれはNHKの担当だ。NHKの自分の歴史番組じゃまず取り上げない人物だろうね。

伝書鳩は、日本陸軍ではやはり第一次大戦後に本格的な陣容が整ったみたいですね。

新聞社が初めて用いたのは一八九七年の火事速報だったそうだね。今でも、民間で「鳩レース」なんてのをやっているようだ。日本では大手新聞社が、なんと一九六〇年代まで使っている。フランス軍には、今も残っているらしい。しかし、1件につき2～3羽放さないと、途中で猛禽に捕まったりして、到達しなかったそうだよ。とすれば、戦前の外地では、あまり効率的な方法ではなかっただろうね。

光学通信

海軍では探照灯型のフリッカーによる見通し距離内の光学通信をしますけど、陸軍ではそういうのがないですよね。

いや、砲兵の装備には手回し発電機で給電する「回光通信機」という三脚付きの視号通信手段があったはずなのだが、戦記の中で出てきたためしがない。その携帯型についても同じ。ま、電信兵だけでなく、連隊砲と連隊本部の間などでは、ふつうの下士官が、銃を上げ下げしたり、空き缶で光が横漏れしないように覆った煙草の火などを使って、視覚モールスがやりとりできると良かっただろうね。

なにしろ北支の中隊規模での討伐戦では、闇夜でちょっと物音とか声を立てると「チェック」（チェコ軽機）のタマが集中してくるので、すべて手真似でなければいけなかったそうだ。

握りしめて発電する小さな懐中電灯のようなものもありましたよね。

もうちょっと本格的なもので「無電池携帯電灯」というのもあった。用途は、夜間に於ける身辺照明、地図・報告等の看読、筆記ならびに指揮連絡だ。これは大きなゼンマイ発電機が入った箱で、ハンドルでバネを32回巻き上げると、約1分半、3ボルト弱の豆電球が光る。途中で巻き足せばいくらでも光り続けるというものだ。ボタン操作で光モールスにもなり、赤色光で400m、菫《すみれ》色フィルターを使ったときで200mまで届いた。ただし全備重量が1・3kgもある肩かけ式の木箱だから、いつも持ち歩きたいという気はせんよね。

有線通信

旧陸軍で、通信の専門部隊がいたのは、連隊以上ですか？

連隊本部に通信中隊が付属していた。ということは、大隊に通信小隊を分属させることもできただろう。しかし当時の無線は重いし、アンテナとかアース線だけでもトラックがなければ運べないぐらいなので、中隊以下の部隊は、有線か伝令に頼ることになるね。「ウォーキートーキー」なんてものは、無いのだ。

有線電話は、激戦地区では砲弾や車輌の通行で切断されてしまいますよね。

後方地域では、車輌に切られないように、木の枝の高いところか、地中を這わせるのだが、前線では、地下30cmくらいに埋設しないと、いっぺんの砲撃で確実に切られてしまう。もし電鈴のハンドルを回して軽ければ、断線しているということだ。そうなると自分の足で断線箇所を偵察して、つなぎ直さなければならない。これが通信兵の仕事だ。破損箇所が長くて、もし持ち合わせの電線がそれに足りていなければどうするか。あらゆる金属を代用物としてつなぎあわせていき、なお足りないときは、人間が数人、手をつなぐことでも当座の用に足りたという。

ビリビリこないのですか？

呼び出しの電鈴の75ボルトはさすがに苦痛だそうだ。しかも結局相手の電話機のベルは鳴らないのだが、通話の信号だけはちゃんと伝わるそうだ。

マイク装置

米軍の狡猾な電子警戒手段に、「仕掛けマイク」というものがあったそうですね。ベトナ

ム戦争の前から、そんなものを使用していたのですか？

昭和一九年九月に書かれている陸軍の夜間攻撃の教範によると、ソロモンでは、敵はまだ潜入斥候による電話連絡ぐらいしかしていなかった。

ところが、中部太平洋の島嶼と、「タロキナ」では、敵は架空マイクロホンを利用して、こちらの接近を探知している、とある。

架空というのは、地中埋設型ではないということ。地面の振動ではなく、空中を伝わる音を聴取するのだ。特に、人の話し声だね。ガサゴソいうだけでは、敵か味方か、現地人か動物か、自然現象かアンプの故障かの区別もつかないが、日本語だったら、そりゃ敵だろうって分かる。ちなみに、ニューギニアでは、兵隊の足音が２５０ｍも先から聴こえることがあるそうだ。

それに対する我が策としては、行進時に音を立てないことの他には、見つけたマイクは破壊し、線を切ることだけですか？　有線だから、発見はたやすいですよね？

いや、それをやれば敵にそれなりの戦術判断資料を与えてしまうことになる。マイクを発見したら、まず黙ってコードをアースしてから、マイクの共鳴板が物理的に共鳴できなくなるような措置を講じ、そののちに再び元通りに線をつないでおく。こうすれば、敵はその地域に日本軍はいないと誤断してくれるだろ。しかも、見回ったとしても外見からは破壊工作に気付けないのだ。

さらに、マイクのありそうなところでは、たとえば空薬莢に息を吹きかけて鳥の鳴き声を真似た笛信号を使うのがよかっただろう。

赤外線装置

このごろですと、赤外線のＣＣＤ素子の前にグリッド状のフィルターをはめた小さな箱を置いて、その前で人が動いて入光量が急に変動すると室内でアラームが鳴るという、簡単なドアベルのようなものがありますが、戦前はそういう光学的なアラームは無かったのですか？

じつは赤外線警報装置は、ちゃんと旧陸軍にもあった。なんと昭和八年、つまり満州事変後の「匪賊討伐」部隊用に開発したのだ。２１世紀は国家対ゲリラの戦いになりそうだから、この時期の関東軍がいかにして原野や都市部でゲリラと渡り合ったか、いかなる特殊装備を要求し、いかなる貴重な戦訓を得ているか、調べとく価値はあるだろうね。

それはともかく、この「自動警報機」なるもの、射光機（13・5kg）と受光拡大機（17kg）という2つの木箱を離して設置し、一直線ならば1000m、途中で反射鏡で3回屈折させるならば300mまで、侵入者を見張ることができた。

光源はガス入りのタングステン白熱電球を用い、濾光板（フィルター）を置いて、その赤外線成分だけを前方に射光する。受ける側は200㎜径の凸レンズと真空管アンプで、もし赤外線が遮断されると、電鈴が鳴動し、ハダカ電球の表示灯がともるというシンプルなメカだ。ただし、これを使ったという戦記は、私は一度も読んだことはない。

それから、明治四〇年代の陸軍は、台湾で「鳴子」を使っていた。素材は空き瓶で、張りヒモに2本ずつ吊るしたのだ。

宣伝

これを言っちゃうと、本書の企画の意味も半減するかもしれませんが、先の大戦の決戦場はどこにあったのかといったら、それはマリアナでもハワイでも西海岸でもなくて、じつは1人1人の米国人の心の中にこそあったのですね。

悟ったり、K君！　同じように、戦後の日本人がどう生きたいのかを決めるのは我われなのだが、外国はその我われの頭の中に言葉巧みに侵入して、それを都合よく操縦しようとするのだ。特に、人の良心の在り方にさしで口をしてくるくせに、みずからはダブルスタンダードをちゃっかり使い分ける勢力に注意せよ。

中国軍のマーチン爆撃機による日本初空襲は爆弾ではなくビラを撒いた。これは爆撃ができなかったのではなく、戦前のソ連の教範が飛行機からのビラ撒きをとても重視していて、それに従った実践だよ。

戦前～戦中の日本政府がどうしてあんなつまらない報道統制をしたかというと、逆説的だが、アメリカ政府よりも民主主義を信じていたからだ。大卒者を兵卒として召集したのは日本軍だけだよ。

アメリカ政府は、隠すべきことは全部隠していた。その代わりに、どうでもいい事を積極的に公開して何も隠していないように装うのが上手である。これも、民主主義なんてものを信じていないからこそ、必然的にうまくなるのだ。

占領期に20歳前後だった青年たちは、アメリカの統治者の老獪さが直感できない。日本の甘チャンな政府の下で育ったものだから、コロリとだまされた。「占領軍は何でも公開的に政策を進めて、じつに民主的だった」なんて今でも賞讃しているよ。

なぜ民主主義を信じている政府、つまり日本政府は、アメリカ式の宣伝指導の発想が弱いのかというと、国民全員を説得しなきゃならないと思っているからさ。民主主義をつきつめれば、全員が完く説得され切った全体主義になってしまう――とは心配をしない。逆にいうと、日本人には、他者の説得は常に可能なのだとアプリオリに確信しているところがある。まあそれで、徳川慶喜すら殺されずにすむわけだ。

それにしても、戦間期の日本政府がドイツにイカレたのはどうしてなんでしょう？　第一次大戦でボロ負けした国じゃないですか。

理屈を超えた好き嫌いというものがある。この人生の真実を自覚しなくちゃいかん。たとえば、万人が認めている「いい女」がいるとする。ところが、それがA君の馬鹿な兄弟とかカミナリ父親とか昔の嫌いな知人の誰かにどこか似ていたとしたら、A君としてはどうも気味が悪いと思ってしまうだけで、決して「あこがれ」の対象にはなるまい。いわんや十人並みの女で、しかもA君の長年の商売仇の面構えにそっくりだったとしたなら、少なくとも彼女がA君に惚れられる可能性だけはまず無いわけだ。ところが庶民相手の雑誌の占いコーナーなどを見てみると、こういう不運な組み合わせも案外、実人生にはよくあるのだという真理をすっかり没却し、「こうすればこの片想いはかなうでしょう」のオンパレードだ。

運命的な好き嫌いが、個人同士だけでなく、国家同士にもあるのですか?

あるとも。戦時中のドイツの対日宣伝がなぜアングロサクソンの対日宣伝より有効であったかというと、戦前の日本人の耳には、ドイツ語のサウンドの方が英語のサウンドより耳に好ましく聞こえたからだよ。逆に、アメリカ人にとっては日本語や朝鮮語のサウンドよりも中国語のサウンドの方が比較的好ましく聞こえる。対米宣伝に同じ努力を払っても、日本は、中国や台湾に初めからハンデがあるわけだ。

この好き嫌いは理屈ではなく、歴史的・運命的なものである。だからこそ、われわれはここに正確な自覚を持たないと、人並みな努力で相手が惚れてくれると勘違いをして、実人生と同様、おそろしい結果を招くに決まっているだろう。

第八章

忍者道具で戦争に勝てたか？

フィリピン戦の末期段階みたいに、山の中に逃げ込んでゲリラ化した段階で、忍者の武器を活用することとかは、できなかったんでしょうか？

面白い発想だね。というのも、忍者なんてものが本当に凄いものだとしたら、何も徳川家康の下に使われていることもない。自分で天下を取ったらいいだろう。

キミは、たとえば米軍の歩哨を相手に、小刀を投げつける訓練でもさせようというのかい？　あるいは、マキビシとか、水遁の術とか、凧で空を飛ぶとか……？　ソース顔の兵隊を集めてアメリカの東海岸に上陸させて小ワイトハウスの天井裏に忍び込ませるとか？

いいや、そうではなく、過去の日本の武術とかサバイバル術の中に、有益なのにもかかわらず、維新と近代化の過程で抹殺されてしまったものがありはしないかと、それを気にするのです。

それならもっともな心配だ。

たしかに維新で消されてしまった、とても大事な無形文化がある。「柔術」さ。

柔術というのは、刃物を持った相手を素手で半殺しにしてしまう戦場の技だったのだ。あるいは、相手の首を切断するための下準備の体術、と言ってもいい。どちらにしても、敵を殺すことが前提になっていた。ただ、鎌倉時代から戦国時代にかけては柔術とはいわず、「相撲」と言っていたはずだ。もちろん、今の大相撲なんかとは9割以上、別物だよ。

それが、関ヶ原以降の江戸時代に「やはら」とか柔術と呼ばれるようになる。これは、戦国時代が終わったので、人の両目を潰したり金的をアタックする技を教えても、それを使う機会などない。使ったらヤバイ立場に陥ることはあっても出世はまずできない。それで、道場の営業戦略として、正当防衛で痛い目を見させる程度の技だけを残した。それでも、柔術師範の裏店が「ほねつぎ」であることからも知れるように、ちょっと手加減を間違えると、瞬時に相手を脱臼させてしまうようなサブミッションの荒技が多かったのだよ。

さらに、明治時代になると、それですら物騒だというので、相手に絶対に致命的ダメージを与えないか、さもなくば「ギブアップ」の余裕がある技だけが残された。これがいわゆる「講道館柔道」だ。講道館は文部省とタッグを組んで、この新しい「柔道」を学校の体育、国民の教養に格上げしようとする。幕末の千葉道場が剣術で成功させた大衆相手のビジネス・モデルをさらに大がかりにしたわけだ。講道館が柔道をさらに国際的な競技スポーツの地位にまで高めたことは周知の通りだが、その過程で、古来の柔術家の営業も圧迫した。この圧迫に柔術の側から抵抗しようとしたのが大正末に植芝盛平が創立した新柔術の一派、「合気道」だが、政府と結託した講道館の勢力にはとてもかなわなかったのだ。

同じ明治時代、剣術においても、首を袈裟掛けに斬ったりひたすらに突いたり、足をかけたり、体当たりしたり、相手の柄を握ったり、投げたり、面をねじって窒息させたりという、幕末までは当たり前だった技が全部禁じ手となって「剣道」が成立した。

その結果、何が起きたか？

戦争で白兵格闘になったときに役に立つ剣術、柔術の技を、将校も兵卒も、誰も知らぬという事態になってしまったのだ。ロシア兵を一本背負いで何度投げ飛ばしたって、相手は死にはせんだろ？　巴投げもそうだ。そんな当たり前の疑問に、戦前も、第二次大戦中も、戦後も、誰も気が付いていないのだ。UWF周辺の人々くらいだろう、例外は。

たとえば、今の警察では、講道館式の柔道の他に「逮捕術」を教えている。これは笑止な話で、「逮捕術」というのは、昔禁じられた「柔術」のうち、相手に致命傷を与えない技をセレクトしたものなのだ。もし古来の「柔術」というものが講道館や文部省に迫害されずに堂々と世の中に伝えられていれば、警察官がチンピラに刃物で刺されてその場で仇も取れずに逃げられてしまうなんて事件は、絶対に起こり得ないのだよ。

そういえば、故・梶原一騎氏はかつて高校で柔道2段だったのに、どうして空手を学ぶ気になったかというエピソードを語っていて、それは彼が知っている柔道5段の猛者が、ある日、ヤクザと喧嘩して刃物で刺されてあっけなく殺されたという事件を報道で知った。それにショックを受けて、いらい、刃物から身を守れる空手に転向したというのです。

ストロング・スタイルのプロレスの賞揚者、ムエタイの日本への紹介者にして、「異種格闘技戦」「総合格闘技」の産みの親でもある梶原さんですら、そんな誤解をしていたのだ。

古来の柔術は、刃物を持った相手を、目潰しや金的やサブミッションの末に殺してしまう術なのだから、古来の柔術の世界をこそ取材して欲しかったと惜しまれるね。たとえば柔道の「巴投げ」は、柔術では、金的を蹴り上げつつ投げて、しかも次のサブミッションにすぐにつなげていくのだよ。投げて相手の背中が畳にちょっと触れたらハイ一本なんていうちゃんちゃらおかしな世界では全然ない。

空手というのもサブミッションと無縁だから、別に有段者でもなんでもない、ただの身長190センチの外人の若い用心棒をつれてきて試合をさせたら、日本人の黒帯がタジタジとパワー負けしてしまうものなのだ。これはウィリー・ウィリアムスを連れてきたときに梶原さんもハッキリ知ったはずなんだけどね。白人兵の体格に戦前の日本兵として対抗するとしたら、サブミッション主体の柔術しかない。これは今も基本的に同じで、自衛隊は佐山聡さんを徒手格闘の講師に招かないとダメだぜ。

なるほど。われわれは戦後ずいぶん合理主義を身に着けたと思っていましたが、まだまだ「合理的な疑い」が足りないようですね。

日本人がいかに単純な思い込みをしがちな国民であるか、忍者の話が出たついでに、面白い話をしよう。それは、「鎖鎌」の謎についてだ。

鎖鎌は、日本にしか無い武器だ。武器の多彩さでは日本などを遥かに凌ぐ中国・中東・西洋にも、鎌と鎖分銅とが結合された「鎖鎌」と同定できるものは、あったためしが無い。これはどうしてだと思う?

さあ……。日本以外にそのコンビネーションがないというのは、意外です。

答えは、鎖鎌とは、戦国時代後半の武芸者が自己宣伝用に創作したもので、実用性ゼロだからだ。江戸時代を通じて流派も伝えられてきたが、それは日本人全員が、これがすごい武器なんだとだまされてしまったから。そして、いまだに日本人は、鎖鎌という怖い武器があったと信じている。江戸期の大衆読み物の挿絵から、今日のテレビ時代劇の中にまで実によく登場し、庶民にその存在を疑われたことはない。

まさか、まるっきり創作ということもないのでしょう。

では存在の痕跡をどこまで遡れるのか、調べてみようではないか。

大正一〇年編纂の国語辞典である『言泉』は、「くさりがま」について、「戦陣の実用に供せしこと歴史上所見なきによりて察するに、元和偃武以後の創案なるべしといふ。流儀多き中に、大草流最も有名なり。かま。」と書いている。

また、戸伏太兵氏は、――事実と信用できる鎖鎌の真剣試合は、『二天記』に見える宮本武蔵と伊賀の宍戸なにがしのエピソードだけである。その後、宍戸の名前は勝手に「梅軒」だとされ、やがて「寛永三馬術」や荒木又右衛門の講談に、宍戸××とか○○軒という名の鎖鎌使いの悪役が登場するようになった。それらはすぐに主人公に返り討ちに遭う敵キャラとして、定着した（『日本武芸達人伝』）。

たしかに昭和二九年の『講談全集　寛永三馬術』には、宍戸典膳という鎖鎌の達人が出てきて殺されているよ。

ちなみに、『二天記』には、武蔵は短刀を投げて勝ったと、ごく簡単に書いてあるのみさ。

うーむ、しかし、それだけでは……。

何かが無かったことを証明するのは、確かに容易ではない。だからこそ、今日まで鎖鎌という「広告看板」がその威力についてほとんど疑われずに来られたのかもしれない。

そこで、ちょっと腰を据えて、カマの起源から考察しよう。

史上、鉄器が武器として軍隊の標準装備になったのは、紀元前一〇〇〇年のアッシリアだったといわれる。

いきなり古代史ですか。まあ、聞きましょう。

そして中国大陸では、鋳鉄製の農具は早くから見られはしたが、先行する圧倒的な青銅器文明が阻害要因となってしまって、鍛鉄製武器の普及は、紀元前3世紀の末と少し遅れた。

その当時のアジアで、鉄器製造の最先進地域はインドだ。その技術が、いかなる次第か、まず中国の「呉《ゴ》」と呼ばれた地域に根付き、そこから海流に乗って朝鮮半島南西岸や、日本に入ってきたらしい。なお、日本語の「くれ」は、もともと太陽が沈む「西の方」を指した。

考古学の諸研究によれば、日本で鉄製農具が副葬品に混じり出すのは、西洋紀元前一〇〇年より以降だ。日本には青銅器の単独の流行時代はないから、それまではずっと石器時代であって、西暦一〇〇年頃までも石器農具が広く使われていた。大和朝廷は4世紀初めに起こる。そして、出雲吉備で西暦四〇〇年頃から製鉄が始まるのだが、それでも、だいたい5世紀の半ばまでは、鉄素材と鉄器の多くは、朝鮮半島や大陸から輸入し続けなければならなかったようだ。

さて、物の順番として、しばらく素人の語源詮索に及ぶことをゆるしてほしいが、「カマ」の語源は、このような歴史からも、インドの言葉にあったとしてもおかしくない。

古代インドの仏典中に、カンマーラ（kammara）という職名が出てくるそうで、それは、金銀鉄銅などの「鍛冶工・細工人」を指すそうである（『中村元選集第11巻』）。

炊事や暖房のための燃料集めに絶対不可欠な農具の「鎌」（中国読みすれば「レン」）と、やはり炊爨《すいさん》のための代表的調理器具である「釜」（「フ」）に、なぜ日本では同じ「カマ」という音が、あてられているのか？　それは、どちらも大昔に金属工芸技師の主要な仕事として人々に知られるようになったからだ、と考えると納得ができそうに思う。

古代の南インド語が日本語の中に相当入っているという指摘は、たしか大野晋先生でしたね。

オレが今している話は、言語学でも何でもありはしないのだから、権威付けは無用で、鎖鎌の起源を考えてみたヒマ人の雑談として聞き流しておいて欲しい。

しかし、西暦紀元5〜6世紀に東南アジアに南インド人の広範な海上移住があって、古代日本では金属製農具のことを「サヒ」と言い、また刀剣について「呉のまさひ」と詠んだ古歌があり、朝鮮語で鍬のことを「サヒ」といい、中国でも手斧のことを「サヒ」と呼んだほか、沖縄唐手で刺突式十手のことを「サイ」と呼び、われわれの台所で寸の長い調理箸を「サイバシ」と呼ぶのも、やはり古くはインドの鉄剣が「サイ」であったことに発するのかも知れん。全国にある「犀川」も、古代の砂鉄採取と関係があるのだろうとオレは勝手に想像する。

カマの名の由来の詮索は、これ以上は無駄だろう。けれども、農具の「カマ」の名前は、「ナタ」よりもずっと後で定着した日本語だという事実が判明していることだけは補っておこう。

研究者たちによると、最も古くからある斧を別とすれば、当初は中国にも朝鮮にも今の日本のカマのような形の農具は無くて、柄と刃部のなす角が鈍角の、今の日本でいうナタの形の鉄製農具だけがあった。そして弥生時代の日本人はそれを「ナタ」と呼んでいたのではないかという。ところが西暦五〇〇年ごろから、日本国内に曲刃鎌が出土するようになった。

すると、ナタとカマは上古には同じものを意味していたのかも知れないのですね。

文献学的には、『日本書紀』中ではまだ「ナタ」(大鎌の意)と言っているのに、「軍防令」には「カマ」と出てくることから、大化改新ごろ、日本ではナタから鎌が分かれたと、推定できるのだそうだ。

この「軍防令」とは、8世紀の律令である。そこには、兵士10人毎に自弁装備しておくべきものとして、「鍬一具」「クサキリ一具」「斧一具」「小斧一具」「鑿一具」「鎌二張」「鉗(カナハシ)一具」等が列記されている。残念ながら各々のアイテムの形態は必ずしも特定されていない。「クサキリ」は、馬を養うための草を刈る、今の草刈鎌らしいが、「鎌」は、今のナタではないかという研究者もいる。

ここから田村榮太郎氏は、鎌はもともと農業用ではなく、行軍用に工夫されたのだ、とまで推理している（『日本工業文化史』）。

ちなみに日本では「鉈」と書いて「なた」の他に「ほこ」と読む場合があるが、井乃香樹氏は『日本國號論』（昭和一八年）の中で、「ほこ」とは「鋒《ほう》」に「子《こ》」を加えた呼び方であり、そもそも尖った金属器を指したこと、そして『日本書紀』に出る「天之瓊矛」（『古事記』では「天沼矛」）とはたぶん何かの農具のことで、「細戈千足國」（『書紀』）という表現も、武器だけでなく農具の「ほこ」の豊富なさまが言われたのだろうとの推断を述べている。幕末の学者、帆足万里は、イザナギのみことの「八尺瓊利《やさかにのと》戟《ほこ》」について、その当時にはまだ金属がないから、これは瑠璃《めのう》をすりたてた手槍のことだと説明している（『東潜夫論』）。いずれも、参考までに引いておく。

鉄製の鍬は、いっからあるのですか。

文献上では、紀元六〇〇年頃の『播磨風土記』に「狭鍬」が登場し、七七二年の歌に「からすき」が詠まれたのが早いようだ。

まあ、軍の長陣では、水の確保とか、馬糧／食料としての植物採集、そして燃料にする柴集めが、最大の日常雑務になったでしょうね。

通路啓開にも使える鎌やナタや斧の類は、自活生存のための必備品に違いないね。『細川幽斎覚書』も、安土・桃山時代の豊富な合戦体験に基づいて、軍中では鎌ほど入用なものはない、士分の者も持つべきだ、とすすめている。

幕末の伊豆韮山代官・江川太郎左衛門が、幕府からの海防策諮問に答えた「存付候義申上候書付」にすら、台場の守備に必要なオランダ式の各種大砲・小火器の種類と数量が列挙されたあとに、「…槍千……軍鎌百…」と出てくる（住田正一氏編『日本海防史料叢書　第五巻』）。

また、昭和一七年、フィリピン攻略戦でバターン半島の山岳地帯攻撃を急遽命じられた第六五旅団は、そもそも占領地の守備用に派遣された戡定部隊であったためにノコギリとカマの用意が無く、そのために行軍機動に難渋したという（秋永芳郎氏著『比島攻略戦』）。

つまり日本では、現代の第二次大戦までも、軍隊とカマは切っても切れぬ関係にあったというわけですか？

しかし、その用途の9割9分は、武器としてではなかった。九三四年ごろ成立した漢和辞典の『倭名類聚抄』が、「鎌」を、「征戦部」ではなくて、「調度部・農耕具」に入れて説いているのが、やはり代表的な見解だろうと思う。

そこでまた時代を戻すのだけれども、一般に、世界各地で最も大規模な人口爆発を起こしている原動力は、鉄製農具だね。石器や銅器に比べて強靭かつ軽量のため、その導入によりあらゆる農作業のパフォーマンスが格段に向上するからだ。当然ながら、日本の初期の鉄鎌も、農耕社会の権力者にとっては、至大な価値を存した。

七九七年に完成した『続日本紀』には、ちかごろ「王公諸臣」が貪婪を競い、柴草を採っている百姓からその「器」を奪って大いに辛苦させている、という文武天皇の詔が記されており、その器とは鎌のことだという（鋳方貞亮氏著『農具の歴史』）。なにしろ8世紀になっても地方によっては耕作に木鍬が使われていたそうであるから、鉄鎌となればいかに貴重品であったか、想像には苦しむまい。

律令末期になると、徴兵が貴族の私有荘園の開墾にばかり使役されるために、彼らは鎌と斧の使い方しか知らない、と批判する文書があるそうだ。

まだ古代の鎌には、武器的な匂いはしないのですね。

ところが、時代が下り、いろいろな鉄製農機具を貧農が所持していようが珍しくも何ともない室町中期にもなると、当時の国語事典である『節用集』に、「鎌　カマ　農具兵具」と、書かれるようになった。

鎌倉時代までには上演されたのであろう狂言の『鎌腹』には、おそらく町で柴を売って生計を立てている男が「木をこる」ための道具として、長い棒の先に縛り付けた「ぎろぎろと」研ぎすまされた鎌が、登場する。男は刀剣の類は所有していないらしく、この鎌を使って武士の真似をして自害すると騒ぐのだ。

ちなみに、鎌倉という地名の語源は「屍蔵《かばねくら》」――死者の――谷であったともいうね。

地方の昔話や民話の中に、人間や動物の首を鎌で切断するものも伝わっていますよね。

もっと明確な記述は、近松の浄瑠璃台本『天神記』。その中に「刀脇指うりくらふてゆづりの刃物は鎌一本……（中略）……これで元首刈ってくれふかと、鎌ひらめかしどよみける」と出てくるのは、けだし滑稽な描写ではなかろう。

いったいに、今日のスーパーマーケットで売られているような園芸用の鎌、あれは最も小型で薄刃の「草取り鎌」に分類されるもので、これはとても本格的な柴草刈りの作業には耐えない。昔の農家の鎌は、毎年冬に打ち直し、研ぎ直して一〇年以上使えるような大きくてぶ厚いもので、柄もずいぶんと長いものがあった。

それは現代の都市生活者には意外な事実です。

島原の乱は、もともと農民一揆から始まったのだが、一揆側の武器として、槍のような長い柄に取り付けた片刃の鎌があったそうだ。刀はいくら短くとも、守ると同時に攻められるが、鎌ではそうはいかぬ。だから、鎌を攻撃的な武器に変えようと思ったら、まず長柄に取り付けるのが自然だろうよ。荻生徂徠の『鈐《けん》録』の中にも、中国の「雁棒」と呼ばれる柄9尺の大片鎌状の武器が紹介されている。もっとも『朝鮮近代革命運動史』（昭和三九年）によると、一八六六年に朝鮮の民兵がフランス船を撃退するときには、鎌を槍に打ち直したそうで、そっちが数倍合理的という気もするよね。

少なくとも近世の一時期、農具用の片手鎌が確かに日本の農民の武器だったことを記している史料として、江戸初期の東海地方の農業事情を一六八二年頃に記録した『百姓伝記』（古島敏雄氏校注、岩波文庫）がある。

その中に「土民鎌を用いる事稲麦其外の物をかり、草をかる鎌の外に、竹木をもきり、また用心むきに手鎌と云て、分限相応に二丁も三丁も五丁も拾丁もうたせたしなむへし、田まわり畠まわりをするに、腰にさし、……」とある。この「用心むき」とは、具体的には、猪、猿、鳥などに急に出くわすことがあるのでそれを追い払うことらしいのだ。

なぜ狼に言及がないのでしょう？

一七三二年に西国に狂犬病が入る前であるから、狼はいたはずだが、馬牧の盛んでない三河あたりでは、稲作農家は完全に益獣視していたのかもね。山に狼がいるから、鹿やカモシカも出ないのだろう。

しかし、どうも、害獣対策のみとは解せないのだ。なにしろその「手鎌」、刀剣と同じ「わりはがね」を素材に使い、上手の鍛冶に念を入れて打たせ、幅狭く渡り長く厚く、柄は、普通の鎌については、疲れるので重く堅い材を用いぬようにと警告しているにもかかわらず、この「手鎌」は、敢えて樫で丈夫に作るのがよいとしているのだよ。これはもう、水争いや畑盗人などに備えての、対人用の護身兵器／威嚇武器だろう。

東北地方には、江戸時代に、馬をよく狙う狼を農夫が鎌で撃退した話があります。「牛殺しの木」と呼ばれる特別頑丈な素材を「かまづか」にしたともいいます（藤原仁氏著『まほろしのニホンオオカミ――福島県の棲息記録』）。

ついでに私も調べてみたのですが、約五〇年をかけて全国の狼伝承を集めて、『狼――その生態と歴史』（昭和五六年）を著わした平岩米吉氏は、農民が、おそらく狂犬病にかかっていた狼を鎌によって退治した例を5件、また、土葬の塚上に鎌を立てて山犬避けのマジナイとした例を1件、調べていました。比較して、狼との格闘にナタを用いたという例、オノを用いたという例は、それぞれ1件のみが挙げられています。

厚鍛えというところも肝要なのだ。

昭和五年刊の『警察武道　逮捕と護身』という本の中に、出刃包丁は地金が厚く、薄刃の短刀よりも傷口が大きくなるから、順手で襲ってこられたら最も危険だ、と警告されているのだ。今日量販されているステンレス製文化包丁や草取り鎌などからは想像できない殺傷力が、昔の分厚な刃物にはあった。

大戦末期に陸軍が作成した本土決戦マニュアルの中に、最後の手段として鎌を以て米兵を攻撃することまでが図解されているようですから、それは「あり」でしょうね。

大正一五年に千葉県で「鬼熊事件」というのが起きた。これは、岩淵熊次郎という犯人が怨恨から人を殺し、逃亡中に巡査の左頸部を長柄の鎌で切りつけ、失血死させてしまったというものだ。さらに昭和四年には朝鮮半島平安南道で、鄭基鉉なる殺人犯が日本人警部補をやはり長柄の鎌でめった切りにして殺した事件があり、「朝鮮の鬼熊事件」と呼ばれたそうだよ。

今の草刈り鎌ではそんなの無理ですよね。

農具鎌の刃については、朝岡康二氏の研究、たとえば『鍛冶の民俗文化』が詳しい。それによると、大正時代以前の「柴刈り鎌」や「枝切り鎌」はいずれも軟鉄の地金の先端縁に「刃金（鋼）」を鍛接したものだ。ただし中世の後半に、関の刀工が美濃で鎌造りになったという記録もあるそうだから、総鍛えの鎌の刃も、たぶんあったのだろう。現存する、両刃がつけられている鎖鎌は、これでなくては説明ができない。

明治政府は条約改正を焦って、非西洋的な印象を与える日本刀を廃止しようとしたのに、その後の戦争のたびに日本刀の需要が復活して、それに応じて少なからぬ農具鍛冶が刀剣鍛冶に転じている事実が支那事変期まであったようですね。鎌鍛冶といっても馬鹿にできません。

また手鎌の話に戻ると、近世の農具鎌は、農民に公然と許された護身武器だったと見ることができるだろう。しかし、刀や槍や鉄砲で武装していた農民も珍しくない戦国時代以後、わざわざ特注の手鎌などを造り、所持することに、どんな意義があったのか？

鎌には有って、刀や槍や鉄砲には無い利点ですか。う～ん……。

それは、日常腰に差していて誰にも見咎められぬことであったと考えられるだろう。享保年間に琉球で成立した『人盗人』と題する組踊り（本土の能の影響を受けた独特の劇）がある。主人公は、人さらいを生業とする凶猛な面つきの男。が、身に帯びる刃物は、1丁の鎌のみ。それで十分だった、というより、ベテランのアウトローとしては、それでなくてはまずかったのだろう。ちなみに沖縄にはナイフや包丁を武器とする「唐手」はなく、やはり専らカマかサイ、その他に「ヌンチャグ（ヌンチャク）」が使われる。職業的誘拐犯が、純然刺突武器たるサイなど隠し持っていては、却って仕事はやりにくくなったであろうことは、容易に想像がつくね。「ヌンチャグ」は、山内盛彬氏著『琉球の舞踊と護身舞踊』（昭和三八年）によると、大陸から伝わった麦打ち用の「車棒」だという。

するとそれも「農具でございい」といいながら腰に差して歩くことができたから、護身具化

したものだったのですね。

　なにも沖縄の悪者に限らないさ。武士の支配下にある農民が、常時軽便に携行することが可能で、しかもいつどのような状況下であっても不審がられることのない自衛の武器は、鎌のみだったんだよ。彼らがもし短刀などをフトコロにのんでいたりすれば、それは、現行犯、スパイ、叛逆者、無頼漢、暗殺者の、凶状の名刺を持ち歩くようなものだったのだ。

カマについては分かってきましたが、鎖分銅というのは、万国共通でしょ?

　では鎖についても、ひとくさりみておくか。あ、いまの駄ジャレは意識的に出したものだ。語源は同じなんだよ。

　日本語の「くさり」は、もとは、何かつながった状態や物を言った。それで古代には、革紐までも「くさり」と呼ばれていた。

　近世の鉱山で、焼竈《やきがま》で溶かす前の、掘り出したままの状態の原鉱石のことを「鏈《くさり》」と言ったのも、未だ分離されざる様を表現したものかもしれん。

　鎖は、分銅を付けなければ、人を殺さずに痛めつける武器になる。しかし近世以降の日本の警察組織は、犯人の皮膚に傷をつけることを極力避けた。

　一九三六年に中国で出版された『國術源流考』には、「流星」という、紐の先に分銅を付けた兵器の図が見える。日本の武具研究の泰斗による『十手捕縄の研究』(昭和三九年)の中では、陣鎌と、中国の武器である「昆飛」を結合したものが鎖鎌だとされているけど、「昆飛」も「流星」も同じものの別名だろうね。

おそらく、小さくまるめて懐中に隠して携帯できるこうした打撃武器の元々の始まりは、鳥などに投げつけて絡め捕った、石器時代の猟具だったんだろう。

細い紐状の鉄鎖は、懐中して持ち歩くことができますよね。そうしますと、刀を持ち込めない室内でも、鎖を隠し持って入ることはできたのじゃないでしょうか。

ジャラジャラ……と音がしないような工夫ができればね。しかし、1本の鎖が刃物に対する護身具になるのは、ごく例外的状況だと思うよ。敵の刃物で絶対に切断されない強度を持たせようとすれば、鉄鎖はやたらに重くなり、秘匿が難しい。しかも、相手に心得があれば、鎖でもって防ごうとする相手を刀剣で斃すのはたやすいんじゃないか。反対に鎖で以て打っても、それは致命傷にはなってくれない。分銅を付ければ別だが、室内では最も使い難いだろう。

となれば、鎖などをわざわざ隠し持つ代わりに、鉄扇や、総金属製キセルや、超小型ナイフを携帯する工夫を凝らした方が、昔の人としても、より合理的な選択になったのではないだろうか。

鎖かたびらは、赤穂浪士以前の日本には無かったのでしょうか？

あった。個人の鎖腹巻や馬鎧のようなものは、源平合戦のころにはもうあったようだ。馬鎧のルーツは紀元2世紀ころの西アジアにあって、パルティアやスキタイ族を通じて北東アジアまでもたらされたらしい。ここでどうしても一言書かずにいられないのは、ラテン語で、鎧や馬鎧のことを cataphractes と言った。もちろん、どれも鎖を編んだものだ。はるか後に日本では、そのような防具を「鎖帷子」と呼んだ。この発音が似たのは、偶然の一致だろうか。「カタヒラ」は、日本語文献では、埋葬する死者に着せる白装束の呼び方として、日本書紀の大化二年三月に初出するのだが……。

ヨーロッパでは、良質のスウェーデン鉱が有史以前から知られていた北欧で、紀元六〇〇年頃にまず鉄斧が普及し、これで大船が建造されて、優勢な海賊を送り出した。9世紀にイングランドに侵寇したデーン人は、多くが鎖帷子を着込んでいたという（モートン氏著『イングランド人民の歴史』）。

その後、十字軍が直面したアラブの尖り矢があまりに強力なので、西洋では12世紀以降、鈑金鎧が発達して、鎖鎧は廃れた。

日本では幕末頃に消滅したのでしょうか？　これも小田原城でしたが、文政七年に、徳川幕府公許による最後の仇討ちを果たした、浅田兄弟の兄、鉄蔵が使用したという、鎖入りの白ダスキが展示公開されています。つまり、当時は鎖帷子は用意しなかったか、用意できなかったってことではありませんか？

いや、そうではない。会津若松市の白虎隊記念館に、土方歳三の鎖帷子が保存展示されているのを見た覚えがある。

たぶん、鎖帷子は需要が減った分、高額な注文品となり果て、誰もが簡単に購えるものではなかったのだろう。それと、外見からハッキリと分かるような防具は、仇討ちには使えないという不文律があったのではあるまいか。

アメリカ原住民は持っていたでしょうか？

どうもあの地域は、イギリス人との交易が始まるまでは、鉄斧や金属ナイフすら存在しなかったようだよ。大航海時代まで、なんと石器時代が続いていたようだ。

中国の武器で、鎖鎌ではないが、それにちょっと近いようなものがあったような気がするのですが……？

あの国は「白兵」のバリエーションが豊富だからね。

笠尾恭二氏著『中國武術史大観』（平成六年）によると、春秋時代の「戈」は青銅刃ながら、腕や首を薙ぎ切ることができたことが『左伝』から分かるという。すなわち戈とは、最初期の金属「ナタ」を長柄に取り付けたものに他ならぬ。

下って戦国時代、『墨子』「備城門篇」に「長鎌、柄長八尺」と書いてあること、また『六韜』「軍用篇」に「芟草木大鎌、柄長七尺以上」とあることは、日本では平安時代から知識人には知られていた。しかし、これが「カマ」なのかどうかは不確かだ。漢字の鎌の字のつくり、「廉《レン》」は、「利」と同じで、よくきれるの意しかない。したがって中国語文献で、鎌と書かれただけでは、刃物の形状は特定されない。今のカマ形の刃物を特に表わしたい場合には、「鉤鎌《こうれん》」等と書いたようなのだが、その「鉤鎌」にしても、じつはナギナタ類似の長柄武器を指示していたことが多いのでね。

この『墨子』には、最も早い連節式の武器も、「連梃」として見える。今でいうヌンチャク様のもので、城壁を登って来た敵兵を斥ける用途だ。

中国には、日本と同じ農具の片手鎌は無いのですか？

とうぜんにある。分銅や鎖や、連接武器も古くからあったよ。しかし、「鎖鎌」だけはそこから生じていないんだ。

管見では、明の茅元儀著の『武備志』や、一九三六年に中国で出版された『國術源流考』という研究書にも、鎖鎌はもちろん、日本のカマに類するものは載らない。『紀効新書』（後述）で有名な明臣の戚継光は、『拳経』の中で「鈎鎌」という得物（の武技？）を列挙しているというが、これも農具のカマとは似ても似つかぬものと思う。

彼らには「隠し武器」の必要は無かったのですかねえ？

それをこれから詮索してみよう。

江戸時代初期に、貝原益軒（一六三〇〜一七一四）は、もろこしに「武芸十八手」があり、「其の他に、抜刀の法、刀をなげうつ法、眉尖刀の法あり。又、鎌と棒とを用ふるにも法あり。……又捕縛の法あり。拳あり……」と、『武訓』の中で紹介しているけれども、どうも中国の文献を、実体も分からずにただ引き写しているだけであって、参考になり難いよ。

青木嘉教氏著『中国武術　兵器法』（平成九年）には、鎖の武器は複数出てきはするが、農具のカマに類した武器は一つも見えない。

篠田耕一氏著『武器と防具　中国編』によれば、明の王折が一五七三〜一六一九年の間に著したとされる『三才図絵』には、武器としての鎌は見えぬものの、清代には鎌が軍隊の制式装備になったそうだ。

ぜんたいに、大陸儒教では、武人や武官はあっても、教養の入口と出口に武徳を据えた日本型の「武士」は、考えられない。したがって国民的「武道」も、近代の健康術を別として、あり得ないのだが、近代以前でも、外患によって国内が大きく乱されれば、時を憂えてさまざまな武術研究に取り組む個人や団体を、各地に生じている。明代に、元を北に逐うべく郷土民兵の指導に任じた僧兵などは、その名がよく知られた例だよ。

あっ、それ、「少林寺」ですね。

ただどうも、伝統ある肉食文化圏として、農村にも都市にも斧や大刀がゴロゴロしているからなのであろうか、大陸の庶民が、自衛や武装の必要を感じたときに、片手鎌だとか鎖分銅などは、敢えて顧みなかったように見えるねえ。むしろとっさの間に合わせの武器としては長い棒（棍）が手にされ、すぐそれが堂々たる本格式白兵に持ち換えられたようだよ。

そんな土地柄では、治安軍隊や警察も、十手のようなコセコセとした装備では役目は勤まらなかったでしょうね。

ところで、周緯なる人が一九五七年に北京で上梓した『中國兵器史稿』という本には、元代の「Zaghnol（査格洛耳、《鎌刀》）」という武器が載っている。これは、農具のカマではなさそうだ。西洋騎士が馬上で振るったピッケル状の片手武器が、中央アジアの隊商経由か、海港経由で伝わったものだろう。

同書には、やはり元代の武器として、棒の先端から短い紐で六角錘を結んだ「Flail（佛来耳）」というものも図示されているが、これが西洋の「Frail」の転訛たることは自明だ。

殻叩き状の連節武器ですね。

１４世紀のフランドルの反乱において、農民軍のフレイル（農具の殻竿《からさお》そのもの）が、フランス騎兵に対して有効であったので、すぐに騎士側の武器としても採用されたといわれている。また、西方民族が馬上の武器としてフレイル形の武器を用いていたのを、宋代に中国で導入した、との説明も、見ることがある。

ちなみに本朝ではこの種の武器が合戦に使われたという文献は探せない。『倭名類聚抄』は、「農耕具」として「連枷《クルリ》」という打穀具を載せているが、日本の殻竿は、打撃部分が一つの平面（２次元）上の回転しかせぬ構造であるから、武器としてはほとんど実用性はなかったのだ。

しかしですよ、１６世紀になれば、日本にも、西方のフレイル系、またはメイス系の武器の情報が伝わっていたかもしれないじゃないですか。モンゴルの騎馬の闘いの絵の中に、西洋そっくりのメイスが描かれているのを見たことがあります。

うむ。元のフビライが西アジアから砲匠を呼んで、樊城の城壁を破壊したのは一二七三年であった。マルコ・ポーロが蒙古を経由し、北京に達したのは一二七五年。宋代の海港はアラブ商人に開かれており、雲南生まれのイスラム教徒・鄭和が率いた艦隊は１６世紀に７度インド洋を周航し、トルコは一五二四年から一六一八年にかけて明に使節を派している。一五五五年には後期和寇が南京を焼き討ちし、その翌年には明使が豊後に来た。大友宗麟が対明貿易を大っぴらにはじめたのは一五五九年だから、いつ伝わっても不思議はない。

和寇の盛んな時期と、イエズス会の極東布教も、時期が重なってますからね。

先述した『紀効新書』は、明代の《新兵書》の一つで、初版は一五八四年、二版が一五九五年に出た。ちなみに日本国内では、最も早い版本が、寛政一〇（一七九八）年から流布したといい、幕末になってその解説書が多数著わされている。著者の戚継光は、一五五九年に農民や鉱夫からなる軍を編成したことがあるそうだから、ピッケル型の武器が早々と和寇に知られていたとしてもおかしくはない。

おそらくは、日本で鎖鎌が創始されるに当たっては、中国にあった武器の実物ではなくて、和寇や明の貿易船が持ち来たったこうした最新兵学図書の図版が、影響しているのではないだろうか。その図にある珍しい鎌刀と連節打撃武器が、興味本位に合成されたのが、鎖鎌の始まりではなかっただろうか？　もちろん、和寇とは無関係に、スペイン＝ポルトガルの宣教師らが伝えた情報もあったに違いないけど。

合戦に使われた記録はないのですか？

『太閤記』の「三国峠合戦事」に1度だけ出てくる。しかし、日本の戦国時代の武士によって広く使われたと主張する人は、さすがにいないね。槍隊や弓隊や投石隊はあっても、「鎖鎌隊」はなかったんだ。

個人が戦場に持ち出したとして、鎖鎌はどのていど有効だったでしょうか？

屋内とか、暗夜の乱戦とか、多対一の状況を想像すれば、槍や刀に対してほとんど役に立ち難いことは容易に想像されるんじゃないかい？

それじゃ、やっぱり「鎖鎌」は近世の捕物道具なのですか。

それが、今までのところ、唯一もっともらしい説明になっている。

しかし、私はこの説も斥けざるを得ない。その理由はシンプルで、刃物では、必死で抵抗する犯人を傷つけずに逮捕することが不可能に近いからだよ。

近世以降のわが国の捕吏にとって、刃のついた道具くらい役立たずで困りものの装備は、なかったはずなんだ。

平安時代は、病的な「穢れ」思想にとりつかれた朝廷が死刑の公式命令を出さなかった代わり、京都の検非違使庁の武士たちは、夜盗あらわるの報に接すれば、直ちに全員弓矢を手に出動した。逮捕して裁判にかけんよりは、その場で一部を射殺《いころ》し、残りは追い払おうという態勢さ。賊の側も、弓矢を多数揃え、多少の命のやりとり覚悟で大挙して人家に押し入っていたのだから、中世の治安維持は、小合戦に等しい。

しかし近世になると、いかなる国事犯、いかなる凶悪犯人の現行犯逮捕であろうとも、裁判の判決で死刑や身体刑の執行が命じられないうちに死傷させてしまうことが、捜査機関には許されなくなってきた。これは「穢れ」思想とは無関係で、法治国家としての人身尊重精神が、定着していくのだ。

それはいつからですか？

早くも三代将軍徳川家光の時代に発生した「慶安事変」で、裁判の結果は獄門に極まっている一味の丸橋忠弥の捕縛に際し、「生口《いけくち》御詮議」のために、たとい捕り手の側に手負いや死人が何人出ようとも、その身柄は無傷で確保するべく、周到な作戦が立てられたように記録されているから、だいたいそのころとおぼしい。

江戸から隔たった諸大名領内の非国事犯に関してはまったくこの限りでないけれども、江戸や天領において、犯罪者が捜査機関の手によってその場で処断されてしまうような事例は、以後、稀だ。

忠弥は槍術の師範でしたね。

猪野健治氏著『やくざと日本人』等によると、経済・交通の発展に比して警察組織の手薄となった、江戸近郊の寺社領、旗本領などに巣喰う無頼の徒にFBI方式で対応せんがため、幕府は文化二（一八〇五）年に「八州廻り」を設けた。趣旨として、「無宿」「悪党」どもを「見当たり次第」に、誰の領地であろうと踏み込んで召し捕るべきこと、「手に余らば打ち捨てるとも苦しからず、時宜により鉄砲等相用ひても苦しからず」とまで布告されたのであったが、この流儀に則り斬り殺されたり射殺された者は、ほとんど聞かないのだよ。

江戸府内における辻番所も、突棒、さすまた、もじり棒の備え付けはあっても、槍、長刀などは「無用」とされていた。

すると幕末の京都でテロが日常化し、治安維持のための斬り捨ても公然行なわれたのは、本当に一時的な例外事態だったのですね。

ああ。だから明治政府が立つと、ただちに近代法治国家の体裁が整えられていく。

この明治政府が警官に持たせたサーベル、もちろん人を斬ることのできる本物の刃がついていて、日本の敗戦まで彼らの標準装備とされたんだが、現場では大不評だった。というのも、規則により、犯人が包丁などの凶器をかざして立ち向かってきたときだけ警官は抜剣してもよいことになっていたが、じっさいにはそのような時、制服警官は犯人を斬り伏せることよりも、素手で格闘して捕らえる方を選択したからだ。近世いらいの法治国家の伝統精神は、近代警察官にも、自然に、そのような命の危険を冒すことを要求したのだねえ。

なぜ米国の警官のような警棒にしなかったんでしょうか？

犯人逮捕には剣より棒の方が適当であることは、日本では早くから認められていたのだ。しかし明治政府には、不平等条約の改正運動という大きな課題があった。そのために、外国人の注視を受けやすい都市部の制服警官には、不都合を忍んででも、純フランス式にサーベルを吊らせねばならなかったんだよ。

ちなみに私服刑事は、ステッキを持たぬ場合には、何と、昭和五年頃でも、十手を懐中に入れていた。それにはご丁寧にも、犯人の顔などに創痕をつけぬ用心として、布が巻きつけてあったという。

さてそれならば、江戸時代に、鎖鎌のような刃のついた武器で、抵抗し逃走を図る犯人を傷つけずして捕縛することはできただろうか？　不可能ではないだろうが、それは、6尺棒や十手にくらべて、甚だ困難であったろう。

より深刻な問題は、体重でも筋力でも優った犯人が、自分の刀に巻き付けられた鎖を摑み、強く引っ張った場合だ。

鎌首から鎖が延びている鎖鎌ならば、それで鎌の操作の自由は利かなくなるだろう。柄元端から鎖が延びているタイプであったら、とっさのことで自分の手を切ってしまいかねない。その点、ただの鎖分銅だけ、あるいは樫棒などと鎖分銅を組み合わせた捕物道具の方が、ずっと合理的であるに違いないが、それにしても、鎖分銅そのものに、人の頭部に対する制御のむずかしい破壊力があり、予期以上の重傷を犯人に負わせてしまう可能性が潜在しているのは、どうしようもないのだよ。

頭が割れてしまいますからね。……それじゃ、戦国時代とか、江戸時代のごく初期に、鎖鎌に、治安のための使い途があったんでしょうか？

その時代であれば、あるいは犯人を死傷させてしまっても構わない風潮があったかもしれない。しかしそんな事情であるならむしろ、いかなる場所でも確実に犯人を制圧できる、長槍・手槍・半弓・鉄砲などが選択されたのではあるまいか。

では、スパイの護身具とか……？

考えてみたまえ。鎖鎌を、どうやって隠し持つのだ？　布か菰かで包んで持ち歩く以外に、こんなものを携行しようがないじゃないか。

前掲の『十手捕縄の研究』すら、「鎖鎌の携行方法は、判然としない」としているけれども、これこそ「鎖鎌は合理的な武器であるかゆえに自然に発生し改良されてきた」と見る説の弱点だと私は思っている。

現存の鎖鎌は、柄の長さが1尺8寸になっているものがほとんどだというが、これは言うまでもなく、江戸期に、行商人や農民など、武士以外の身分の庶民が、旅中の護身用として1本に限って携行することを公許されていた「道中差し」の最大寸法に他ならん。

いわゆる、幕末の街道博徒の「長脇差し」「長ドス」は、1尺8寸をオーバーしていたのですね。

すると鎖鎌の製作には、庶民の「道中差し」に準じて自主規制する遠慮、または、せめて道中差しのリーチには極力迫りたいとの意志があったことになろう。どの鎖鎌も、道中差しよりもはるかにコンパクトにすることで以て持ち歩きの便を図っていないということは、それがまったく隠密の武器ではなかったことを明証するとともに、江戸時代後期の鎖鎌使いたちが、武士の槍に対してはもちろん、太刀に対しても、鎌だけで堂々対等に渡り合う自信がなかったことを物語ってはいないだろうか？

そういえば、現存する鎖鎌にはたくさんの形状のバリエーションがありますね。時代とともにシンプルに洗練されたというより、むしろ複雑変形化したようなものが。

私は古道具コレクターではない。殊に、刀剣類の目利き鑑定の類にはほとんど関心はない。その代わり、戦記はよく読む。

戦場の武士は、もし手元に鍬や鎌が無ければ、自分の持っている太刀・脇差をそれら土工具の代わりにして、土を掘り木を伐り、調理包丁、火事場の鳶口、それこそ何にでも用いねばならなかった。第3、第4のスペアの鈍刀があったおかげで助かった武士はあっても、およそ「名刀」などのおかげで活躍できた者が実戦場にあろうとは信じられない。

が、そうした刀剣武器の形状の長期的な変化には、私は大いに興味がある。それは時代の流行と必然とを反映しているからだ。

先年、埼玉県川越市を散策中に、「西山博物館」という武具専門の陳列施設に出合った。中をのぞいてみると、そこには、柄元から鎖分銅を垂らした木製十手、金属製のサーベル鞘に仕込まれた鳶口などなど、珍しい品々が展示してある。なかでも目を惹いたのが、伝《でん》「一心流鎖鎌」さ。

その鎌の刃部は不気味に長い。柄先からは鎖分銅が伸びている。柄は、2本の手で操作するに違いない長さだ。そして、その柄の上半分には矩形の大きなハンドガードがついている。敵と我とで鎖の引っ張り合いになったときに、このハンドガードの中にちゃんと右手指が入って握っておれば、鎌が我が手からスッポ抜けることはない、そのような用心と見えた。

しかし、このハンドガードの必要が考えられたという事実を知り、私はかねてからの疑問がハッキリと裏付けられた気がしたのだよ。鎖鎌の形態は、武器としてあまりに弱点が多いのだ。そもそも「鎖＋鎌」というコンセプトが、致命的に間違いなのではないか？

諸種の図鑑によると、キミの言うとおり、ハンドガードだけでなく、鎖鎌には、形状のバリエーションがあまたあるね。

たとえば、柄先に槍の穂を突き出させた鎖鎌があります。

それって、「カマだけでは積極攻撃にはどうしても不利なんでねえ」と白状しているように、私には思えるのさ。しかも、鎖を使うときに槍の穂と交錯してしまう不都合が、新たに生じてしまっているよね。

また、農具カマとうって変わり、湾曲の外側の棟の部分にも刃をつけた、両刃仕様の鎖鎌も存在するだろ。

なるほど、それは、「鎖に組み合わすに農具カマそのままでは、使える武器とはならない」ってことの証拠ですね。

そこまで鎌の形状をいじってしまうのならば、むしろ鎌そのものを捨ててしまい、手には短い槍を握り、懐には鎖分銅を隠して、それで敵に対した方が、はるかに勝手がいい筈じゃないか。

既に見たように、頑丈にこしらえた農具鎌は、いかにも誰にも見咎められずに携行できた擬装兵器であり、護身具だった。鎖分銅もまた、隠し武器、奇襲攻撃兵器として有効であったろう。だが、この2個の要素を結合させ、「鎖鎌」とした瞬間、どちらの長所も消えて無くなってしまうのだ。すなわちその鎌は、どう言い張ろうと、もう、武器でしかない。鎖分銅もまた、隠し用いることによる奇襲力は一切発揮できず、相手に前もって用心されてしまうことになる。

鎖鎌は、懐には入らず、剥き出しで持ち歩くしかない。したがって奇襲用法は一切ありえなくなる代わりとして、それを補ってくれるような格段の有利が、槍や、抜き打ちの大刀に対して、あるだろうか？

変形鎖鎌の存在することが、その答えですかね……。

江戸時代前期以前の、鎖鎌発生期のその用途は、そもそも、逆に目立つことであったと私には信じられるんだ。

目立つこと？　アピールですか？

そうだよ。鎖鎌は、元々は戦いの合理性とは関係なく創り出された、浪人武芸者の広告の小道具だったのさ。

そして、そのことを知る由も無い後代の武道家たちも、自分で用法を研鑽せんとすればするほど、鎖鎌の本源的な使い難さ、使う者の身の危うさを、痛感したのだ。それで苦し紛れに形状そのものに根本から変更を加えざるを得なかったのが、変形鎖鎌に違いないよ。

そうしますと、佐々木小次郎の異形とか、桃太郎の《日本一》の幟のようなものなんですか？

まさに近いね。

そろそろ私の結論をまとめにかからないとね。……そもそも鎖鎌は、仕官口を求める武芸者が、道中において衆目をとらえるための看板であり、宣伝用ディスプレイ以外の実用的な使いみちは、何もなかった。これで本当に槍や太刀と渡り合うことになったら、十中八、九、死なねばならぬ。だから、恐ろしげな外見だけで身を護り世を渡る、ハッタリの武器でもあった。

ところが、その意外に高い宣伝効果を見て、模倣をしてみた武芸者の中に、いつしかそれを有力な合理的武器と心得違いする者が生じた。中には、鎖鎌でもってライバル武芸者の槍や太刀と真剣試合をして、命を落とす者すら現われる。武芸者からして実用武器だと信じ込んでしまったのだから、庶民はいよいよこれを疑わなくなった。

なにしろ、絵になる。耳に響くその名前からして、視覚的にかきたてられるイメージがあるだろう。

聴覚と視覚に訴えるインパクトがあって、キャラが立つ……うーん、いよいよ宣伝に㊜ですか。

それで通俗本の挿絵によく描かれるようになり、めでたくも鎖鎌はデ・ファクトの実用武器に昇格したのだ。

伏見猛弥氏著『綜合日本教育史』（昭和二六年）には、江戸時代に上流武家の女子が鎖鎌の技を修めるようになったと書いてあるが、本当だろうか。これも、仇討ち芝居や通俗本の影響ではあるまいか。

確かなことは、鎖鎌を看板に仕官に成功し、あるいは仕官運動を兼ねて城下町に道場を開いた武芸者は、ついに江戸２７０年間、幸運にも、それでもって真剣勝負を迫られることはなかったのさ。

しかしそんな壮大なペテン……とすると、とても珍しくありませんか？　みんなだまされたわけでしょう。

過去にも、フェイクの武器を、輸入書などを参考に勝手に創ってみた人は多かったでしょうに、なぜその中で「鎖鎌」だけが定着して、幕末・明治まで残ったんでしょうか。

おそらく、由緒正しげに聞こえた理由があるのだ。これも手早に結論に飛びつこうと思うが、安土桃山時代から、茶の湯の世界に「くさりがま」という、同じ発音で呼ばれた道具があったせいだよ。

茶室といいますと、分限者のあいだで流行したのは近世初期ですね。確かに鎖鎌の登場に重なっています。

それも、天正五年、松永弾正が織田信長に攻め亡ぼされる時、秘蔵の「平蜘蛛の釜」だけは渡すまいと爆破したなどと伝えられているほどで、熱中ぶりはただごとではなかった。

われわれが現在、典型的な和風の「お屋敷」と思っているものも、千利休が茶道とともに広めた数寄屋造りに他ならぬ。それが、旧来の檜のみの選好にかわる、杉材の大量消費を促し、日本の町並みと山林も変えてしまった。

まさに一大ムーブメントで、茶の湯の用語が、室町〜江戸初期にかけて、民間に浸透していたことも、今日の想像のとても及ばぬ所さ。宮本武蔵の平明な『五輪書』にすら、茶の湯の流派である「四家」が、敢えて武道解説の引き合いに出されているほど。

で、その茶道具に、「釣茶釜」というものがある。読んで字の如く、茶釜を吊るし下げたもので、解説書によれば、これを「鎖釜」とも呼ぶ。

釜（カマ）の語源は、鎌（カマ）と同じく、確からしい説はない。「かまど」が、「釜」に、「処」を意味する「ど」を足した合成語であるというのは、確かだ。

試みに、茶道の古典である『南方録』をひもとくと、「くさり自在に釜をかくる」とか、

「つり釜」、「釣がま」などと頻出するので、四畳半の茶室に鎖が使われるのは、珍しいことではなかったようだね。その鎖だけでも相当高価なものがあったことは、たとえば『信長記』から窺える。高価な鎖釜は、初めからそれ専用に設計した3間続きの建物を造って賞玩したともいうよ。

その「鎖釜」の実物を、庶民や浪々の武芸者が見ることは、なかったのですか?

野立てというのもあったわけだが、庶民に解説などしてくれないからね。だから、「くさりがま」という名前だけを聞いたことがあり、実物を確認しない地方の日本人がいたのだと思う。

ともかく、武器としての「鎖鎌」が生じる前から日本人は、「くさりがま」なる呼称にだけは、聞き覚えがあったのさ。

そして、おそらくその「サウンド」を気に入って、鎖と鎌とを結合させてみた悪戯者、もしくは勘違い男が、どこかにいたのだろう。

その「鎖鎌」には、武器としての合理性はなくとも、同音の呼称が先にあったことで、日本人は、その実在を理屈抜きに信じたのだろう。

さらに、その語呂のよさ、見た目の印象の強いこと、大身の槍などよりもずっと安価に自作できたこと、等のメリットが武芸者に歓迎されて、非実用武器でありながら、日本でのみ定着したのではないか。

ウーム、驚きました。身体を張った武芸者の世界にも、そんな人をひっかけるだけの宣伝

道具があり得たなんて。それを一国民がすっかり信じ込んで、何百年も気付かないことが、あり得るなんて……。

一国民は、騙し得るし、また、騙され得る。頭の良い、教育を受けた人間でも、全員がひっかかることがある。けれども、10年、数十年、数世紀が経つうちには、それを見破る者が1人か2人くらいは現われるのだ。人間に期待できる理性は、この程度だ。

文庫版のあとがき

本書には、われながら愉快で珍妙な想い出が詰まっている。


なにが珍しいかといって、まず「印税ゼロ」。文字通り、筆者はこの本では1円も受領をしなかった。爽快この上ない「御礼奉公」をしたものだ。

それで大満足だった。無報酬だと思えば、趣味も全開にできた。たとえば終章の「鎖鎌」のミステリーなど、ふつうの企画であればあっさり削られてしまう道草だろう。けれども、本人が全精力を集中しているのは、やっぱりこういうオリジナルな発見の部分なのだ。それを存分に活字にできて、四六判384ページの厚い束の並装幀で1600円という破格値で世に問えるのだから、当時独身ライターの筆者として文句は無かった。

刷り部数は、初版が4000部（見本は二〇〇一年一二月五日にでき、取次搬入が七日で、年末年始の2週間で400冊の注文があったという）。2刷には細かな手直しを加え、2000部。筆者は引っ越し先の千葉県の富里町で、二〇〇二年二月一六日にその見本を受領した。すなわち合計6000部だったと回想される。

このたび、伝統ある「NF文庫」に加えていただくことで、本書から初めて印税が発生するのかと思えば、不思議な心地がする。コーディネートをしてくださった『武道通信』の杉山穎男さん、決断をしてくださった光人社の牛嶋義勝さん、ならびに編集のお手数を煩わせた同社の小野塚康弘さんには、別して御礼を申し上げねばならぬ。

想い起こせば、本書の草稿は、PHPビジネス出版の『パールハーバーの真実』に次ぐ第2弾として書いたものであった。ところが内容がマニアックすぎたのか、出版を断わられてしまった。窮余の原稿救済方法として筆者はこれを四谷ラウンドさんに持ち込んだ。たまたま貯金のたまっていた時期ゆえ、筆者は、初めから報酬は受け取らぬつもりでお願いをした。それで有り難くもOKが出たから、筆者は本書の内容を、ますます極限までマニアックにパワーアップした。

当時、もう四谷ラウンドさんの零細出版社としての体力は、なかば尽きかけていたのだろうと思う（二〇〇二年末に終焉）。苦境にあることは、外部の者にも察することができた。而して、その一因には、二〇〇〇年二月の拙著『武侠都市宣言！　戦後「腐れ史観」を束にして斬る』などもあるのではなかろうかと、筆者には自問された。なにを隠そう、あの『武侠都市宣言！』も、がんらい光文社のゴマブックス系統の原稿として書き上げたのに、下書きがリジェクトされてしまったために四谷ラウンドさんに頼んだという経緯があったのだ

（ただし、こちらではいくばくかのおあしを頂戴したと記憶する）。

『地獄のX島で米軍と戦い、あくまで持久する方法』の増刷がかかったと聞いたとき、筆者は、これでいま暫く四谷ラウンドさんが希望をつないでくだされば……と、みずからを慰め得た。

本書についてのもうひとつの欣快事は、表紙写真だ。筆者は、このカットを撮るために私費数万円を投じた。主として衣装・カメラ担当の小松直之さんとモデルの西澤悟さんにお支払いをするためだが、意地でも撮影を敢行しておいて良かったとしみじみ思う。

初版のカバー

ロケ地は、島全体が戦前の弾薬庫の遺跡でもある、横須賀軍港沖の「猿島」。三八式歩兵銃は、市販のモデルガンだ。そこに、銃剣ではなく、敢えて竹槍を縛着させた。扮装等、なにもかも、筆者がリクエストした以上の出来栄えで、感心の他はなかった。

現場へは、西澤氏の私有車（たしか「マーチ」）で、都内から往復し、夕刻に某公園にて、さらに裏表紙用の1枚を撮った。これは人肉食を暗示した、また一段ととんでもないものだ

（足は筆者の右足）。そして最寄のＪＲ駅近くでモツ鍋をつついたのが打ち上げであった。

なお、この初版の傑作な表紙写真はポジが行方不明のまま。ゆえに遺憾ながら今回の文庫版には再利用は叶わなかった。もしも初版をお持ちの方は、その表紙カバーを大切に保存してくだされば、嬉しい。

本文で使った擬似会話体のスタイルは、武岡淳彦氏著『戦例に見る　小部隊の戦術』（昭和四八年・田中書店刊）から刺激を受けて、それをマネしたものだった。

このテキストを筆者は、二等陸士で真駒内の通信教育隊（北海道の基地通信隊を除いた野戦部隊内の下っ端の通信小隊員が野外通信について習得するため集合教育を受けるところで、「第二戦車大隊・本部管理中隊・通信小隊」所属の筆者は、暗号課程と電信課程でつごう2回、上富良野の原隊から数ヵ月間出向した）に合宿していた折、真駒内駐屯地内のＰＸで購入して、いらい愛読していたものだ。

だが、武岡氏（一九二二年生まれ〜二〇〇〇年没）が支那事変いらいの歴戦の「武将」であって、その言葉の重みを誰も疑う必要など無いのに比べ、筆者は実戦経験を有するわけでなし、むしろ、わが言説を読者から正しく疑ってもらえねば、いろいろと困ると考えた。

そこで初版の表紙カバーの折り返しには、「埼玉県某処の復元防空壕にて空襲の恐怖を追体験中の筆者！」という、いかにもフザケた一九九七年前後の肖像写真をセピア色にして掲載しておいた。某所というのは松山市の「埼玉県平和資料館」のことで、復元防空壕は実在する。〈調査だけはこの通り熱心にしている者ですが、特段の権威などございません〉というメッセージを、そこにこめておいた。

『週刊東洋経済』の二〇〇二年三月二三日号で、原田泰氏が書評をしてくださったのも、意外だったので印象に残っている。

筆者は、〈元気をなくしているバブル崩壊後の日本国民を、過去の最悪の戦場での日本兵たちのサバイバルを語ることで元気付けてやるぞ……！〉と、初版時に念じていた。それが通じたのかとひそかに悦んだ。

しかるにその課題、二〇一〇年の今日、撤去して可いどころか、ますます高揚の必要がありそうではないか。さすがに多少の慷慨なきを得ない。

本書をたまたま手にとった人で、もしも、不況や収入減が原因で、自殺などを考えている人がいたなら、まずX島へ行けと一喝したい。いますぐ、最寄の図書館に本書を購入してもらって（図書館には「購入希望カード」が備えてあるはず）、読み通して欲しい。

X島よりマシでない場所など、存在はしないのだ。

先人のとてつもない体験を学ばず、世界を狭く把握しているから、活路が断たれてしまうのである！

即時の収入こそもたらしてくれなかったが、関係者のすべてが愉快に仕事をし終え、読者には勇気の持ち方を訴えることのできた本書こそは、筆者としての会心の1冊である。

願わくは、世の中のすべての良心的な仕事が、長期的に必ず報われる社会が、やって来ますように……。

二〇一〇年三月一五日　筆者しるす

文献リスト

本文中に紹介していないものを順不同で掲げた。
都合により全部を網羅し切れていないことをお詫びする。

回想記刊行会『野戦高射砲第三十八大隊』昭和五四年＊佐藤三郎『全国警察官殉職史』昭和八年六月＊田中武『朝鮮警察官殉職死』昭和六年＊静岡明義『敗残の記』昭和五四年＊川原魁一郎『闘ふ義手』昭和一六年一〇月＊『我らは如何に闘ったか』昭和一六年五月＊歩兵第三十二連隊『満洲事変戦病死者小伝』昭和九年一〇月＊野呂邦暢『失われた兵士たち』昭和五二年＊『パンフレット文芸　第二巻　第一号』昭和一三年一月＊高田正夫『南十字星の下をゆく』昭和四二年＊佐藤清勝『予が観たる日露戦争』昭和六年三月＊大屋久寿雄『仏印進駐記』昭和一六年一〇月＊桶谷虎之助『船と戦争』昭和一四年一一月＊西田稔『馬駆強行五百粁』昭和一四年六月＊尾崎政久『国産自動車史』昭和四一年＊東京都公文書館編『江戸の牛』昭和六二年＊堀元美『新・現代の軍艦』昭和六二年＊航空文学界『大東亜戦争陸鷲戦記』昭和一七年＊『急降下以後の空軍』昭和一六年＊八木和子『レーダーの史実』平成七年＊千田哲雄『防空演習史』昭和一二年一二月＊松村寅次郎『撃墜』昭和一七年三月＊土師二三男『ケイヅラ島戦記』昭和六三年＊橋本裕『若き空の御楯』平成六年＊大越一二『東京大空襲時における消防隊の活躍』昭和三二年＊田中新三郎『高射砲戦記』昭和一七年一一月＊第一幕僚監部訳『高射砲兵の運用』昭和二八年＊小松冬彦・他『高射砲兵回想記』昭和六〇年＊石松政敏『戦記　対空撃墜』昭和四七年＊八木弘『定位につけ』(上)昭和四四年、(下)昭和四五年＊後堂荘四郎『馬と兵隊』昭和一四年三月＊中村新太郎『闘ふ火砲』昭和一九年四月＊荒井徳治『山岳部隊』昭和一六年六月＊丸田順康『鉄輪二千六百里』昭和六一年＊『野戦重砲兵第四聯隊史』昭和五五年＊河井武郎『ルソンの砲弾』平成二年＊『昭和軍事秘話――同台クラブ講演集――上巻』昭和六二年＊山本清『横五特』昭和六〇年＊大島正満『大東亜共栄圏毒蛇解説』昭和一九年一〇月＊バート・S・ホール著、市場泰男訳『火器の誕生とヨーロッパの戦争』平成二年＊二宮有薫『九人の聾兵士』昭和一八年二月＊藤井清『玉砕』昭和三八年＊天藤明『珊瑚海を泳ぐ』昭和一七年一二月＊筑紫二郎『航空要塞』昭和二〇年三月＊加藤好政『野戦工兵』昭和一七年七月＊松野伝『満州開拓と北海道農業』昭和一六年＊尾高豊作『都市と農村』昭和一七年所収、桜井武雄「農村の機械化」＊吉岡金市『日本農業の機械化』昭和一四年四月＊吉岡金市『農業機械化の基本問題』昭和一六年一月＊吉岡金市『農業機械化図説』昭和一八年三月＊菅原亀五郎『理想郷の建設者と百姓太閤』昭和五年＊満鉄調査部『日満支農業機械化ノ意義』昭和一五年＊鉄路総局『満州の機械農業に就て』昭和二年＊山口辰男『はりがね』昭和一五年九月＊独歩第一六五大隊史編集委員会『比島派遣守備隊戦記』昭和五三年＊田中正人『図解　日本陸軍「歩兵篇」』平成八年＊隔月刊『武道通信』通巻１０号(平成一二年四月号)・通巻１１号(平成一二年五月号)＊宗像和広『日本陸軍兵器資料集』平成一一年＊別宮暖朗氏のインターネット上のサイト(http://ww1.m78.com)

単行本　平成十三年十二月　四谷ラウンド刊

NF文庫

地獄のX島で米軍と戦い、あくまで持久する方法　新装版

二〇二一年二月二十二日　第一刷発行

著　者　兵頭二十八

発行者　皆川豪志

発行所　株式会社　潮書房光人新社

〒100-8077　東京都千代田区大手町一-七-二

電話／〇三-六二八一-九八九一(代)

印刷・製本　凸版印刷株式会社

定価はカバーに表示してあります

乱丁・落丁のものはお取りかえ致します。本文は中性紙を使用

ISBN978-4-7698-3204-1　C0195

http://www.kojinsha.co.jp

NF文庫

刊行のことば

第二次世界大戦の戦火が熄《や》んで五〇年――その間、小社は夥しい数の戦争の記録を渉猟し、発掘し、常に公正なる立場を貫いて書誌とし、大方の絶讃を博して今日に及ぶが、その源は、散華された世代への熱き思い入れであり、同時に、その記録を誌して平和の礎とし、後世に伝えんとするにある。

小社の出版物は、戦記、伝記、文学、エッセイ、写真集、その他、すでに一、〇〇〇点を越え、加えて戦後五〇年になんなんとするを契機として、「光人社ＮＦ（ノンフィクション）文庫」を創刊して、読者諸賢の熱烈要望におこたえする次第である。人生のバイブルとして、心弱きときの活性の糧《かて》として、散華の世代からの感動の肉声に、あなたもぜひ、耳を傾けて下さい。